DIE GRUNDLEHREN DER
MATHEMATISCHEN WISSENSCHAFTEN

IN EINZELDARSTELLUNGEN MIT BESONDERER BERÜCKSICHTIGUNG DER ANWENDUNGSGEBIETE

HERAUSGEGEBEN VON

W. BLASCHKE · R. GRAMMEL · E. HOPF · F. K. SCHMIDT
B. L. VAN DER WAERDEN

BAND LVIII

EINFÜHRUNG IN DIE DIFFERENTIALGEOMETRIE

VON

WILHELM BLASCHKE

SPRINGER-VERLAG BERLIN HEIDELBERG GMBH 1950

EINFÜHRUNG IN DIE DIFFERENTIALGEOMETRIE

VON

WILHELM BLASCHKE

MIT 57 ABBILDUNGEN

SPRINGER-VERLAG BERLIN HEIDELBERG GMBH 1950

ISBN 978-3-642-49385-0   ISBN 978-3-642-49663-9 (eBook)
DOI 10.1007/978-3-642-49663-9

Vorwort.

Dieses Lehrbuch schließt sich zwei Vorbildern an, nämlich an K. F. Gauß und an E. Cartan. Wie bei Gauß werden die inneren Eigenschaften der Fläche bevorzugt, die nur von Messungen auf ihr selbst abhängen und deshalb bei Biegungen erhalten bleiben. Während sich aber die Flächenlehre von Gauß auf die Betrachtung quadratischer Differentialformen stützt, werden hier nach Cartan Linearformen benutzt, wie sie Pfaff eingeführt hat.

Die Handschrift dieses Buches ist in Hamburg während des Krieges 1939/1945 entstanden, der Druck durch Krieg und Nachkrieg verzögert worden. Vielen Kollegen bin ich für Rat und Hilfe dankbar, insbesondere den Herren G. Bol, W. Buran, W. Haack, J. E. Hofmann, R. Sauer, K. Strubecker, W. Weber und E. Witt.

Hamburg, im Herbst 1949.

Mathematisches Seminar, Harvestehuderweg 10.

Wilhelm Blaschke.

Inhaltsverzeichnis.

I. Vektoren, Determinanten, Matrizen.

II. Streifen und Linien.

III. Pfaffsche Formen.

IV. Innere Flächenlehre.

V. Geodätische Linien.

VI. Äußere Flächenlehre.

VII. Minimalflächen.

I. Vektoren, Determinanten, Matrizen.

§ 11. Vektorsumme.

In diesem einleitenden Teil I stellen wir kurz Hilfsmittel aus der analytischen Geometrie und Infinitesimalrechnung zusammen, die später benutzt werden.

Der flämische Kaufmann aus Brügge, S. Stevin (1548/1620), ist in der Mechanik auf das „*Parallelogrammgesetz*" gestoßen. Es lehrt, wie man *Kräfte*, die auf denselben Massenpunkt $\mathfrak{o}$ wirken, „zusammensetzt". Eine solche Kraft kann durch eine in $\mathfrak{o}$ beginnende geradlinige gerichtete Strecke oder, wie man auch sagt, durch einen „*Vektor*" dargestellt werden. Sind dann $\mathfrak{x}$, $\mathfrak{y}$ die Endpunkte zweier solcher an $\mathfrak{o}$ angehefteter Vektoren $\mathfrak{v}$, $\mathfrak{w}$, so hat der Summenvektor

$$\mathfrak{z} = \mathfrak{v} + \mathfrak{w} \qquad (1)$$

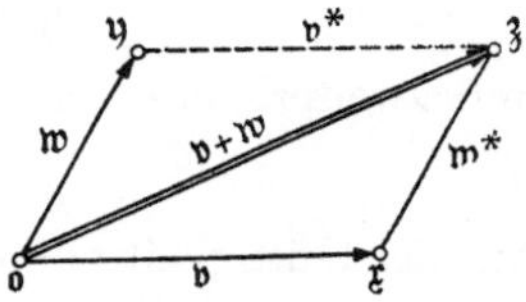

wie in Abb. 1 den Endpunkt $\mathfrak{z}$ derart, daß $\mathfrak{o}, \mathfrak{x}, \mathfrak{z}, \mathfrak{y}$ in dieser Reihenfolge Ecken eines

Abb. 1.

einmal umlaufenen Parallelogramms oder „*Spatecks*" bilden. Wir sprechen von dem „*Spateck über den beiden Vektoren*" $\mathfrak{v}$, $\mathfrak{w}$. Ähnliches hatte schon Archimedes (–287/–212) für *Geschwindigkeiten* durchgeführt.

Man dehnt diese Erklärung der Summe so auf mehr Vektoren aus. Zunächst soll ein Vektor $\mathfrak{v}$ mit dem Anfangspunkt $\mathfrak{o}$ und dem Endpunkt $\mathfrak{x}$ durch

$$\mathfrak{v} = \overrightarrow{\mathfrak{o}\mathfrak{x}} \qquad (2)$$

bezeichnet werden. Ein Vektor ist somit ein geordnetes Paar (reeller, eigentlicher) Punkte unseres Euklidischen Raumes $\mathfrak{R}_3$. Zwei Vektoren $\mathfrak{v}$ und

$$\mathfrak{v}^* = \overrightarrow{\mathfrak{y}\mathfrak{z}}$$

sollen *gleich* heißen $\mathfrak{v} = \mathfrak{v}^*$, wenn die Punkte $\mathfrak{o}, \mathfrak{x}, \mathfrak{z}, \mathfrak{y}$ Ecken eines Spatecks bilden, wenn also $\mathfrak{v}^*$ aus $\mathfrak{v}$ durch die „*Schiebung*" („Translation") um den Vektor

$$\overrightarrow{\mathfrak{o}\mathfrak{y}} = \overrightarrow{\mathfrak{x}\mathfrak{z}}$$

entsteht (Abb. 1). Sind dann

$$\mathfrak{v}_j = \overrightarrow{\mathfrak{p}_j\mathfrak{q}_j}; \qquad j = 1, 2, \ldots, n \qquad (3)$$

n Vektoren, so können wir durch geeignete Schiebungen zunächst erreichen, daß das Ende $\mathfrak{q}_{j-1}$ von $\mathfrak{v}_{j-1}$ jeweils mit dem Anfang $\mathfrak{p}_j$ von $\mathfrak{v}_j$ zusammenfällt

$$\mathfrak{q}_{j-1} = \mathfrak{p}_j; \qquad j = 2, 3, \ldots, n. \qquad (4)$$

Dann erklärt man

$$\overrightarrow{\mathfrak{p}_1\mathfrak{q}_n} = \mathfrak{v}_1 + \mathfrak{v}_2 + \cdots + \mathfrak{v}_n \tag{5}$$

als Summe (Abb. 2, $n = 3$, nicht notwendig in einer Ebene).

Ordnet man andererseits den Vektoren die Schiebungen des $\mathfrak{R}_3$ zu, so entspricht dem Vektoraddieren die „Zusammensetzung" (Hintereinanderausführung) der zugeordneten Schiebungen. Fällt insbesondere Anfang und Ende eines Vektors zusammen, so erhält man einen „Nullvektor". Diese sind untereinander gleich, und man setzt

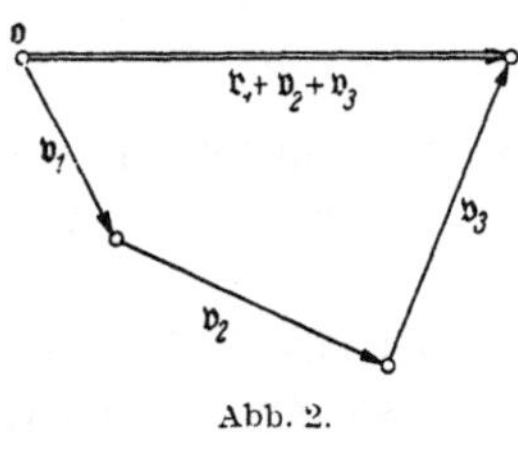

Abb. 2.

$$\overrightarrow{\mathfrak{x}\mathfrak{x}} = 0. \tag{6}$$

Dem Nullvektor entspricht unter den Schiebungen die „Ruhabbildung" oder „Identität", die jeden Punkt in sich überführt.

Für das erklärte Addieren von Vektoren gelten drei Rechenvorschriften. Erstens das „Assoziativgesetz"

$$(\mathfrak{v}_1 + \mathfrak{v}_2) + \mathfrak{v}_3 = \mathfrak{v}_1 + (\mathfrak{v}_2 + \mathfrak{v}_3) \tag{7}$$

und zweitens das „Kommutativgesetz" oder die Vertauschbarkeit

$$\mathfrak{v}_1 + \mathfrak{v}_2 = \mathfrak{v}_2 + \mathfrak{v}_1. \tag{8}$$

Aus der Gültigkeit von (7) und (8) schließt man leicht auf entsprechende Beziehungen für n Vektoren. Drittens ist die Vektorgleichung (1) bei gegebenen $\mathfrak{z}$, $\mathfrak{w}$ eindeutig nach $\mathfrak{v}$ auflösbar („Lösbarkeit")

$$\mathfrak{v} = \mathfrak{z} - \mathfrak{w}. \tag{9}$$

Die Gl. (7), (8), (9) sind für die den Vektoren zugeordneten Schiebungen gleichwertig mit der Aussage, daß sie eine „Abelsche Gruppe" bilden[1].

Zum Addieren tritt das *Multiplizieren von Vektoren mit reellen Zahlen* oder „Skalaren"

$$\mathfrak{w} = s\mathfrak{v} = \mathfrak{v}s. \tag{10}$$

Ist darin

$$\mathfrak{v} = \overrightarrow{\mathfrak{o}\mathfrak{x}}, \qquad \mathfrak{w} = \overrightarrow{\mathfrak{o}\mathfrak{y}},$$

so liegen die Punkte $\mathfrak{o}$, $\mathfrak{x}$, $\mathfrak{y}$ derart auf derselben Geraden, daß zwischen den Längen

$$\overline{\mathfrak{o}\mathfrak{x}} = v \geqq 0, \qquad \overline{\mathfrak{o}\mathfrak{y}} = w \geqq 0$$

die Beziehung

$$w = |s| \cdot v$$

besteht und für $s > 0$ die Punkte $\mathfrak{x}$, $\mathfrak{y}$ auf derselben und für $s < 0$ auf verschiedenen Seiten von $\mathfrak{o}$ liegen.

Das erklärte Addieren und Multiplizieren befriedigt die von J. H. Lambert (1728/1777) 1765 so genannten „Distributivgesetze"

$$\begin{aligned} s(\mathfrak{v} + \mathfrak{w}) &= s\mathfrak{v} + s\mathfrak{w}, \\ (s + t)\mathfrak{v} &= s\mathfrak{v} + t\mathfrak{v}, \end{aligned} \tag{11}$$

d. h. Addieren und Multiplizieren sind vertauschbar.

_____

[1] Benennung nach dem Norweger N. H. Abel (1802/1829).

Zwei Vektoren $\mathfrak{v}$, $\mathfrak{w}$ heißen „*linear unabhängig*", wenn die Vektorgleichung

$$a\mathfrak{v} + b\,\mathfrak{w} = 0$$

in den Skalaren a, b nur die „*triviale Lösung*" $a = b = 0$ besitzt. Geometrisch bedeutet die lineare Abhängigkeit: Die Vektoren $\mathfrak{v}$, $\mathfrak{w}$ laufen zu einer Geraden parallel. Entsprechend wird die *Linearabhängigkeit* bei drei Vektoren $\mathfrak{v}_j$ erklärt durch das Vorhandensein dreier Skalare s_j, die nicht alle Null sind, mit

$$s_1\mathfrak{v}_1 + s_2\mathfrak{v}_2 + s_3\mathfrak{v}_3 = 0.$$

Die geometrische Bedingung dafür ist, daß die drei Vektoren zu (mindestens) einer Ebene parallel laufen.

Vier Vektoren unseres Euklidischen $\mathfrak{R}_3$ hängen stets linear ab. Man kann also aus drei linear unabhängigen $\mathfrak{v}_j$ jeden Vektor „*linear zusammensetzen*"

$$\mathfrak{v} = s_1\mathfrak{v}_1 + s_2\mathfrak{v}_2 + s_3\mathfrak{v}_3, \tag{12}$$

und zwar eindeutig. Dann heißen die s_j die „*Zeiger*" oder „*Koordinaten*" von $\mathfrak{v}$ zur „*Basis*" der $\mathfrak{v}_j$.

Nimmt man als Basis insbesondere drei paarweis rechtwinklige „*Einheitsvektoren*" $\mathfrak{e}_j$, also rechtwinklige Vektoren von der Länge Eins, so spricht man von einer „*rechtwinkligen*" oder „*Cartesischen*" Basis. Die Benennung bezieht sich auf den Hauptschöpfer der analytischen Geometrie, den Franzosen R. Descartes (1596/1650). In diesem Fall

$$\mathfrak{v} = \overrightarrow{\mathfrak{o}\mathfrak{x}} = x_1\mathfrak{e}_1 + x_2\mathfrak{e}_2 + x_3\mathfrak{e}_3 \tag{13}$$

nennt man die x_j auch *die rechtwinkligen oder Cartesischen Zeiger* des Punktes $\mathfrak{x}$ zu dem *Cartesischen Achsenkreuz*

$$\{\mathfrak{o};\ \mathfrak{e}_1,\ \mathfrak{e}_2,\ \mathfrak{e}_3\}$$

mit dem „*Ursprung*" $\mathfrak{o}$.

Setzen wir neben (13) noch

$$x_1\mathfrak{e}_1 = \overrightarrow{\mathfrak{o}\mathfrak{p}}, \quad x_1\mathfrak{e}_1 + x_2\mathfrak{e}_2 = \overrightarrow{\mathfrak{o}\mathfrak{q}}, \tag{14}$$

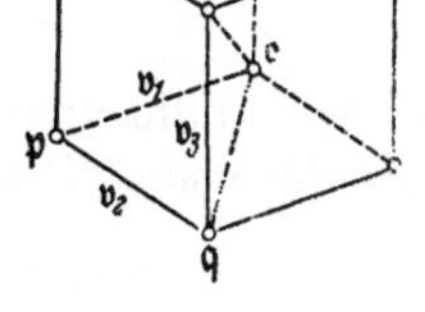

Abb. 3.

so ist (Abb. 3) nach Pythagoras (–580/–501?) im rechtwinkligen Dreieck mit den Ecken $\mathfrak{o}$, $\mathfrak{p}$, $\mathfrak{q}$

$$\overline{\mathfrak{o}\mathfrak{q}}^2 = x_1^2 + x_2^2$$

und im rechtwinkligen Dreieck $\mathfrak{o}$, $\mathfrak{q}$, $\mathfrak{x}$

$$\overline{\mathfrak{o}\mathfrak{x}}^2 = \overline{\mathfrak{o}\mathfrak{q}}^2 + x_3^2 = x_1^2 + x_2^2 + x_3^2.$$

Somit gilt für die Länge $v\,(v \geqq 0)$ des Vektors $\mathfrak{v}$ mit den Cartesischen Zeigern x_j

$$v^2 = x_1^2 + x_2^2 + x_3^2. \tag{15}$$

Ein wenig allgemeiner: Aus

$$\mathfrak{v} = \overrightarrow{\mathfrak{x}\mathfrak{y}}; \quad \overrightarrow{\mathfrak{o}\mathfrak{x}} = x_1\mathfrak{e}_1 + x_2\mathfrak{e}_2 + x_3\mathfrak{e}_3, \quad \overrightarrow{\mathfrak{o}\mathfrak{y}} = y_1\mathfrak{e}_1 + y_2\mathfrak{e}_2 + y_3\mathfrak{e}_3$$

folgt für die Länge v von $\mathfrak{v} = \overrightarrow{\mathfrak{o}\mathfrak{y}} - \overrightarrow{\mathfrak{o}\mathfrak{x}} = \overrightarrow{\mathfrak{x}\mathfrak{y}}$

$$v^2 = (y_1 - x_1)^2 + (y_2 - x_2)^2 + (y_3 - x_3)^2. \tag{16}$$

Skalare werden hier im allgemeinen durch lateinische, Vektoren durch kleine Frakturlettern gekennzeichnet. Aus der Entfernungsformel (16) kann man die Euklidische Geometrie herleiten. (16) bildet den naturgemäßen Ausgangspunkt der „Analytischen Geometrie"[1].

§ 12. Inneres Produkt.

Wir nehmen zwei Vektoren $\mathfrak{v}$, $\mathfrak{w}$ mit den Zeigern x_j, y_j zur Cartesischen Basis $\mathfrak{e}_j$

$$\begin{aligned}\mathfrak{v} &= \overrightarrow{\mathfrak{o}\mathfrak{x}} = x_1\mathfrak{e}_1 + x_2\mathfrak{e}_2 + x_3\mathfrak{e}_3,\\ \mathfrak{w} &= \overrightarrow{\mathfrak{o}\mathfrak{y}} = y_1\mathfrak{e}_1 + y_2\mathfrak{e}_2 + y_3\mathfrak{e}_3.\end{aligned} \tag{1}$$

Für die Länge $\overline{\mathfrak{x}\mathfrak{y}}$ des Vektors

$$\overrightarrow{\mathfrak{x}\mathfrak{y}} = \mathfrak{w} - \mathfrak{v}$$

ist dann nach (11, 16)[2]

$$\begin{aligned}\overline{\mathfrak{x}\mathfrak{y}}^2 &= (y_1 - x_1)^2 + (y_2 - x_2)^2 + (y_3 - x_3)^2\\ &= v^2 + w^2 - 2vw\cos\vartheta.\end{aligned} \tag{2}$$

Darin bedeuten $v \geq 0$, $w \geq 0$ die Längen unserer Vektoren $\mathfrak{v}$, $\mathfrak{w}$:

$$v^2 = x_1^2 + x_2^2 + x_3^2, \quad w^2 = y_1^2 + y_2^2 + y_3^2, \tag{3}$$

und ϑ (mit $0 \leq \vartheta \leq \pi$) ihren Winkel. Aus (2), (3) folgt aber

$$x_1 y_1 + x_2 y_2 + x_3 y_3 = vw\cos\vartheta. \tag{4}$$

Diesen „bilinearen" Ausdruck nennt man das „*innere Produkt*" oder „*Skalarprodukt*" der Vektoren $\mathfrak{v}$, $\mathfrak{w}$ und schreibt etwa

$$x_1 y_1 + x_2 y_2 + x_3 y_3 = \mathfrak{v}\,\mathfrak{w} = \langle \mathfrak{v}\,\mathfrak{w}\rangle = \langle \mathfrak{v}, \mathfrak{w}\rangle. \tag{5}$$

Es gelten, wie man leicht sieht, die Beziehungen

$$\begin{aligned}\langle \mathfrak{v}\,\mathfrak{w}\rangle &= \langle \mathfrak{w}\,\mathfrak{v}\rangle,\\ \langle \mathfrak{v}, \mathfrak{w}_1 + \mathfrak{w}_2\rangle &= \langle \mathfrak{v}\,\mathfrak{w}_1\rangle + \langle \mathfrak{v}\,\mathfrak{w}_2\rangle,\\ \langle s\mathfrak{v}, \mathfrak{w}\rangle &= s\langle \mathfrak{v}\,\mathfrak{w}\rangle.\end{aligned} \tag{6}$$

Die rechtwinkligen Zeiger x eines Vektors $\mathfrak{v}$ zu der Cartesischen Basis der $\mathfrak{e}_j$ sind die Skalarprodukte

$$x_j = \mathfrak{v}\,\mathfrak{e}_j. \tag{7}$$

---

[1] Man vergleiche hier und im folgenden W. Blaschke, „Analytische Geometrie", Wolfenbüttel 1948.

[2] Das bedeutet: § 11, Gl. (16).

Verschwinden des inneren Produkts bedeutet *Rechtwinkligkeit* (Orthogonalität) der Faktoren. Der Nullvektor ist zu jedem Vektor rechtwinklig. $\mathfrak{v}\,\mathfrak{w} > 0$ bedeutet spitzen und $\mathfrak{v}\,\mathfrak{w} < 0$ stumpfen Winkel unserer Vektoren:

$$\vartheta < \frac{\pi}{2}, \qquad \vartheta > \frac{\pi}{2}. \tag{8}$$

Für $\langle \mathfrak{v}\,\mathfrak{v} \rangle$ schreibt man auch gelegentlich $\mathfrak{v}^2$.

§ 13. Polarprodukte, Determinanten.

Der vielseitige Oberlehrer aus Stettin, H. Graßmann (1809/1877), hat in seiner „Ausdehnungslehre" von 1862 (Werke 1, 2, Leipzig 1896) „alternierende" oder „*Polarprodukte*" von Vektoren eingeführt. Das alternierende Produkt dreier Vektoren sei mit $[\mathfrak{v}_1\,\mathfrak{v}_2\,\mathfrak{v}_3]$ bezeichnet und genüge den Rechenvorschriften

$$[\mathfrak{v}_1 + \mathfrak{v}_1', \mathfrak{v}_2, \mathfrak{v}_3] = [\mathfrak{v}_1\,\mathfrak{v}_2\,\mathfrak{v}_3] + [\mathfrak{v}_1'\,\mathfrak{v}_2\,\mathfrak{v}_3],$$
$$[c\,\mathfrak{v}_1, \mathfrak{v}_2, \mathfrak{v}_3] = c\,[\mathfrak{v}_1\,\mathfrak{v}_2\,\mathfrak{v}_3]. \tag{1}$$

Insbesondere sollen aber diese Produkte bei Vertauschung zweier Vektoren ihr Vorzeichen wechseln:

$$+\,[\mathfrak{v}_1\,\mathfrak{v}_2\,\mathfrak{v}_3] = +\,[\mathfrak{v}_2\,\mathfrak{v}_3\,\mathfrak{v}_1] = +\,[\mathfrak{v}_3\,\mathfrak{v}_1\,\mathfrak{v}_2]$$
$$= -\,[\mathfrak{v}_3\,\mathfrak{v}_2\,\mathfrak{v}_1] = -\,[\mathfrak{v}_1\,\mathfrak{v}_3\,\mathfrak{v}_2] = -\,[\mathfrak{v}_2\,\mathfrak{v}_1\,\mathfrak{v}_3]. \tag{2}$$

Dabei wird nicht etwa angenommen, diese Produkte seien wieder Vektoren.

Nehmen wir die Basis $\mathfrak{v}_1, \mathfrak{v}_2, \mathfrak{v}_3$ und setzen wir die Vektoren $\mathfrak{w}$ daraus linear zusammen:

$$\mathfrak{w}_j = a_{j1}\mathfrak{v}_1 + a_{j2}\mathfrak{v}_2 + a_{j3}\mathfrak{v}_3; \qquad j = 1, 2, 3. \tag{3}$$

Dann wird

$$[\mathfrak{w}_1\,\mathfrak{w}_2\,\mathfrak{w}_3] = A\,[\mathfrak{v}_1\,\mathfrak{v}_2\,\mathfrak{v}_3]. \tag{4}$$

Darin hat der Skalarfaktor A den Wert

$$A = a_{11}\,a_{22}\,a_{33} + a_{12}\,a_{23}\,a_{31} + a_{13}\,a_{21}\,a_{32}$$
$$- a_{13}\,a_{22}\,a_{31} - a_{12}\,a_{21}\,a_{33} - a_{11}\,a_{23}\,a_{32}. \tag{5}$$

Die drei positiven und ebenso die drei negativen Glieder gehen aus einem unter ihnen durch *Reihumtausch* (Ringtausch) der zweiten Marken 1, 2, 3 hervor. Man nennt A die „*Determinante*" der a_{jk} und schreibt

$$A = \begin{vmatrix} a_{11} & a_{12} & a_{13} \\ a_{21} & a_{22} & a_{23} \\ a_{31} & a_{32} & a_{33} \end{vmatrix}. \tag{6}$$

Der Gedanke der Determinanten stammt von G. W. Leibniz (1646/1716) 1676 und dem Japaner Seki Shinsuke Kowa (1642/1708) 1683.

Aus (5), (6) folgt ihre „*Umsturzinvarianz*"

$$\begin{vmatrix} a_{11} & a_{12} & a_{13} \\ a_{21} & a_{22} & a_{23} \\ a_{31} & a_{32} & a_{33} \end{vmatrix} = \begin{vmatrix} a_{11} & a_{21} & a_{31} \\ a_{12} & a_{22} & a_{32} \\ a_{13} & a_{23} & a_{33} \end{vmatrix}. \tag{7}$$

In Graßmanns Erklärung (4) der Determinanten liegen ihre Haupteigenschaften zutage, insbesondere der „*Multiplikationssatz*". Gehen wir nämlich von den $\mathfrak{v}_j$ zu einer neuen Basis $\mathfrak{c}_j$ über durch

$$\mathfrak{v}_j = b_{j1}\mathfrak{c}_1 + b_{j2}\mathfrak{c}_2 + b_{j3}\mathfrak{c}_3, \tag{8}$$

so folgt, wenn wir in (3) aus (8) für die $\mathfrak{v}_j$ ihre Werte setzen und nach den $\mathfrak{c}_j$ ordnen,

$$\mathfrak{w}_j = c_{j1}\mathfrak{c}_1 + c_{j2}\mathfrak{c}_2 + c_{j3}\mathfrak{c}_3 \tag{9}$$

mit

$$c_{jk} = a_{j1}b_{1k} + a_{j2}b_{2k} + a_{j3}b_{3k} = \sum_s a_{js}b_{sk}. \tag{10}$$

Aus (4), (8), (9) ist dann

$$[\mathfrak{w}_1\,\mathfrak{w}_2\,\mathfrak{w}_3] = A\,[\mathfrak{v}_1\,\mathfrak{v}_2\,\mathfrak{v}_3] = AB\,[\mathfrak{c}_1\,\mathfrak{c}_2\,\mathfrak{c}_3] = C\,[\mathfrak{c}_1\,\mathfrak{c}_2\,\mathfrak{c}_3], \tag{11}$$

also

$$AB = C. \tag{12}$$

Darin sind die Determinanten A, B, C durch (6) und

$$B = \begin{vmatrix} b_{11} & b_{12} & b_{13} \\ b_{21} & b_{22} & b_{23} \\ b_{31} & b_{32} & b_{33} \end{vmatrix}, \quad C = \begin{vmatrix} c_{11} & c_{12} & c_{13} \\ c_{21} & c_{22} & c_{23} \\ c_{31} & c_{32} & c_{33} \end{vmatrix} \tag{13}$$

erklärt. (10), (12) enthält den Multiplikationssatz von J. L. Lagrange 1773.

Wegen der Umsturzinvarianz (7), angewandt auf B, bleibt er auch noch in abgeänderter Form gültig, wenn wir

$$c_{jk} = \sum_s a_{js}b_{ks} \tag{14}$$

setzen.

Bilden die $\mathfrak{c}_j$ und ebenso die $\mathfrak{v}_j$ insbesondere eine Cartesische Basis, so werden die Skalarprodukte

$$\mathfrak{v}_j\mathfrak{v}_k = \sum_s b_{js}b_{ks} = \varepsilon_{jk} \begin{cases} = 1 \text{ für } j = k, \\ = 0 \text{ für } j \neq k. \end{cases} \tag{15}$$

Nach (14), (15) ist aber dann

$$B^2 = 1, \quad B = \pm 1, \tag{16}$$

also nach (12)

$$C = \pm A.$$

Darin liegt: Die Determinante dreier Vektoren $\mathfrak{w}_j$ ändert sich nicht, wenn wir von einer Cartesischen Basis $\mathfrak{c}_j$ *stetig* zu einer anderen Cartesischen Basis $\mathfrak{v}_j$ übergehen.

Ein solcher Übergang ist immer dann möglich, wenn die beiden Cartesischen Basen beide „*rechtshändig*" sind (Abb. 4, wo der Würfel über den drei Basisvektoren gezeichnet ist), wenn sie also so aufeinanderfolgen wie Daumen e_1, Zeigefinger e_2, Mittelfinger e_3 der rechten Hand in natürlicher Stellung. Bilden die v_j wie die e_j eine rechtshändige Cartesische Basis, so wird demnach $B = 1$, und wir können verabreden

$$[v_1 v_2 v_3] = [e_1 e_2 e_3] = 1. \tag{17}$$

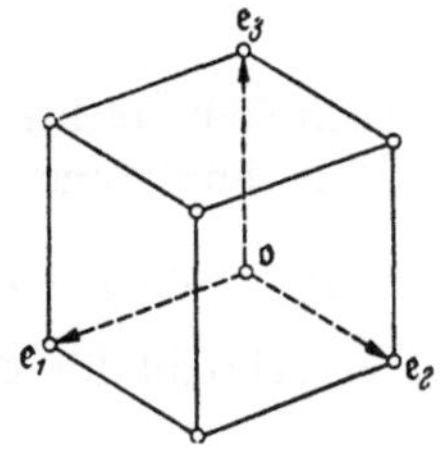

Dann finden wir für die Determinante C irgend dreier Vektoren w_j aus (9), (11), (17)

$$C = [w_1 \, w_2 \, w_3]. \tag{18}$$

Abb. 4.

Diese Determinante dreier Vektoren, oder, was jetzt dasselbe ist, ihr alternierendes Produkt, hat aber eine einfache geometrische Deutung. Da die Wahl der rechtshändigen Cartesischen Basis der e_j offensteht, können wir sie insbesondere (im allgemeinen eindeutig) so legen, daß

$$c_{11} \geqq 0, \quad c_{12} = 0, \quad c_{13} = 0;$$
$$c_{22} \geqq 0, \quad c_{23} = 0 \tag{19}$$

wird. Dann haben wir aber

$$C = c_{11} \, c_{22} \, c_{33}. \tag{20}$$

Darin bedeutet $c_{11} c_{22} \geqq 0$ den Flächeninhalt des Spatecks über den beiden Vektoren w_1, w_2, und wenn wir dieses Spateck als „Grundfläche" des „*Spats*" über den drei Vektoren w_1, w_2, w_3 ansehen, so wird $c_{33} = w_3 e_3$ die zugehörige „Höhe". Damit ist gezeigt:

Die Determinante $[w_1 \, w_2 \, w_3]$ *bedeutet den Rauminhalt des Spats über den drei Vektoren* w_1, w_2, w_3, *und zwar wird er positiv oder negativ gerechnet, je nachdem die drei Vektoren in dieser Reihenfolge ein rechtshändiges oder linkshändiges Dreibein bilden.*

$$[w_1 \, w_2 \, w_3] = 0$$

ist die Bedingung für lineare Abhängigkeit der drei Vektoren.

Umgekehrt könnte man aus dieser geometrischen Deutung die Eigenschaften der Determinanten herleiten (K. Weierstraß 1864). Der durch (14) abgeänderte Multiplikationssatz schreibt sich jetzt so:

$$[v_1 v_2 v_3] [w_1 \, w_2 \, w_3] = \begin{vmatrix} \langle v_1 \, w_1 \rangle & \langle v_1 \, w_2 \rangle & \langle v_1 \, w_3 \rangle \\ \langle v_2 \, w_1 \rangle & \langle v_2 \, w_2 \rangle & \langle v_2 \, w_3 \rangle \\ \langle v_3 \, w_1 \rangle & \langle v_3 \, w_2 \rangle & \langle v_3 \, w_3 \rangle \end{vmatrix}. \tag{21}$$

Darin stehen als Bausteine der Determinante rechts die Skalarprodukte $\langle v_j \, w_k \rangle$.

§ 14. Äußeres Produkt.

Sind $\mathfrak{v}$, $\mathfrak{w}$ zwei Vektoren, so nennt man den Vektor $\mathfrak{p}$ ihr „*äußeres Produkt*" oder „*Vektorprodukt*", wenn für alle Vektoren $\mathfrak{x}$ die Beziehung gilt

$$[\mathfrak{v}\,\mathfrak{w}\,\mathfrak{x}] = \langle\mathfrak{p}\,\mathfrak{x}\rangle. \tag{1}$$

Darin steht rechts das innere Produkt. In Cartesischen Zeigern ergibt unsere Forderung (1)

$$v_2 w_3 - v_3 w_2 = p_1, \quad v_3 w_1 - v_1 w_3 = p_2, \quad v_1 w_2 - v_2 w_1 = p_3. \tag{2}$$

Man schreibt für das Vektorprodukt etwa

$$\mathfrak{p} = \mathfrak{v} \times \mathfrak{w}, \tag{3}$$

so daß (1) gleichwertig ist mit

$$[\mathfrak{v}\,\mathfrak{w}\,\mathfrak{x}] = \langle(\mathfrak{v} \times \mathfrak{w})\,\mathfrak{x}\rangle. \tag{4}$$

Aus dieser Erklärung folgt

$$\begin{aligned}
(\mathfrak{v} \times \mathfrak{w}) + (\mathfrak{w} \times \mathfrak{v}) &= 0, \\
(s\,\mathfrak{v}) \times \mathfrak{w} &= s(\mathfrak{v} \times \mathfrak{w}), \\
(\mathfrak{v}_1 + \mathfrak{v}_2) \times \mathfrak{w} &= (\mathfrak{v}_1 \times \mathfrak{w}) + (\mathfrak{v}_2 \times \mathfrak{w}).
\end{aligned} \tag{5}$$

Ferner ergibt sich aus (1) folgende *Deutung des Produktvektors* $\mathfrak{p}$. Hängt $\mathfrak{x}$ in (1) von $\mathfrak{v}$, $\mathfrak{w}$ linear ab, so verschwindet die linke Seite, also wird auch $\langle\mathfrak{p}\,\mathfrak{x}\rangle = 0$, d. h. $\mathfrak{p}$ ist zu den Faktoren $\mathfrak{v}$ und $\mathfrak{w}$ rechtwinklig. Dadurch ist, wenn $\mathfrak{v}$, $\mathfrak{w}$ linear unabhängig sind, die *Richtung* von $\mathfrak{p}$ gefunden. Nehmen wir in diesem Fall andererseits $\mathfrak{x}$ als Einheitsvektor in dieser Richtung, und zwar so, daß

$$D = [\mathfrak{v}\,\mathfrak{w}\,\mathfrak{x}] > 0$$

wird. Dann folgt aus (1) $\mathfrak{p} = D \cdot \mathfrak{x}$.

Die *Länge* von $\mathfrak{p}$ ist also gleich der Fläche D des Spatecks über den beiden Vektoren $\mathfrak{v}$, $\mathfrak{w}$, und der *Sinn* von $\mathfrak{p}$ ist so zu wählen, daß $\mathfrak{v}$, $\mathfrak{w}$, $\mathfrak{p}$ in dieser Folge ein rechtshändiges Dreibein bilden. Insbesondere wird für unsere Cartesische rechtshändige Basis

$$\mathfrak{e}_2 \times \mathfrak{e}_3 = \mathfrak{e}_1, \quad \mathfrak{e}_3 \times \mathfrak{e}_1 = \mathfrak{e}_2, \quad \mathfrak{e}_1 \times \mathfrak{e}_2 = \mathfrak{e}_3. \tag{6}$$

Verschwinden des Vektorprodukts

$$\mathfrak{v} \times \mathfrak{w} = 0 \tag{7}$$

bedingt *lineare Abhängigkeit* der Faktoren $\mathfrak{v}$, $\mathfrak{w}$.

Zwischen Vektorprodukt und Skalarprodukt besteht die „*Identität von* Lagrange" (1773), nämlich

$$\langle(\mathfrak{v}_1 \times \mathfrak{v}_2)\,(\mathfrak{w}_1 \times \mathfrak{w}_2)\rangle = \langle\mathfrak{v}_1\,\mathfrak{w}_1\rangle\,\langle\mathfrak{v}_2\,\mathfrak{w}_2\rangle - \langle\mathfrak{v}_1\,\mathfrak{w}_2\rangle\,\langle\mathfrak{v}_2\,\mathfrak{w}_1\rangle. \tag{8}$$

Darin steht links das Skalarprodukt zweier Vektorprodukte. Zum Beweis von (8) bemerke man etwa, daß die linke wie die rechte Seite linear und homogen in jedem der vier Vektoren $\mathfrak{v}_j$, $\mathfrak{w}_j$ sind. Deshalb genügt es, anzunehmen, daß diese in irgendwelcher Weise in die Basisvektoren $\mathfrak{e}_1$, $\mathfrak{e}_2$, $\mathfrak{e}_3$ hineinfallen. Dann macht aber die Bestätigung von (8) keine Mühe.

Gleichwertig mit (8) ist folgende Beziehung:

$$(\mathfrak{v}_1 \times \mathfrak{v}_2) \times \mathfrak{v}_3 = \langle \mathfrak{v}_1 \mathfrak{v}_3 \rangle \mathfrak{v}_2 - \langle \mathfrak{v}_2 \mathfrak{v}_3 \rangle \mathfrak{v}_1. \tag{9}$$

Multipliziert man links und rechts skalar mit $\mathfrak{v}_4$, so erhält man z. B. rückwärts aus (9) wieder (8) in anderer Bezeichnung. Schließlich ist ebenfalls mit (8) oder (9) gleichwertig

$$(\mathfrak{v}_1 \times \mathfrak{v}_2) \times (\mathfrak{w}_1 \times \mathfrak{w}_2) = [\mathfrak{v}_1 \, \mathfrak{w}_1 \, \mathfrak{w}_2] \mathfrak{v}_2 - [\mathfrak{v}_2 \, \mathfrak{w}_1 \, \mathfrak{w}_2] \mathfrak{v}_1. \tag{10}$$

Das Vektorprodukt läßt aus Vektoren wieder Vektoren hervorgehen, ist aber im allgemeinen nicht assoziativ. So ist etwa

$$(\mathfrak{e}_2 \times \mathfrak{e}_2) \times \mathfrak{e}_1 = 0, \quad \mathfrak{e}_2 \times (\mathfrak{e}_2 \times \mathfrak{e}_1) = -\mathfrak{e}_1.$$

Was hier für „Dreiervektoren" auseinandergesetzt wurde, hat schon Graßmann allgemein für Vektoren mit $n \geqq 2$ Zeigern durchgeführt. Dies gelingt insbesondere ohne Mühe für den Inhalt der §§ 11/13, also für n-reihige Determinanten.

§ 15. Matrizen.

Ein Teil des Vorgetragenen läßt sich durchsichtiger gestalten durch Einführung von „Matrizen". Eine rechteckige Anordnung (Tafel) von etwa $3 \cdot 3$ reellen Zahlen

$$\mathfrak{A} = \begin{pmatrix} a_{11} & a_{12} & a_{13} \\ a_{21} & a_{22} & a_{23} \\ a_{31} & a_{32} & a_{33} \end{pmatrix} \tag{1}$$

oder abgekürzt

$$\mathfrak{A} = (a_{jk}) \tag{2}$$

heißt *Matrix*. Matrizen

$$\mathfrak{A} = (a_{jk}), \quad \mathfrak{B} = (b_{jk}), \quad \mathfrak{C} = (c_{jk}) \tag{3}$$

werden wie Vektoren addiert, d. h.

$$\mathfrak{A} + \mathfrak{B} = \mathfrak{C} \tag{4}$$

bedeutet die neun Gleichungen

$$a_{jk} + b_{jk} = c_{jk}; \quad j, k = 1, 2, 3. \tag{5}$$

Wir setzen nur dann

$$\mathfrak{A} = 0, \tag{6}$$

wenn alle $a_{jk} = 0$ sind. Die Matrix $c\mathfrak{A}$ soll die Elemente ca_{jk} enthalten.

Wir entnehmen nun der Gl. (13, 10) die *Produktbildung für Matrizen*, indem wir

$$\mathfrak{A} \cdot \mathfrak{B} = \mathfrak{A}\mathfrak{B} = \mathfrak{C} \tag{7}$$

setzen, wenn alle neun Gleichungen

$$\sum a_{js}\, b_{sk} = c_{jk} \tag{8}$$

gelten. Dann läßt sich der Multiplikationssatz für Determinanten von § 13 so schreiben:

$$\mathrm{Det}\,(\mathfrak{A} \cdot \mathfrak{B}) = \mathrm{Det}\,\mathfrak{A} \cdot \mathrm{Det}\,\mathfrak{B}. \tag{9}$$

Darin bedeutet etwa $\mathrm{Det}\,\mathfrak{A}$ die Determinante der Matrix $\mathfrak{A}$.

Umgekehrt könnte man zeigen: Die Determinanten sind als (nicht feste) Polynome niedrigsten Grades in den a_{jk} durch die Forderung (9) gekennzeichnet; K. Stephanos (1857/1917) 1913.

Für die Matrizenmultiplikation gelten

$$\begin{aligned}
\mathfrak{A}(\mathfrak{B} + \mathfrak{C}) &= \mathfrak{A}\mathfrak{B} + \mathfrak{A}\mathfrak{C}, \\
(\mathfrak{A} + \mathfrak{B})\mathfrak{C} &= \mathfrak{A}\mathfrak{C} + \mathfrak{B}\mathfrak{C}, \\
\mathfrak{A}(\mathfrak{B}\mathfrak{C}) &= (\mathfrak{A}\mathfrak{B})\mathfrak{C} = \mathfrak{A}\mathfrak{B}\mathfrak{C},
\end{aligned} \tag{10}$$

indessen im allgemeinen nicht das Kommutativgesetz. Geben wir dafür ein Beispiel für zweireihige Matrizen!

$$\begin{pmatrix} 0 & 1 \\ 1 & 0 \end{pmatrix} \begin{pmatrix} 0 & 1 \\ 0 & 1 \end{pmatrix} = \begin{pmatrix} 0 & 1 \\ 0 & 1 \end{pmatrix}, \qquad \begin{pmatrix} 0 & 1 \\ 0 & 1 \end{pmatrix} \begin{pmatrix} 0 & 1 \\ 1 & 0 \end{pmatrix} = \begin{pmatrix} 1 & 0 \\ 1 & 0 \end{pmatrix}.$$

Man betrachtet auch Matrizen mit n Zeilen und m Spalten. Wenn für zwei Matrizen $\mathfrak{A}_1$, $\mathfrak{A}_2$ die Zeilenzahlen $n_1 = n_2$ und die Spaltenzahlen $m_1 = m_2$ übereinstimmen, so nennt man sie „gleichständig". Gleichständige Matrizen kann man dann nach (5) addieren. Aber die Multiplikation $\mathfrak{A}_1\mathfrak{A}_2$ nach (8) ist stets möglich für $m_1 = n_2$ und ergibt die Produktmatrix mit $n = n_1$, $m = m_2$. Fassen wir einen (Dreier-) Vektor $\mathfrak{x}$ als einspaltige Matrix auf

$$\mathfrak{x} = \begin{pmatrix} x_1 \\ x_2 \\ x_3 \end{pmatrix}, \tag{11}$$

so bedeutet daher die Matrizengleichung

$$\mathfrak{y} = \mathfrak{A}\mathfrak{x} \tag{12}$$

die lineare Ersetzung

$$y_j = \sum_k a_{jk}\, x_k. \tag{13}$$

Dem Hintereinanderausführen zweier Ersetzungen $\mathfrak{y} = \mathfrak{A}\mathfrak{x}$, $\mathfrak{z} = \mathfrak{B}\mathfrak{y}$ entspricht $\mathfrak{z} = \mathfrak{B}\mathfrak{A}\mathfrak{x}$, also die Matrizenmultiplikation.

Den Übergang von einer Matrix zur „*gestürzten*" deutet man etwa durch einen Strich an. Das heißt aus

$$\mathfrak{A} = (a_{jk}) \tag{14}$$

folgt
$$\mathfrak{A}' = (a'_{jk}) \tag{15}$$

mit
$$a'_{jk} = a_{kj}. \tag{16}$$

Dabei wird $n' = m, m' = n$. Die Umsturzinvarianz (13, 7) gibt für quadratische Matrizen
$$\mathrm{Det}\,\mathfrak{A} = \mathrm{Det}\,\mathfrak{A}'. \tag{17}$$

Das Skalarprodukt zweier Vektoren $\langle \mathfrak{v}\,\mathfrak{w}\rangle$ läßt sich in dieser Matrizenschreibweise so schreiben:
$$\langle \mathfrak{v}\,\mathfrak{w}\rangle = \mathfrak{v}'\mathfrak{w} = \mathfrak{w}'\mathfrak{v}, \tag{18}$$

denn wir erhalten als Produktmatrix eine mit $n = m = 1$, also einen Skalar.

Der Vektor $\mathfrak{v}$ sei durch zwei verschiedene Cartesische Basen dargestellt
$$\mathfrak{v} = v_1 e_1 + v_2 e_2 + v_3 e_3 = v_1^* e_1^* + v_2^* e_2^* + v_3^* e_3^*. \tag{19}$$

Wir führen die Skalarprodukte ein

Dann folgt aus (19)
$$\langle e_j^* e_k\rangle = c_{jk}. \tag{20}$$

$$v_j^* = \sum_k c_{jk} v_k, \qquad v_j = \sum_k c_{kj} v_k^* \tag{21}$$

oder kürzer in Matrizen
$$\mathfrak{v}^* = \mathfrak{C}\mathfrak{v}, \qquad \mathfrak{v} = \mathfrak{C}'\mathfrak{v}^*. \tag{22}$$

Somit gelten die Gleichungen
$$\mathfrak{C}\mathfrak{C}' = \mathfrak{C}'\mathfrak{C} = \mathfrak{E}, \tag{23}$$

wenn $\mathfrak{E}$ die „*Einheitsmatrix*" bezeichnet:
$$\mathfrak{E} = \begin{pmatrix} 1 & 0 & 0 \\ 0 & 1 & 0 \\ 0 & 0 & 1 \end{pmatrix}. \tag{24}$$

Matrizen mit (23) nennt man *orthogonal*. Nach (9), (17), (23) ist
$$\mathrm{Det}\,\mathfrak{C} = \pm 1. \tag{25}$$

Gilt (23) und $\mathrm{Det}\,\mathfrak{C} = +1$, so nennt man $\mathfrak{C}$ *eigentlich orthogonal*, sonst *uneigentlich orthogonal*.

Fassen wir $\mathfrak{v}, \mathfrak{v}^*$ als Vektoren zur selben Basis e_j auf, so gibt
$$\mathfrak{v}^* = \mathfrak{C}\mathfrak{v}, \qquad \mathfrak{C}\mathfrak{C}' = \mathfrak{E}, \qquad \mathrm{Det}\,\mathfrak{C} = +1 \tag{26}$$

eine *Bewegung* und
$$\mathfrak{v}^* = \mathfrak{C}\mathfrak{v}, \qquad \mathfrak{C}\mathfrak{C}' = \mathfrak{E}, \qquad \mathrm{Det}\,\mathfrak{C} = -1 \tag{27}$$

eine *Umlegung*, beides mit festem Ursprung $\mathfrak{v}$. Ohne diese Einschränkung schreiben sich Bewegungen (Umlegungen) in Zeigern von Punkten $\mathfrak{x}, \mathfrak{x}^*$

zum gleichen Cartesischen Achsenkreuz $\{o; e_1, e_2, e_3\}$ so:

$$\mathfrak{x}^* = \mathfrak{C}\mathfrak{x} + \mathfrak{x}_c, \qquad \mathfrak{C}\mathfrak{C}' = \mathfrak{E}, \qquad \operatorname{Det}\mathfrak{C} = +1 \qquad (\operatorname{Det}\mathfrak{C} = -1). \qquad (28)$$

In der Mechanik hat man statt von Matrizen früher auch von „*Dyaden*" gesprochen.

Die Benennung „Vektor" hat der Ire W. R. Hamilton (1805/1865) 1845 vorgeschlagen. Der Gedanke des Vektors tritt auch schon früher auf bei L. Euler (1707/1783) 1765, C. Wessel (1745/1818), K. F. Gauß (1777/1855), A. F. Möbius (1790/1868), G. Bellavitis (1803/1880) und H. Graßmann (1809/1877). Die Matrizenrechnung stammt im wesentlichen von dem englischen Geometer und Rechtsanwalt A. Cayley (1821/1895) von 1858.

Die Bezeichnung bei Vektoren ist nicht einheitlich. Zum Beispiel schreibt man das Vektorprodukt auch $[\mathfrak{v}\mathfrak{v}']$, in Italien meist $\mathfrak{v} \times \mathfrak{v}'$ für das Skalarprodukt und $\mathfrak{v} \wedge \mathfrak{v}'$ für das Vektorprodukt. Vektoren werden statt durch Frakturbuchstaben oft durch einen übergesetzten Pfeil $\vec{v}$ von Skalaren unterschieden, manchmal auch durch fette Lettern. Zwischen Anhängern verschiedener Schreibweisen wurden heftige Fehden ausgefochten.

II. Streifen und Linien.

§ 21. Begleitendes Dreibein.

In einem festen Cartesischen Achsenkreuz $\{o; e_1, e_2, e_3\}$ seien x_j; $j = 1, 2, 3$ die Zeiger eines Punktes $\mathfrak{x}$. Wir denken uns die x_j abhängig von der „Zeit" t

$$x_j = x_j(t); \qquad j = 1, 2, 3, \qquad (1)$$

$t_0 \leqq t \leqq t_1$. Von den Funktionen $x_j(t)$ genügt es zunächst anzunehmen, sie sollen stetige Ableitungen haben und nicht alle fest sein. Später werden wir im Kleinen ihre Entwickelbarkeit in konvergente Potenzreihen fordern. Indem wir den Vektor von o nach $\mathfrak{x}$ ebenfalls mit $\mathfrak{x}$ bezeichnen, schreiben wir statt (1) kürzer

$$\mathfrak{x} = \mathfrak{x}(t). \qquad (2)$$

Wir haben dann die „*Parameterdarstellung*" einer „*Linie*" oder „*Kurve*" vor uns. Es hat sich in der klassischen Differentialgeometrie zweckmäßig erwiesen, an den Punkt $\mathfrak{x}$ ein (zunächst beliebiges) Cartesisches Achsenkreuz, „*das begleitende Dreibein*", der Linie anzuhängen $\{\mathfrak{x}(t); a_1(t), a_2(t), a_3(t)\}$. Ähnliches hat schon L. Euler 1736 in seiner Mechanik gemacht, und dies Verfahren des begleitenden Dreibeins ist insbesondere von französischen Geometern ausgebildet worden, wie G. Darboux (1842/1917) und E. Cartan (geb. 1869). Mit $d\mathfrak{x}$ bezeichnen wir den Vektor mit den Zeigern

im „*Urkreuz*" der c_j.
$$d x_j = x_j(t) \cdot dt \tag{3}$$

Es seien σ_j die Zeiger von $d\mathfrak{x}$ im begleitenden Dreibein

$$\sigma_j = \langle \mathfrak{a}_j, d\mathfrak{x} \rangle, \tag{4}$$

so daß

$$d\mathfrak{x} = \sum_{1}^{3} \mathfrak{a}_j \sigma_j \tag{5}$$

wird. Anderseits setzen wir

$$d\mathfrak{a}_j = \sum_{k=1}^{3} \mathfrak{a}_k \omega_{jk}, \tag{6}$$

worin also

$$\omega_{jk} = \langle d\mathfrak{a}_j, \mathfrak{a}_k \rangle \tag{7}$$

ist. Die σ_j, ω_{jk} sind „*Pfaffsche Formen*" in der einen Veränderlichen t, d. h. Ausdrücke, die in dt linear und homogen sind[1]:

$$\sigma = h(t) \cdot dt.$$

Die Tatsache, daß die $\mathfrak{a}_j$ ein Cartesisches Achsenkreuz bilden, bedingt für die Skalarprodukte

$$\langle \mathfrak{a}_j \mathfrak{a}_k \rangle = \varepsilon_{jk} \begin{cases} = 1 & \text{für} \quad j = k, \\ = 0 & \text{für} \quad j \neq k. \end{cases} \tag{8}$$

Hieraus folgt durch Ableitung wegen (7)

$$\omega_{jk} + \omega_{kj} = 0. \tag{9}$$

Somit gibt es statt 9 im wesentlichen nur 3 Pfaffsche Formen ω, und wir setzen daher einfacher unter Verwendung einer einzigen Fußmarke

$$\omega_{23} = \omega_1, \qquad \omega_{31} = \omega_2, \qquad \omega_{12} = \omega_3. \tag{10}$$

Dann tritt an Stelle von (6)

$$d\mathfrak{a}_1 = \mathfrak{a}_2 \omega_3 - \mathfrak{a}_3 \omega_2, \quad d\mathfrak{a}_2 = \mathfrak{a}_3 \omega_1 - \mathfrak{a}_1 \omega_3, \quad d\mathfrak{a}_3 = \mathfrak{a}_1 \omega_2 - \mathfrak{a}_2 \omega_1. \tag{11}$$

Denken wir uns in unserem begleitenden Dreibein einen Vektor $\mathfrak{v}$ befestigt

$$\mathfrak{v} = c_1 \mathfrak{a}_1 + c_2 \mathfrak{a}_2 + c_3 \mathfrak{a}_3 \tag{12}$$

mit festen c_j, so kann man aus (11) folgern

$$d\mathfrak{v} = \Omega \times \mathfrak{v}, \tag{13}$$

worin Ω den „*Drehvektor*"

$$\Omega = \omega_1 \mathfrak{a}_1 + \omega_2 \mathfrak{a}_2 + \omega_3 \mathfrak{a}_3 \tag{14}$$

bedeutet. (13) gibt nämlich ausführlich

$$d\mathfrak{v} = (c_3 \omega_2 - c_2 \omega_3)\mathfrak{a}_1 + (c_1 \omega_3 - c_3 \omega_1)\mathfrak{a}_2 + (c_2 \omega_1 - c_1 \omega_2)\mathfrak{a}_3, \tag{15}$$

---

[1] Benennung nach J. Fr. Pfaff, 1765/1825, Lehrer von Gauß.

was ebenso aus (12) durch Ableitung mittels (11) folgt. Denkt man sich das Dreibein an einen festen Punkt $\mathfrak{o}$ angehängt, so kann nach (13) der Übergang zur Nachbarlage durch eine „Drehung" um die Achse von der Richtung Ω erfolgen, die Länge von Ω gibt den Drehwinkel, der Sinn von Ω den Drehsinn.

Es liegt nun der Gedanke nahe, das begleitende Dreibein $\{\mathfrak{x}; \mathfrak{a}_1, \mathfrak{a}_2, \mathfrak{a}_3\}$ besonders zu wählen, nämlich etwa so, daß $\mathfrak{a}_1$ in die *Tangente* unserer Linie in $\mathfrak{x}$ fällt, deren Richtung durch den Vektor $d\mathfrak{x}$ bestimmt ist, den wir $\neq 0$ annehmen wollen. Dann wird in (5) $\sigma_2 = \sigma_3 = 0$, und wir setzen $\sigma_1 = \sigma$. So tritt an Stelle von (5)

$$d\mathfrak{x} = \mathfrak{a}_1 \sigma. \tag{16}$$

Wir haben jetzt folgendes Gebilde vor uns: eine Linie $\mathfrak{x}(t)$ und längs der Linie einen Einheitsvektor $\mathfrak{a}_3(t)$ mit

$$\langle \mathfrak{a}_3, d\mathfrak{x} \rangle = 0. \tag{17}$$

Ein solches Gebilde nennt man einen *Streifen*, und $\mathfrak{a}_3$ heißt der *Normalenvektor des Streifens*. Man kann sich den Streifen als ein schmales Band längs der Linie $\mathfrak{x}(t)$ rechtwinklig zu $\mathfrak{a}_3(t)$ denken.

Stellen wir die *Ableitungsgleichungen* (16), (11) für einen Streifen nochmal zusammen! Es war

$$d\mathfrak{x} = \mathfrak{a}_1 \sigma;$$
$$d\mathfrak{a}_1 = \mathfrak{a}_2 \omega_3 - \mathfrak{a}_3 \omega_2, \quad d\mathfrak{a}_2 = \mathfrak{a}_3 \omega_1 - \mathfrak{a}_1 \omega_3, \quad d\mathfrak{a}_3 = \mathfrak{a}_1 \omega_2 - \mathfrak{a}_2 \omega_1. \tag{18}$$

§ 22. Integralinvarianten eines Streifens.

Wir führen die Integrale ein

$$s = \int_{t_0}^{t} \sigma, \qquad u_j = \int_{t_0}^{t} \omega_j, \tag{1}$$

so daß wir

$$\sigma = ds, \qquad \omega_j = du_j, \qquad \mathfrak{a}_1 = \frac{d\mathfrak{x}}{ds} \tag{2}$$

setzen können. Man nennt s die *Bogenlänge* des Streifens oder der ihn „tragenden" Linie $\mathfrak{x}(t)$ zwischen den Stellen t_0 und t, ferner

$$u_1 = \int \omega_1 = -\int \langle \mathfrak{a}_2, d\mathfrak{a}_3 \rangle = \int [\mathfrak{a}_1, \mathfrak{a}_3, d\mathfrak{a}_3] \tag{3}$$

seine *Gesamtwindung*,

$$u_2 = \int \omega_2 = \int \langle \mathfrak{a}_1, d\mathfrak{a}_3 \rangle \tag{4}$$

seine *Gesamtabweichung*, endlich

$$u_3 = \int \omega_3 = \int \langle \mathfrak{a}_2, d\mathfrak{a}_1 \rangle = \int [\mathfrak{a}_3 \mathfrak{a}_1 d\mathfrak{a}_1] \tag{5}$$

seine *Gesamtkrümmung*.

Neben diesen „*Integralinvarianten*" spielen die folgenden „*Differentialinvarianten*" eine Rolle:

$$k_1 = \frac{du_1}{ds} = \frac{\omega_1}{\sigma} = \left[\mathfrak{a}_1 \mathfrak{a}_3 \frac{d\mathfrak{a}_3}{ds}\right] = Windung,$$

$$k_2 = \frac{du_2}{ds} = \frac{\omega_2}{\sigma} = \left\langle \mathfrak{a}_1 \frac{d\mathfrak{a}_3}{ds}\right\rangle = Abweichung, \tag{6}$$

$$k_3 = \frac{du_3}{ds} = \frac{\omega_3}{\sigma} = \left[\mathfrak{a}_3 \mathfrak{a}_1 \frac{d\mathfrak{a}_1}{ds}\right] = Krümmung.$$

Dabei ist die erste von den „Ausrichtungen" unabhängig: Kehrt man nämlich das Vorzeichen des Normalenvektors $\mathfrak{a}_3$ um, so hat das auf $\omega_1 : \sigma$ keinen Einfluß, und kehrt man $\mathfrak{a}_1$ um, so ändert damit auch σ sein Zeichen, also bleibt $\omega_1 : \sigma$ wieder erhalten.

Die Ebene, die durch den Punkt $\mathfrak{x}$ geht und zu $\mathfrak{a}_1$ und $d\mathfrak{a}_1$ (also zu zwei „benachbarten" Tangenten) parallel läuft, nennt man die *Schmiegebene* der Linie $\mathfrak{x}(t)$. Sie ist von Johann I. Bernoulli (1667/1748) 1728 eingeführt worden. Ist $\mathfrak{a}_2 \sin\varphi + \mathfrak{a}_3 \cos\varphi$ rechtwinklig zur Schmiegebene, so muß nach (21, 11)

$$\langle \mathfrak{a}_2 \sin\varphi + \mathfrak{a}_3 \cos\varphi, \, \mathfrak{a}_2 \omega_3 - \mathfrak{a}_3 \omega_2 \rangle = \omega_3 \sin\varphi - \omega_2 \cos\varphi = 0 \tag{7}$$

sein. Danach ist

$$\operatorname{tg}\varphi = \frac{\omega_2}{\omega_3}. \tag{8}$$

Wir betrachten nun die *besonderen Streifen*, für die eine der vier Pfaffschen Formen σ, ω_j identisch verschwindet.

Erstens $\sigma = 0$. Einen entarteten Streifen mit $\sigma = 0$, dessen Linie auf einen Punkt zusammenschrumpft, nennt man *konisch*.

Zweitens $\omega_2 = 0$. Einen Streifen, für den ω_2 identisch verschwindet, dessen Normale also nach (8) im allgemeinen zu seiner Schmiegebene rechtwinklig ist, nennt man einen *Schmiegstreifen*. Durch eine Linie $\mathfrak{x}(t)$ geht im allgemeinen genau ein Schmiegstreifen. Nur für $\mathfrak{a}_1 \times d\mathfrak{a}_1 = 0$, also nach (21, 11) $\omega_2 = \omega_3 = 0$, also für festes $\mathfrak{a}_1$ und

$$\mathfrak{x} = \mathfrak{a}_1 s + \mathfrak{x}_0, \tag{9}$$

also für gerade Linien wird die Schmiegebene unbestimmt. Für einen Schmiegstreifen $\omega_2 = 0$ sind deshalb

$$k = \frac{\omega_3}{\sigma}, \quad w = \frac{\omega_1}{\sigma} \tag{10}$$

als *Krümmung* und *Windung* der Trägerlinie zu bezeichnen. Durch $\omega_1 = \omega_2 = 0$ werden die *ebenen Streifen* gekennzeichnet, deren Linie in einer festen Ebene liegt und deren Normale zu dieser Ebene rechtwinklig steht, denn aus (21, 11) folgt $\mathfrak{a}_3 = $ fest und aus $\langle \mathfrak{a}_3 d\mathfrak{x}\rangle = 0$ somit durch Integrieren die Gleichung der Ebene des Streifens:

$$\langle \mathfrak{a}_3 \mathfrak{x}\rangle = \text{fest}. \tag{11}$$

Drittens $\omega_1 = 0$. Bestimmen wir die Streifen, deren Normalen eine „*Torse*" bilden, d. h. im allgemeinen Tangenten einer Linie! Als Grenzfälle stecken darin, daß die Normalen einen Kegel oder Zylinder bilden. Es beschreibe

$$\mathfrak{y} = \mathfrak{x} + r\,\mathfrak{a}_3 \tag{12}$$

diese Linie. Sollen ihre Tangenten die Richtung $\mathfrak{a}_3$ haben, so muß $d\mathfrak{y} \times \mathfrak{a}_3 = 0$ sein. Das gibt aus (12) mittels (21,11)

$$\sigma + r\,\omega_2 = 0, \qquad \omega_1 = 0. \tag{13}$$

Somit sind die gesuchten Streifen, die man *Krümmungsstreifen* nennt, durch $\omega_1 = 0$ gekennzeichnet.

Aus (21,16) und (13) folgt

$$d\mathfrak{x} = -\,\mathfrak{a}_1 r\,\omega_2 \tag{14}$$

und aus (21,11) und (13)

$$d\mathfrak{a}_3 = \mathfrak{a}_1\,\omega_2. \tag{15}$$

Somit finden wir als *kennzeichnend für Krümmungsstreifen*

$$d\mathfrak{x} = -\,r\,d\mathfrak{a}_3, \tag{16}$$

worin die Bedeutung von r aus (12) hervorgeht.

Viertens $\omega_3 = 0$. Endlich heißt ein Streifen *geodätisch*, wenn seine Normale stets in der zugehörigen Schmiegebene liegt. Dafür folgt aus (7) die Bedingung $\omega_3 = 0$.

Stellen wir unsere Benennungen zusammen!

$$\begin{aligned}
\sigma &= 0 \quad &&\textit{für konische Streifen,}\\
\omega_1 &= 0 \quad &&\textit{für Krümmungsstreifen,}\\
\omega_2 &= 0 \quad &&\textit{für Schmiegstreifen,}\\
\omega_3 &= 0 \quad &&\textit{für geodätische Streifen.}
\end{aligned} \tag{17}$$

Kennt man die Verhältnisse unserer Pfaffschen Formen

$$\sigma : \omega_1 : \omega_2 : \omega_3$$

als Funktionen der Zeit t, so kann man aus den Differentialgleichungen

$$d\mathfrak{x} = \mathfrak{a}_1\,\sigma; \qquad d\mathfrak{a}_j = \mathfrak{a}_k\,\omega_l - \mathfrak{a}_l\,\omega_k \tag{18}$$

$(j, k, l = 1, 2, 3; \ 2, 3, 1; \ 3, 1, 2)$ [bei gegebener Anfangslage des begleitenden Dreibeins $\{\mathfrak{x}; \mathfrak{a}_1, \mathfrak{a}_2, \mathfrak{a}_3\}$ für $t = t_0$] den Streifen eindeutig ermitteln. Durch Angabe dieser Verhältnisse ist also unser Streifen bis auf Bewegungen eindeutig bestimmt.

§ 23. Drehung eines Streifens um seine Linie.

Zwei Streifen sollen dieselbe Trägerlinie haben. Wir setzen $\mathfrak{x}^* = \mathfrak{x}$ und mit $\vartheta = \vartheta(t)$

$$\begin{aligned}
\mathfrak{a}_1^* &= +\,\mathfrak{a}_1,\\
\mathfrak{a}_2^* &= +\,\mathfrak{a}_2 \cos\vartheta + \mathfrak{a}_3 \sin\vartheta,\\
\mathfrak{a}_3^* &= -\,\mathfrak{a}_2 \sin\vartheta + \mathfrak{a}_3 \cos\vartheta.
\end{aligned} \tag{1}$$

Dann wird

$$\sigma^* = \sigma,$$
$$\omega_1^* = + \,\omega_1 + d\vartheta,$$
$$\omega_2^* = + \,\omega_2 \cos\vartheta + \omega_3 \sin\vartheta,$$
$$\omega_3^* = - \,\omega_2 \sin\vartheta + \omega_3 \cos\vartheta.$$

$$(2)$$

Wollen wir ϑ so wählen, daß der gestirnte Streifen Krümmungsstreifen wird ($\omega_1^* = 0$), so haben wir mittels (21, 11)

$$d\vartheta = - \,\omega_1,$$
$$\vartheta = - \,u_1 + \vartheta_0$$

$$(3)$$

zu nehmen. Darin liegt eine geometrische Deutung der Integralinvariante u_1. Eine entsprechende Deutung für u_3 bringen wir in § 45. Diese überträgt sich wegen (2) für $\vartheta = \pi : 2$ auch auf u_2. Wir finden aus (3) auch: *Zwei Krümmungsstreifen mit derselben Trägerlinie schließen einen festen Winkel ein* (O. Bonnet 1853).

Aus (2) folgt die Invarianz von

$$\frac{\omega_2{}^2 + \omega_3{}^2}{\sigma^2} = k^2$$

$$(4)$$

bei der Drehung. Im Falle des Schmiegstreifens ($\omega_2 = 0$) haben wir k seine Krümmung genannt. Es liegt deshalb nahe, k als *Krümmung der Trägerlinie* unseres Streifens zu erklären.

Ebenso wird w mit

$$w = \frac{\omega_1^*}{\sigma} = \frac{\omega_1}{\sigma} + \frac{d\vartheta}{ds} \qquad (\omega_2^* = \omega_2 \cos\vartheta + \omega_3 \sin\vartheta = 0) \qquad (5)$$

als *Windung der Trägerlinie* anzusehen sein.

§ 24. Vierscheitelsatz.

Stellen wir nochmals unsere Formeln für Schmiegstreifen zusammen! Wir finden für $\omega_2 = 0$ mit der Bezeichnung (22, 10) folgende „*Ableitungsgleichungen*", die man nach dem Franzosen F. Frenet (1816/ 1868) 1847 benennt:

$$\frac{d\mathfrak{x}}{ds} = \mathfrak{a}_1;$$

$$\frac{d\mathfrak{a}_1}{ds} = \quad * \quad + k\mathfrak{a}_2 \quad * \quad,$$

$$\frac{d\mathfrak{a}_2}{ds} = - k\mathfrak{a}_1 \quad * \quad + w\mathfrak{a}_3,$$

$$\frac{d\mathfrak{a}_3}{ds} = \quad * \quad - w\mathfrak{a}_2 \quad * \quad.$$

$$(1)$$

Die Gerade durch $\mathfrak{x}$ in Richtung $\mathfrak{a}_1$ heißt *Tangente*, dazu kommt die Gerade durch $\mathfrak{x}$ in Richtung $\mathfrak{a}_2$ als *Hauptnormale* und in Richtung $\mathfrak{a}_3$ als *Binormale* unserer Linie im Punkt $\mathfrak{x}$.

Nehmen wir insbesondere an, unsere Linie liege in der festen Ebene $x_3 = 0$, so daß wir $\mathfrak{a}_3 = \mathfrak{e}_3$ setzen können. Wir nehmen

$$\mathfrak{a}_1 = \left\{ + \frac{dx_1}{ds} = + \cos\tau, \quad \frac{dx_2}{ds} = + \sin\tau, \ 0 \right\},$$
$$\mathfrak{a}_2 = \left\{ - \frac{dx_2}{ds} = - \sin\tau, \quad \frac{dx_1}{ds} = + \cos\tau, \ 0 \right\} \tag{2}$$

und haben dann für die Krümmung

$$k = \frac{d\tau}{ds}. \tag{3}$$

Aus (1), (2) folgt

$$\frac{d^2 x_1}{ds^2} = - k \frac{dx_2}{ds}, \qquad \frac{d^2 x_2}{ds^2} = + k \frac{dx_1}{ds}. \tag{4}$$

Wir wollen diese Formeln benutzen, um nach G. Herglotz (geb. 1881) einen einfachen Satz der „Differentialgeometrie im Großen" zu gewinnen, der zuerst 1909 von dem Bengalen S. Mukhopadhyaya (1867/1935) gefunden sein dürfte. Unter einer „*Eilinie*" soll eine geschlossene ebene Linie verstanden werden, die mit keiner Geraden mehr als zwei Punkte gemein hat, und unter einem „*Scheitel*" der Eilinie ein Punkt, in dem $dk : ds$ verschwindet, also ihre Krümmung „*ruht*". Wir wollen den *Vierscheitelsatz* beweisen: *Eine Eilinie* e *enthält mindestens vier Scheitel.*

Dazu beweisen wir, daß bei beliebigen festen Werten der a_j das längs e erstreckte Integral

$$\int (a_0 + a\ x_1 + a_2 x_2) \frac{dk}{ds}\, ds = 0 \tag{5}$$

stets verschwindet. Diese Behauptung kommt auf die 3 folgenden zurück:

$$\int \frac{dk}{ds}\, ds = \int dk = 0,$$
$$\int x_1 \frac{dk}{ds}\, ds = - \int k \frac{dx_1}{ds}\, ds = - \int \frac{d^2 x_2}{ds^2}\, ds = 0,$$
$$\int x_2 \frac{dk}{ds}\, ds = - \int k \frac{dx_2}{ds}\, ds = + \int \frac{d^2 x_1}{ds^2}\, ds = 0, \tag{6}$$

die sich wegen der Geschlossenheit von e aus (4) ergeben. Wir nehmen $k(s)$ als stetig mit stetiger Ableitung auf e an. Dann gibt es sicher einen Größt- und einen Kleinstwert von k, also sicher zwei Scheitel mit $dk : ds = 0$. Gäbe es nur diese, so könnten wir die Gerade $a_0 + a_1 x_1 + a_2 x_2 = 0$ durch sie hindurchlegen, und das Integral (5) könnte nicht verschwinden, da der Integrand keine Zeichenwechsel aufweist. Hierbei wird benutzt, daß e Eilinie ist.

Somit gibt es mindestens vier Zeichenwechsel von $dk : ds$ auf e. Daß es aber Eilinien mit genau vier Scheiteln gibt, bestätigt man am Beispiel der Ellipsen.

Bei einer unebenen Linie kann man als „Scheitel" wieder einen Punkt erklären, in dem $dk : ds = 0$ ist. Über die Mindestzahlen der Scheitel geschlossener räumlicher Linien (die etwa in vorgeschriebener Weise „verknotet" sein können) ist, wie es scheint, nichts bekannt. Auf der „Ringfläche" (= Torus)

$$x_1 = (a + b \cos\psi) \cos\varphi,$$
$$x_2 = (a + b \cos\psi) \sin\varphi, \qquad (7)$$
$$x_3 = b \sin\psi$$

mit $a > b > 0$ bildet z. B. die Linie
$$3\varphi = 2\psi \qquad (8)$$

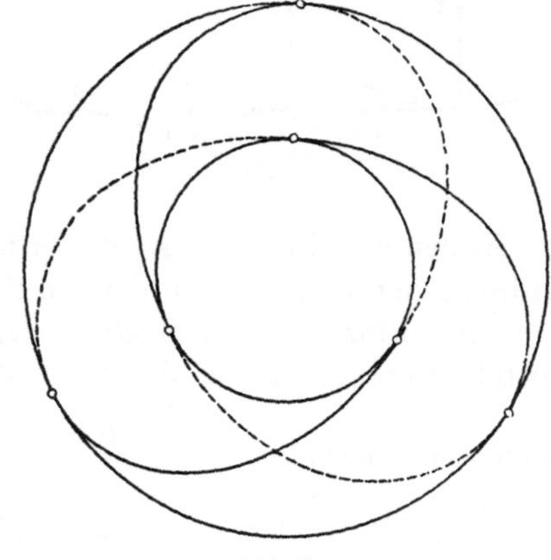

Abb. 5.

eine „*Kleeblattschlinge*". Wir haben sie in Abb. 5 im *Rechtwinkelriß* (orthogonale Projektion) in Richtung der 3-Achse gezeichnet. Auf ihr ist sicher z. B. der Punkt $\varphi = \psi = 0$ ein Scheitel, da dem Vorzeichenwechsel von φ und ψ die Spiegelung

$$x_1^* = x_1, \qquad x_2^* = -x_2, \qquad x_3^* = -x_3$$

entspricht, die unsere Linie in sich überführt. Aus demselben Grunde sind alle 6 im Bild geringelten Punkte mit $\psi \equiv 0 \pmod{\pi}$ Scheitel der Kleeblattschlinge. Gericke hat 1937 gezeigt: Es gibt geschlossene Raumkurven mit 2 Scheiteln.

§ 25. Schmiegkreis, Schmiegkugel.

Aus (24, 1) folgt $\left(k' = \dfrac{dk}{ds}\right)$

$$\frac{d\mathfrak{x}}{ds} = \mathfrak{a}_1, \qquad \frac{d^2\mathfrak{x}}{ds^2} = k\mathfrak{a}_2, \qquad \frac{d^3\mathfrak{x}}{ds^3} = k'\mathfrak{a}_2 + k(-k\mathfrak{a}_1 + w\mathfrak{a}_3). \qquad (1)$$

Nehmen wir $\mathfrak{x} = 0$, $\mathfrak{a}_j = \mathfrak{e}_j$ für $s = 0$, so beginnen demnach die Reihenentwicklungen für die x_j nach Potenzen von s so:

$$x_1 = s - \frac{k^2}{6} s^3 + \cdots,$$
$$x_2 = \frac{k}{2} s^2 + \frac{k'}{6} s^3 + \cdots, \qquad (2)$$
$$x_3 = \frac{kw}{6} s^3 + \cdots,$$

wobei die fehlenden Glieder in s mindestens vierte Ordnung haben und k, w, k' für $s = 0$ zu berechnen sind. Aus (2) folgt, daß die Rechtwinkelrisse unserer Linie auf die 3 Zeigerebenen für $k > 0$, $w > 0$ so aussehen wie in Abb. 6. Die Reihen in (2) können beliebig fortgesetzt werden; darin liegt, daß durch Angabe der Funktionen $k(s)$, $w(s)$ unsere Linie bis auf Bewegungen eindeutig bekannt ist. In (2) liegt ferner zum Beispiel:

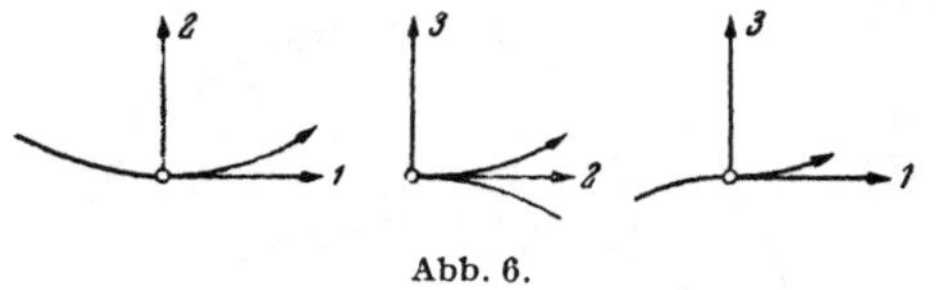

Abb. 6.

In einem Linienpunkt mit $kw \neq 0$ ist die Schmiegebene die einzige Ebene durch die Tangente, die dort die Linie zerschneidet.

Ferner:

Suchen wir einen Kreis auf, der unsere Linie im Ursprung in zweiter Ordnung berührt, d. h. für den die Entwicklungen (2) mit denen unserer Linie mit Einschluß der Glieder zweiter Ordnung zusammenfallen. Sein Mittelpunkt $\mathfrak{y}$ muß auf der Normalen in der Schmiegebene liegen:

$$\mathfrak{y} = \mathfrak{x} + r \mathfrak{a}_2.$$

Setzen wir deshalb

$$x_1 = r \sin \frac{s}{r}, \qquad x_2 = r \left(1 - \cos \frac{s}{r}\right), \qquad x_3 = 0,$$

so folgen hieraus die Entwicklungen

$$x_1 = s + \cdots, \qquad x_2 = \frac{s^2}{2r} + \cdots, \qquad x_3 = 0.$$

Somit sehen wir durch Vergleich mit (2):

Der Kreis („Krümmungskreis") in der Schmiegebene mit dem Mittelpunkt (, Krümmungsmittelpunkt")

$$\mathfrak{y} = \mathfrak{x} + r \mathfrak{a}_2 \tag{3}$$

und dem Halbmesser („Krümmungshalbmesser")

$$r = \frac{1}{k} \tag{4}$$

ist der einzige Kreis, der in $\mathfrak{x}$ mit der gegebenen Linie eine Berührung (mindestens) zweiter Ordnung hat.

Die Bedingung für den Punkt $\mathfrak{z}$, in der Normalebene von $\mathfrak{x}$ zu liegen, ist

$$\langle \mathfrak{z} - \mathfrak{x}, \mathfrak{a}_1 \rangle = 0. \tag{5}$$

Suchen wir das Hüllgebilde dieser Normalebenen! Dazu haben wir bei festem $\mathfrak{z}$ diese Gleichung mittels (24,1) nach s abzuleiten. Wir finden so

$$\langle \mathfrak{z} - \mathfrak{x}, k \mathfrak{a}_2 \rangle = 1 \tag{6}$$

oder nach (4)

$$\langle \mathfrak{z} - \mathfrak{x}, \mathfrak{a}_2 \rangle = r. \tag{7}$$

Das heißt: *Die Normalebenen einer Linie berühren ihre Hülltorse längs der „Krümmungsachse" (5), (7), die im Krümmungsmittelpunkt die Schmiegebene rechtwinklig trifft.* r von (22,12) ist somit Krümmungshalbmesser.

Leitet man (7) nochmals nach s ab, so folgt wegen (5)

$$\langle \mathfrak{z} - \mathfrak{x},\, w \mathfrak{a}_3 \rangle = r'. \tag{8}$$

Somit beschreibt im allgemeinen der Punkt $\mathfrak{z}$

$$\mathfrak{z} = \mathfrak{x} + r\,\mathfrak{a}_2 + \frac{r'}{w}\,\mathfrak{a}_3; \qquad r' = \frac{dr}{ds} \tag{9}$$

die Linie, deren Tangenten die Krümmungsachsen der Ausgangslinie sind. $\mathfrak{z}$ ist der Mittelpunkt der *Schmiegkugel*, die unsere Linie in $\mathfrak{x}$ mindestens in dritter Ordnung berührt. Das heißt: die Entwicklung von

$$\sqrt{(\mathfrak{z} - \mathfrak{x})^2 - r^2 - \left(\frac{r'}{w}\right)^2}$$

beginnt mit Gliedern von mindestens vierter Ordnung in s.

Fragen wir noch: Wann gibt es einen festen Einheitsvektor $\mathfrak{v}$, der mit den Tangenten unserer Linie einen festen Winkel α bildet? Wir haben dann für das Skalarprodukt

$$\langle \mathfrak{v}\,\mathfrak{a}_1 \rangle = \cos \alpha \tag{10}$$

und hieraus durch Ableitung nach (24, 1)

$$\langle \mathfrak{v}\,\mathfrak{a}_2 \rangle = 0 \tag{11}$$

und weiter

$$\langle \mathfrak{v},\, k\,\mathfrak{a}_1 - w\,\mathfrak{a}_3 \rangle = 0 \tag{12}$$

oder nach (10), (11)

$$k \cos \alpha - w \sin \alpha = 0. \tag{13}$$

Unsere „*Böschungslinien*" haben also die Eigenschaft, daß auch ihre Schmiegebenen mit $\mathfrak{v}$ den festen Winkel α bilden und daß $k : w = \operatorname{tg} \alpha$ ist. Jede dieser Eigenschaften kennzeichnet sie.

Die Linien, bei denen insbesondere k und w beide fest sind, nennt man *Schrauben* oder *Schraubenlinien*. Sie lassen sich bei geeigneter Achsenwahl so darstellen:

$$x_1 = a \cos \varphi, \qquad x_2 = a \sin \varphi, \qquad x_3 = b \varphi.$$

Daraus berechnen sich die Invarianten, zunächst die Bogenlänge

$$s = c \varphi, \qquad a^2 + b^2 = c^2,$$

dann Krümmung und Windung:

$$k = \frac{a}{c^2}, \qquad w = \frac{b}{c^2} = \frac{b}{a^2 + b^2}.$$

Ist der Vektor $\mathfrak{x}$ als Funktion eines beliebigen Parameters t gegeben, so finden sich durch eine kleine Rechnung für Krümmung und Windung

$$
k^2 = \frac{\langle \mathfrak{x}' \times \mathfrak{x}'',\, \mathfrak{x}' \times \mathfrak{x}'' \rangle}{\langle \mathfrak{x}' \mathfrak{x}' \rangle^3} = \frac{\langle \mathfrak{x}' \mathfrak{x}' \rangle \langle \mathfrak{x}'' \mathfrak{x}'' \rangle - \langle \mathfrak{x}' \mathfrak{x}'' \rangle^2}{\langle \mathfrak{x}' \mathfrak{x}' \rangle^3},
$$

$$
w = \frac{[\mathfrak{x}' \mathfrak{x}'' \mathfrak{x}''']}{\langle \mathfrak{x}' \times \mathfrak{x}'',\, \mathfrak{x}' \times \mathfrak{x}'' \rangle} = \frac{[\mathfrak{x}' \mathfrak{x}'' \mathfrak{x}''']}{\langle \mathfrak{x}' \mathfrak{x}' \rangle \langle \mathfrak{x}'' \mathfrak{x}'' \rangle - \langle \mathfrak{x}' \mathfrak{x}'' \rangle^2}.
\tag{14}
$$

Das *Vorzeichen der Windung* hat eine geometrische Bedeutung. Nehmen wir unser Achsenkreuz rechtshändig (Abb. 4), so hat eine Schraube

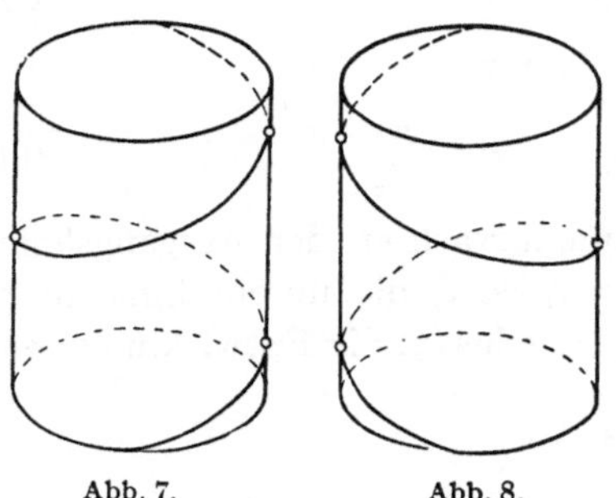

mit $w > 0$ das Aussehen wie in Abb. 7 und eine mit $w < 0$ das wie in Abb. 8. Man nennt Linien mit $w > 0$ auch *weinwendig* und solche mit $w < 0$ *hopfenwendig*.

Abb. 7.   Abb. 8.

§ 26. Formänderung eines Streifens.

Statt wie bisher einen einzigen Streifen $\mathfrak{S}$ zu betrachten, soll jetzt eine Schar von Streifen $\mathfrak{S}$ ins Auge gefaßt werden, die von einer Veränderlichen v abhängen. Wir können diese Schar so darstellen:

$$\mathfrak{x} = \mathfrak{x}(t, v); \qquad \mathfrak{a}_3 = \mathfrak{a}_3(t, v), \tag{1}$$

worin längs $\mathfrak{S}_v$ nur t veränderlich und v fest bleibt. Teilableitungen nach t sollen durch einen Strich, solche nach v durch einen Punkt angedeutet werden. Sind $\mathfrak{a}_j(t, v)$ die Achsen des $\mathfrak{S}_v$ begleitenden Dreibeins, so haben wir nach (21,18)

$$\mathfrak{x}' = \mathfrak{a}_1 h;$$
$$\mathfrak{a}_1' = (\mathfrak{a}_2 c_3 - \mathfrak{a}_3 c_2)h, \quad \mathfrak{a}_2' = (\mathfrak{a}_3 c_1 - \mathfrak{a}_1 c_3)h, \quad \mathfrak{a}_3' = (\mathfrak{a}_1 c_2 - \mathfrak{a}_2 c_1)h \tag{2}$$

mit

$$\langle \mathfrak{x}'\mathfrak{x}'\rangle = h^2, \quad h\,dt = \sigma = ds, \quad c_j h\,dt = \omega_j. \tag{3}$$

Andererseits setzen wir für die Ableitungen nach v

$$\dot{\mathfrak{x}} = \mathfrak{a}_1 p_1 + \mathfrak{a}_2 p_2 + \mathfrak{a}_3 p_3;$$
$$\dot{\mathfrak{a}}_1 = \mathfrak{a}_2 q_3 - \mathfrak{a}_3 q_2, \quad \dot{\mathfrak{a}}_2 = \mathfrak{a}_3 q_1 - \mathfrak{a}_1 q_3, \quad \dot{\mathfrak{a}}_3 = \mathfrak{a}_1 q_2 - \mathfrak{a}_2 q_1. \tag{4}$$

Für die Länge der Trägerlinie von $\mathfrak{S}_v$ haben wir aus (3)

$$s = \int\limits_{t_0}^{t} h\,dt. \tag{5}$$

Durch Teilableitung nach v bei festen Grenzen folgt hieraus unter gehörigen Stetigkeitsannahmen

$$\dot{s} = \int\limits_{t_0}^{t} \dot{h}\,dt. \tag{6}$$

Für die gemischte Ableitung

$$\frac{\partial^2 \mathfrak{x}}{\partial t\,\partial v} = \dot{\mathfrak{x}}' \tag{7}$$

folgt aus (2) wegen (4)

$$\dot{\mathfrak{x}}' = \mathfrak{a}_1 \dot{h} + (\mathfrak{a}_2 q_3 - \mathfrak{a}_3 q_2)h \tag{8}$$

und aus (4) wegen (2)

$$\dot{\mathfrak{r}}' = \mathfrak{a}_1\{p_1' + (c_2 p_3 - c_3 p_2)h\} + \mathfrak{a}_2\{p_2' + (c_3 p_1 - c_1 p_3)h\} + \\ + \mathfrak{a}_3\{p_3' + (c_1 p_2 - c_2 p_1)h\}. \tag{9}$$

Durch Vergleich von (8), (9) ergibt sich zunächst

$$\dot{h} = p_1' + (c_2 p_3 - c_3 p_2)h. \tag{10}$$

Setzen wir

$$\dot{h}\,dt = \dot{\sigma}, \quad dp_1 = p_1'\,dt, \tag{11}$$

so können wir statt (10) auch schreiben

$$\dot{\sigma} = dp_1 + \omega_2 p_3 - \omega_3 p_2. \tag{12}$$

Aus (10) folgt durch Integrieren bei festem v wegen (6), (3)

$$\dot{s} = [p_1]_{\mathfrak{x}_0}^{\mathfrak{x}} + \int_{\mathfrak{x}_0}^{\mathfrak{x}} (c_2 p_3 - c_3 p_2)h\,dt,$$

$$\dot{s} = [p_1]_{\mathfrak{x}_0}^{\mathfrak{x}} + \int_{\mathfrak{x}_0}^{\mathfrak{x}} (c_2 p_3 - c_3 p_2)\,ds, \tag{13}$$

$$\dot{s} = [p_1]_{\mathfrak{x}_0}^{\mathfrak{x}} + \int_{\mathfrak{x}_0}^{\mathfrak{x}} (\omega_2 p_3 - \omega_3 p_2).$$

Durch den letzten Ausdruck für die „*Variation der Bogenlänge*" ist eine neue Deutung für ω_2, ω_3 gewonnen. Weiter folgt durch Vergleich von (8), (9)

$$+ q_3 h = p_2' + (c_3 p_1 - c_1 p_3)h, \\ - q_2 h = p_3' + (c_1 p_2 - c_2 p_1)h. \tag{14}$$

Nehmen wir jetzt einschränkend an, die Trägerlinien der Streifen $\mathfrak{S}_v$ seien durch gleiche t-Werte „*längentreu*", d. h. bei gleichen Bogenlängen s aufeinander bezogen, so daß wir

$$t = s, \quad h = 1 \tag{15}$$

setzen können! Dann vereinfachen sich (10), (14) zu

$$0 = p_1' + c_2 p_3 - c_3 p_2, \\ + q_3 = p_2' + c_3 p_1 - c_1 p_3, \\ - q_2 = p_3' + c_1 p_2 - c_2 p_1. \tag{16}$$

Berechnen wir ferner unter der Annahme (15) die gemischten Ableitungen $\dot{\mathfrak{a}}_j'$ aus (2), (4), so folgen durch Vergleich der Ergebnisse die Beziehungen:

$$\dot{c}_1 = q_1' + c_2 q_3 - c_3 q_2, \\ \dot{c}_2 = q_2' + c_3 q_1 - c_1 q_3, \\ \dot{c}_3 = q_3' + c_1 q_2 - c_2 q_1, \tag{17}$$

oder, wenn wir

$$\dot{c}_j dt = \omega_j, \qquad dq_j = q_j' dt \tag{18}$$

setzen,

$$\dot{\omega}_j = dq_j + \omega_k q_l - \omega_l q_k \tag{19}$$

mit $j, k, l = 1, 2, 3;\ 2, 3, 1;\ 3, 1, 2.$

Erklären wir den „*Drehvektor*" $\mathfrak{v}$ durch

$$\mathfrak{v} = \mathfrak{a}_1 q_1 + \mathfrak{a}_2 q_2 + \mathfrak{a}_3 q_3, \tag{20}$$

so ist wegen (2), (15), (17)

$$\mathfrak{v}' = \mathfrak{a}_1 \dot{c}_1 + \mathfrak{a}_2 c_2 + \mathfrak{a}_3 \dot{c}_3. \tag{21}$$

Betrachten wir schließlich noch die Integralinvarianten (§ 22) unserer Streifen $\mathfrak{S}_v$, nämlich bei festem v unter der Annahme (15) die Integrale

$$u_j = \int_{\mathfrak{x}_0}^{\mathfrak{x}} \omega_j = \int_{\mathfrak{x}_0}^{\mathfrak{x}} c_j\, ds, \tag{22}$$

so finden wir für ihre Variationen

$$\dot{u}_j = \int_{\mathfrak{x}_0}^{\mathfrak{x}} \dot{c}_j\, ds \tag{23}$$

wegen (17) die Ausdrücke

$$\dot{u}_1 = [q_1]_{\mathfrak{x}_0}^{\mathfrak{x}} + \int_{\mathfrak{x}_0}^{\mathfrak{x}} (\omega_2 q_3 - \omega_3 q_2),$$

$$\dot{u}_2 = [q_2]_{\mathfrak{x}_0}^{\mathfrak{x}} + \int_{\mathfrak{x}_0}^{\mathfrak{x}} (\omega_3 q_1 - \omega_1 q_3), \tag{24}$$

$$u_3 = [q_3]_{\mathfrak{x}_0}^{\mathfrak{x}} + \int_{\mathfrak{x}_0}^{\mathfrak{x}} (\omega_1 q_2 - \omega_2 q_1).$$

Für die „*Biegungen*" eines Streifens, d. h. Formänderungen bei festen ds und c_3, finden wir aus (16), (17) die Bedingungen

$$\begin{aligned}
p_1' + c_2 p_3 - c_3 p_2 &= 0, \\
q_3' + c_1 q_2 - c_2 q_1 &= 0.
\end{aligned} \tag{25}$$

Bei der Biegung eines Streifens, der kein Schmiegstreifen ist ($c_2 \neq 0$), kann man wegen (16), (25) aus den p_j die q_i berechnen.

Schließlich soll insbesondere ein *Schmiegstreifen* ($c_2 = 0$) so verbogen werden, daß er dabei Schmiegstreifen bleibt. Wir führen dabei nach (22, 10) seine Krümmung und Windung ein:

$$k = c_3, \qquad w = c_1. \tag{26}$$

Dann wird nach (8)

$$\dot{\mathfrak{x}} = \int_0^s (\mathfrak{a}_2 q_3 - \mathfrak{a}_3 q_2)\, ds, \tag{27}$$

und nach (17) ist

$$\frac{dq_2}{ds} + kq_1 - wq_3 = 0,$$
$$\frac{dq_1}{ds} + wq_2 = 0. \tag{28}$$

Gibt man $q_3(s)$ vor, so folgt aus der letzten Gleichung die Kenntnis von q_2, aus der vorhergehenden die von q_1 und aus (27) die von $\dot{\mathfrak{x}}$ und damit wegen (4) die von

$$p_j = \dot{\mathfrak{x}}\,\mathfrak{a}_j. \tag{29}$$

Etwas kürzer könnte man die Formeln dieses Abschnitts durch Ableitung nach v aus (21,18) gewinnen, nur muß man sich dann über die Bedeutung der ω_j klar werden. Noch deutlicher ließen sich unsere Ergebnisse mittels der Pfaffschen Formen in 2 Veränderlichen herleiten, die wir in III betrachten werden[1].

§ 27. Aufgaben, Lehrsätze.

1. Linienpaar von Bertrand. Können Linien ihre Hauptnormalen gemein haben? Man findet: Für jede solche Linie besteht zwischen Krümmung und Windung eine lineare Gleichung

$$A k + B w = 1. \tag{1}$$

Diese Linien treten im allgemeinen paarweise auf. J. Bertrand (1822/1900), C. R. Acad. Sci. Paris 36 (1850). Vgl. auch E. Salkowski in Math. Ann. 67 (1909). Weiteres Schrifttum Enzyklopädie III D 4, Nr. 28, 33.

2. Ein Satz von Beltrami. Die Tangentenfläche einer unebenen Linie schneidet die Schmiegebene in einem ihrer Punkte in einer Linie, deren Krümmung dort $^3/_4$ der Krümmung der unebenen Linie beträgt. E. Beltrami (1835/1900), Opere I (1865), S. 261.

3. Ein Satz von Jacobi. Legt man normal zu den Schmiegebenen einer geschlossenen Linie $\mathfrak{L}$ die Einheitsvektoren $\mathfrak{a}_3$ von einem festen Anfangspunkt $\mathfrak{o}$ aus, so beschreibt ihr Endpunkt das „Binormalenbild" $\mathfrak{L}_3$ von $\mathfrak{L}$ auf der Einheitskugel um $\mathfrak{o}$. $\mathfrak{L}_3$ hälftet die Kugelfläche. C. G. J. Jacobi (1804/1851), Werke 7, 39 (1842).

4. Über Eilinien. Es sei $\mathfrak{E}$ eine nach linksherum durchlaufene Eilinie in der Ebene mit den Cartesischen Zeigern x, y; h sei der Abstand einer gerichteten Tangente an $\mathfrak{E}$ vom Ursprung $\mathfrak{o}$, wobei $h > 0$ gerechnet wird, wenn sie links um $\mathfrak{o}$ dreht. Ist τ ihr Winkel mit der x-Achse, so lautet ihre Gleichung

$$x \cos\tau + y \sin\tau = h(\tau), \tag{2}$$

---

[1] Setzen wir nämlich

$$d\mathfrak{x} = \sum \mathfrak{a}_k \sigma_k, \quad d\mathfrak{c}_j = \sum \mathfrak{a}_k \tau_{jk}; \quad [d\sigma_j] = \sum [\sigma_s \tau_{sj}], \quad [d\tau_{jk}] = \sum [\tau_{js}\tau_{sk}]$$

mit den Pfaffschen Formen σ, τ in t, v ($\tau_{jk} + \tau_{kj} = 0$). Nehmen wir nun die Ableitungen d_1, d_2 mit $d_1 v = 0$, $d_2 t = 0$, so ergibt sich als Integrierbarkeitsbedingung für $[d\sigma_1]$ ausführlich

$$\begin{vmatrix} d_1 & \sigma_1(d_1) \\ d_2 & \sigma_2(d_2) \end{vmatrix} = \begin{vmatrix} 0 & \tau_{21}(d_1) \\ \sigma_2(d_2) & \tau_{21}(d_2) \end{vmatrix} + \begin{vmatrix} 0 & \tau_{31}(d_1) \\ \sigma_3(d_2) & \tau_{31}(d_2) \end{vmatrix},$$

wenn $\sigma_3(d_1) = \tau_2(d_1) = 0$ ist. Durch Integrieren nach t ergibt sich daraus für die Variation der Bogenlänge

$$d_2 \int_a^b \sigma_1(d_1) = \left[\sigma_1(d_2)\right]_a^b + \int_a^b \{\sigma_2(d_2)\,\tau_{21}(d_1) + \sigma_3(d_2)\,\tau_{31}(d_1)\}.$$

Vgl. dazu § 32.

und man nennt $h(\tau)$ die *Stützfunktion* von $\mathfrak{C}$ mit $h(\tau) = h(\tau + 2\pi)$. Für die Krümmungshalbmesser von $\mathfrak{C}$ findet sich

$$r = h + \frac{d^2 h}{d\tau^2}. \tag{3}$$

Daraus für den Umfang von $\mathfrak{C}$ die Formel von A. Cauchy (1789/1857) 1841:

$$U = \int_{-\pi}^{+\pi} h(\tau)\, d\tau. \tag{4}$$

Haben gegensinnig parallele Tangenten von $\mathfrak{C}$ den festen Abstand $2a$:

$$h(\tau) + h(\tau + \pi) = 2a, \tag{5}$$

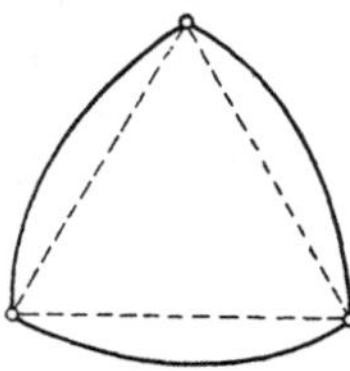

so sagt man, $\mathfrak{C}$ hat „*feste Breite*“, und man findet

$$U = 2\pi a. \tag{6}$$

Ein Beispiel einer solchen Eilinie ist das „Reuleaux-Dreieck“ in Abb. 9 (Fr. Reuleaux 1829/1905). Es besteht aus 3 Kreisbogen, die ihre Mittelpunkte und Endpunkte in den Ecken eines gleichseitigen Dreiecks haben. Für den Flächeninhalt A von $\mathfrak{C}$ folgt aus (3)

Abb. 9.

$$A = \frac{1}{2} \int h\left(h + \frac{d^2 h}{d\tau^2}\right) d\tau = \frac{1}{2} \int \left\{h^2 - \left(\frac{dh}{d\tau}\right)^2\right\} d\tau. \tag{7}$$

Die Eilinie $\mathfrak{C}_p$ mit der Stützfunktion $h + p$ ($p = $ fest) nennt man „*parallel*“ zu $\mathfrak{C}$ im Abstand p. Für ihren Flächeninhalt folgt aus (7), (4) die Formel von J. Steiner (1840)

$$A_p = A + Up + \pi p^2. \tag{8}$$

Man bemerke noch die Bedeutung von $h'(\tau) = dh : d\tau$, nämlich: $h'(\tau)$ ist die Stützfunktion der *Evolute* (Einhüllende der Normalen) von $\mathfrak{C}$. Die Benennung „Evolute“ stammt von Ch. Huygens (1629/1695).

5. Fourier-Entwicklungen für Eilinien. Man entwickle den Krümmungshalbmesser r einer Eilinie $\mathfrak{C}$ in eine Fourier-Reihe [J. B. J. Fourier (1768/1830) 1822] nach der Tangentenrichtung τ

$$r = \tfrac{1}{2} a_0 + \Sigma (a_k \cos k\tau + a_k' \sin k\tau),$$

$$a_k = \frac{1}{\pi} \int_{-\pi}^{+\pi} r \cos k\tau\, d\tau, \qquad a_k' = \frac{1}{\pi} \int_{-\pi}^{+\pi} r \sin k\tau\, d\tau. \tag{9}$$

Dann ist der Umfang U von $\mathfrak{C}$

$$U = \pi a_0. \tag{10}$$

Aus den Beziehungen $a_1 = a_1' = 0$ oder

$$\int_{-\pi}^{+\pi} r \cos \tau\, d\tau = \int_{-\pi}^{+\pi} r \sin \tau\, d\tau = 0 \tag{11}$$

beweise man den Vierscheitelsatz (§ 24), indem man r als Dichte einer Belegung des Einheitskreises mit dem Schwerpunkt im Mittelpunkt deutet.

Die Vektoren

$$\sqrt[k]{a_k + i a_k'}\,; \qquad i^2 = -1; \qquad k = 2, 3, \ldots \tag{12}$$

in der $x + iy$-Ebene bilden zusammen mit a_0 ein „vollständiges Invariantensystem“ von $\mathfrak{C}$; A. Hurwitz (1859/1919), Werke I (1902), S. 522—525.

6. Über geschlossene Linien auf der Kugel. Liegt auf einer Kugel eine geschlossene glatte (= zweimal stetig differenzierbare) Linie ohne mehrfache Punkte, die durch den Kugelmittelpunkt höchstens zwei Schmiegebenen schickt, dann liegt sie auf einer Halbkugel.

7. Gürtelaufgabe. Von einem geschlossenen geodätischen Streifen von der Länge Eins, der verbiegbar ist und bei dem „Selbstdurchdringungen" zulässig sind, gibt es genau vier wesentlich verschiedene Arten.

8. Mindesteigenschaft der Reuleaux-Dreiecke. Von allen Eilinien mit der festen Breite $2a$ haben die zugehörigen Reuleaux-Dreiecke (Abb. 9) den kleinsten Flächeninhalt. W. Blaschke, Math. Ann. Bd. 76 (1915), S. 504/513.

9. Ein Satz von H. A. Schwarz (1843/1921). Eine räumliche Linie habe die feste Krümmung Eins. Sie verbinde zwei Punkte mit der Entfernung $d < 2$. Dann ist sie entweder länger als der längere oder kürzer als der kürzere der beiden Kreisbogen eines Einheitskreises, auf dem die beiden Punkte liegen.

10. Ein Satz von E. Schmidt. Eine räumliche Linie mit der Länge l, die zwei Punkte mit der Entfernung d verbindet, habe die Gesamtkrümmung $u \leqq \pi$. Dann ist

$$d \geqq l \cos \frac{u}{2}. \tag{13}$$

Über die beiden letzten Sätze und Verwandtes vgl. E. Schmidt (geb. 1876), Sitzgsber. preuß. Akad. Wiss., physik.-math. Kl. Bd. 25 (1925), S. 485/490.

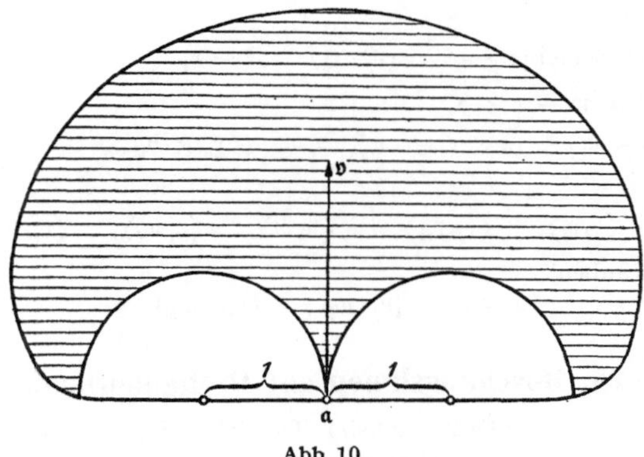

Abb. 10.

11. Über Linien mit fester Krümmung. Man zeige, daß alle Linien der Krümmung Eins, die vom Punkt $\mathfrak{a}$ mit der Richtung $\mathfrak{v}$ ausgehen und deren Länge $\leqq \pi$ ist, einen Körper erfüllen, der durch Umdrehung des in Abb. 10 schraffierten Flächenstücks um seine Symmetrieachse beschrieben wird. Das Flächenstück ist durch zwei Halbkreisbogen mit dem Halbmesser Eins und durch zwei Bogen von Evolventen dieses Halbkreises begrenzt.

12. Formel Eulers für die Krümmung von Linien, die durch Rollen erzeugt werden. In einer Ebene sei die Linie $\mathfrak{L}_0$ fest und die Linie $\mathfrak{L}_1(t)$ so starr beweglich, daß $\mathfrak{L}_0$ und $\mathfrak{L}_1$ sich jeweils berühren und der Berührungspunkt auf $\mathfrak{L}_0$ und $\mathfrak{L}_1$ gleiche Bogen durchläuft. Man sagt dann, $\mathfrak{L}_1$ *rollt* auf $\mathfrak{L}_0$ (ohne zu gleiten). $\mathfrak{x}$ sei

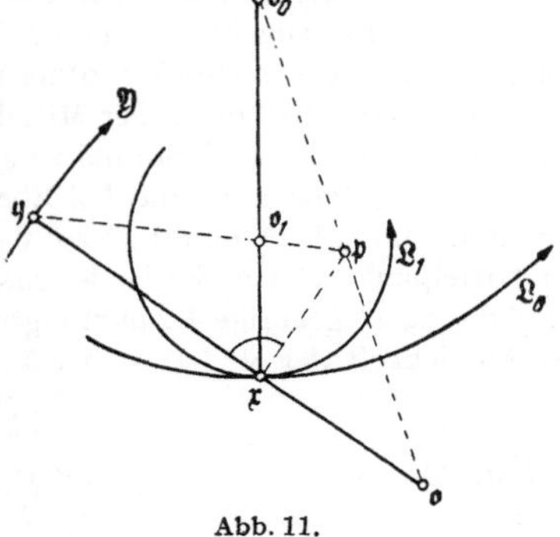

Abb. 11.

(Abb. 11) in einem Augenblick t der Berührungspunkt von $\mathfrak{L}_0$, $\mathfrak{L}_1$ und $\mathfrak{y}$ ein mit $\mathfrak{L}_1$ starr verbundener Punkt, der in der festen Ebene von $\mathfrak{L}_0$ eine Linie $\mathfrak{Y}$ beschreibt; r_0, r_1 und r Krümmungshalbmesser der $\mathfrak{L}_0$, $\mathfrak{L}_1$ in $\mathfrak{x}$ und $\mathfrak{Y}$ in $\mathfrak{y}$. Ferner $\overline{\mathfrak{x}\mathfrak{y}} = R$

und ϑ der Winkel zwischen der Tangente an $\mathfrak{L}_0$, $\mathfrak{L}_1$ in $\mathfrak{x}$ und dem Vektor $\overrightarrow{\mathfrak{x}\mathfrak{y}}$.
Dann ist

$$\frac{1}{r+R} = \frac{1}{R} + \frac{1}{\sin\vartheta}\left(\frac{1}{r_0} - \frac{1}{r_1}\right). \tag{14}$$

Dabei wird ein Krümmungshalbmesser > 0 oder < 0 gezählt, wenn die gerichtete Tangente links oder rechts um den Krümmungsmittelpunkt dreht. In Abb. 11 wäre somit $r_0, r_1 > 0$, $r < 0$. Damit ist (wenn $\mathfrak{y}$ nicht auf der Geraden durch $\mathfrak{x}$, $\mathfrak{o}_0$, $\mathfrak{o}_1$ liegt) folgende Beziehung gleichwertig: Die Gerade durch $\mathfrak{y}$ und den Krümmungsmittelpunkt $\mathfrak{o}_1$ von $\mathfrak{L}_1$ in $\mathfrak{x}$ schneidet die Gerade, die den Krümmungsmittelpunkt $\mathfrak{o}_0$ von $\mathfrak{L}_0$ in $\mathfrak{x}$ mit dem Krümmungsmittelpunkt $\mathfrak{o}$ von $\mathfrak{Y}$ in $\mathfrak{y}$ verbindet, in einem Punkt $\mathfrak{p}$ auf der Geraden, die in $\mathfrak{x}$ zu $\mathfrak{y}-\mathfrak{x}$ normal ist. L. Euler (1765), F. Savary (1845). Schrifttum in der Enzyklopädie III D 1, 2, Nr. 17.

13. Integralvektoren für geschlossene Streifen.

$$\mathfrak{v}_2 = \oint \mathfrak{a}_2\sigma, \qquad \mathfrak{r}_3 = \oint \mathfrak{a}_3\sigma; \qquad \mathfrak{v}_{jk} = \oint \mathfrak{r}_j\omega_k, \qquad \mathfrak{v}_{jk} - \mathfrak{v}_{kj} = 0.$$

$$\mathfrak{v} = \oint \mathfrak{x} \times \mathfrak{a}_1\sigma = \oint \mathfrak{x} \times d\mathfrak{x}, \qquad \mathfrak{w}_2 = \oint \mathfrak{x} \times \mathfrak{a}_2\sigma, \qquad \mathfrak{w}_3 = \oint \mathfrak{x} \times \mathfrak{a}_3\sigma.$$

$$\mathfrak{w}_{jk} = \oint \mathfrak{x} \times \mathfrak{o}_j\omega_k, \quad \mathfrak{w}_{23} - \mathfrak{w}_{32} = 0, \quad \mathfrak{w}_{31} - \mathfrak{w}_{13} = -\mathfrak{v}_3, \quad \mathfrak{w}_{12} - \mathfrak{w}_{21} = +\mathfrak{v}_2. \tag{15}$$

$$\mathfrak{w} = -\oint \langle \mathfrak{x}\mathfrak{x}\rangle d\mathfrak{x}.$$

Verhalten bei Schiebung $\mathfrak{x}^* = \mathfrak{x} + \mathfrak{x}_0$, $\quad \mathfrak{v}_j^* = \mathfrak{v}_j$.

$$\mathfrak{w}^* = \mathfrak{w} + \mathfrak{x} \times \mathfrak{v},$$
$$\mathfrak{n}_j^* = \mathfrak{w}_j + \mathfrak{x}_0 \times \mathfrak{v}_j, \qquad \mathfrak{n}_{jk}^* = \mathfrak{w}_{jk} + \mathfrak{x}_0 \times \mathfrak{v}_{jk}. \tag{16}$$

Invarianten

$$\langle \mathfrak{v}\mathfrak{v}\rangle, \qquad \langle \mathfrak{r}_j\mathfrak{v}_j\rangle, \qquad \langle \mathfrak{v}_{jk}\mathfrak{r}_{jk}\rangle; \qquad \langle \mathfrak{w}\,\mathfrak{w}\rangle, \qquad \langle \mathfrak{v}_j\,\mathfrak{w}_j\rangle, \qquad \langle \mathfrak{r}_{jk}\,\mathfrak{w}_{jk}\rangle. \tag{17}$$

„Integralschrauben"

$$\{\mathfrak{v}, \mathfrak{w}\}, \qquad \{\mathfrak{v}_j, \mathfrak{w}_j\}, \qquad \{\mathfrak{r}_{jk}, \mathfrak{w}_{jk}\}. \tag{18}$$

§ 28. Böschungslinien auf Drehquadriken.

Auf einer Fläche zweiter Ordnung (oder „Quadrik") $\mathfrak{Q}$, die durch die Drehungen um die (lotrechte) 3-Achse in sich übergeht, suchen wir eine Linie $\mathfrak{L}$, deren Tangenten mit der 3-Achse den festen Winkel α einschließen, $0 < \alpha < \pi : 2$. Wir nennen $\mathfrak{L}$ dann kurz eine „Böschungslinie auf der Drehquadrik" und wollen diese Linien hier zur Übung betrachten. Die Schmiegebenen von $\mathfrak{L}$ bilden mit der 3-Achse den festen Winkel α, schneiden also $\mathfrak{Q}$ in Kegelschnitten $\mathfrak{K}$, die untereinander ähnlich sind. Der zugehörige Berührungspunkt $\mathfrak{x}$ von $\mathfrak{K}$ mit $\mathfrak{L}$ ist Achsenendpunkt von $\mathfrak{K}$, da die waagerechte Hauptnormale $\mathfrak{H}$ von $\mathfrak{L}$ in $\mathfrak{x}$ Achse von $\mathfrak{K}$ ist. $\mathfrak{K}$ berührt $\mathfrak{L}$ in $\mathfrak{x}$ in zweiter Ordnung. Der Mittelpunkt $\mathfrak{z}$ von $\mathfrak{K}$ wird durch die Ebene durch den Mittelpunkt $\mathfrak{o}$ von $\mathfrak{Q}$ normal zu $\mathfrak{H}$ auf $\mathfrak{H}$ ausgeschnitten. Wir suchen nun den „Grundriß" $\mathfrak{L}^*$ von $\mathfrak{L}$ auf die 1,2-Ebene durch $\mathfrak{o}$. Die ähnlichen Kegelschnitte $\mathfrak{K}^*$ berühren dann $\mathfrak{L}^*$ im Punkt $\mathfrak{x}^*$ auf der Achse $\mathfrak{H}^*$, die zu $\mathfrak{L}^*$ in $\mathfrak{x}^*$ normal ist, und der Mittelpunkt $\mathfrak{z}^*$ von $\mathfrak{K}^*$ ist jeweils der Fußpunkt des Lotes von $\mathfrak{o}$ auf $\mathfrak{H}^*$. Es sei $\mathfrak{x}'$ der zu $\mathfrak{x}^*$ gehörige Krümmungsmittelpunkt von $\mathfrak{L}^*$ und $\mathfrak{K}^*$. Dann folgt aus der Ähnlichkeit der $\mathfrak{K}^*$: Das Streckenverhältnis

$$\overline{\mathfrak{x}^*\mathfrak{x}'} : \overline{\mathfrak{x}^*\mathfrak{z}^*} = \lambda \tag{1}$$

ist fest. Also kurz: *Der Fußpunkt $\mathfrak{z}^*$ des Lotes von $\mathfrak{o}$ auf die Kurvennormale $\mathfrak{H}^*$ von $\mathfrak{L}^*$ in $\mathfrak{x}^*$ teilt den Krümmungshalbmesser von $\mathfrak{L}^*$ in $\mathfrak{x}^*$ in festem Teilverhältnis.* Diese Eigenschaft reicht aus zur Kennzeichnung der ebenen Linien $\mathfrak{L}$.

Betrachten wir verschiedene Fälle!

I. $\mathfrak{Q}$ sei ein *Ellipsoid*. Dann wird $0 < \lambda < 1$ und $\mathfrak{L}^*$ eine „*Radlinie*", die vom Umfangspunkt $\mathfrak{x}^*$ eines Kreises $\mathfrak{R}$ beschrieben wird, der auf einem festen Kreis $\mathfrak{R}_0$

abrollt, wobei jeder der Kreise $\mathfrak{R}_0$, $\mathfrak{R}$ außerhalb des andern liegt. In Abb. 12 ist der Fall $\lambda = 3 : 5$ gezeichnet, $\mathfrak{L}^*$ ist dann geschlossen. Abb. 13 gibt den Verlauf der zugehörigen Linie $\mathfrak{L}$ auf der Kugel $\mathfrak{Q}$. In Abb. 12 ist auch der Ort $\mathfrak{L}'$ von $\mathfrak{r}'$

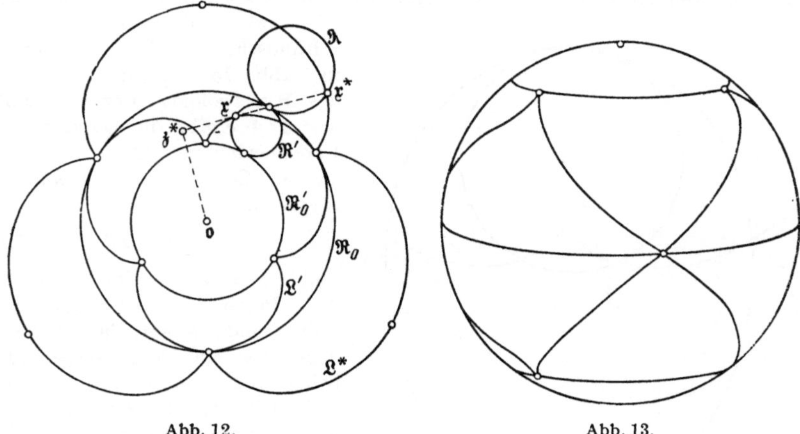

Abb. 12.   Abb. 13.

gezeichnet, die Hüllbahn der Normalen (die „Evolute") von $\mathfrak{L}^*$, die wieder Radlinie ist, die von den Kreisen $\mathfrak{R}'$, $\mathfrak{R}_0'$ erzeugt wird.

II. $\mathfrak{Q}$ sei ein *einschaliges Hyperboloid*, nämlich etwa

$$x_1^2 + x_2^2 - x_3^2 = 1, \tag{2}$$

und $\alpha < \pi : 4$. Dann ist $\lambda < -1$ und $\mathfrak{L}^*$ wieder eine Radlinie, die vom Umfangspunkt eines Kreises $\mathfrak{R}$ beschrieben wird, der im Innern eines festen $\mathfrak{R}_0$ abrollt·

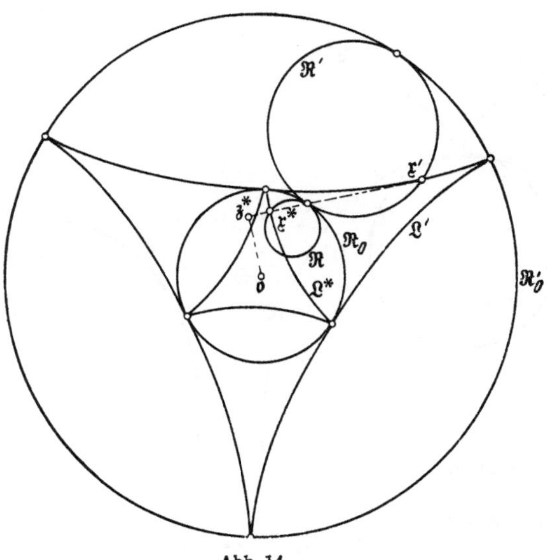

Abb. 14.

In Abb. 14 ist insbesondere die dreispitzige Radlinie von J. Steiner (1856) gezeichnet mit $\lambda = -8$. Die Betrachtung der Radlinien oder *Zykloiden* geht·auf die alten griechischen Astronomen zurück (,,Epizykel" im Weltsystem des Ptolemaios um 150), auch Albrecht Dürer (1471/1528) hat sie in seiner „Unterweysung der Messung mit dem Zirkel und Richtscheyt" 1525 behandelt.

III. $\mathfrak{Q}$ sei wieder ein *einschaliges Hyperboloid* (2), aber jetzt $\alpha > \pi : 4$. Es ist $\lambda > 1$, in Abb. 15 ist $\lambda = 3 : 2$. $\mathfrak{L}^*$ verläuft durchweg glatt und ins Unendliche wie zwei spiegelbildliche logarithmische Spiralen. Der Kreis in Abb. 15 ist die Kehllinie des Hyperboloids. Der Grenzfall $\alpha = \pi : 4$ ergibt die geradlinigen Erzeugenden von (2).

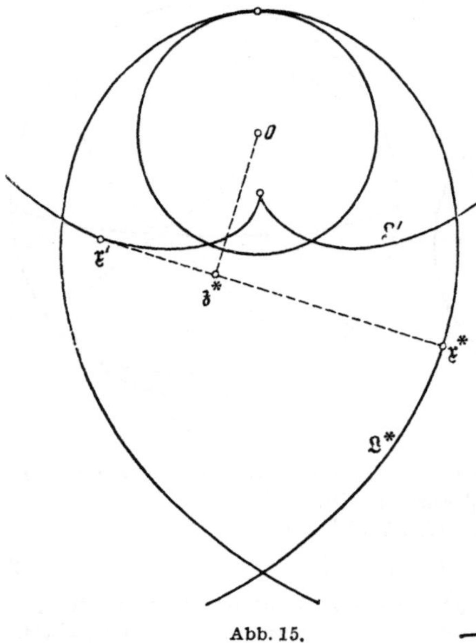

Abb. 15.

IV. $\mathfrak{Q}$ sei ein *zweischaliges Hyperboloid*

$$- x_1{}^2 - x_2{}^2 + x_3{}^2 = 1 \qquad (3)$$

und $\alpha > \pi : 4$. Es wird $\lambda > 1$, in Abb. 16 ist $\lambda = 2$. $\mathfrak{L}^*$ hat eine Spitze und verläuft ins Unendliche wie ein Paar spiegelbildlicher logarithmischer Spiralen. Beim Übergang $\mathfrak{L}^* \to \mathfrak{L}'$ zur Evoluten vertauschen sich die Grundrisse unter III und IV. Auf die Linien $\mathfrak{L}^*$ unter III und IV ist wohl zuerst 1750 L. Euler gestoßen bei der Frage nach Linien, die zu ihrer „zweiten Evolute" ähnlich sind.

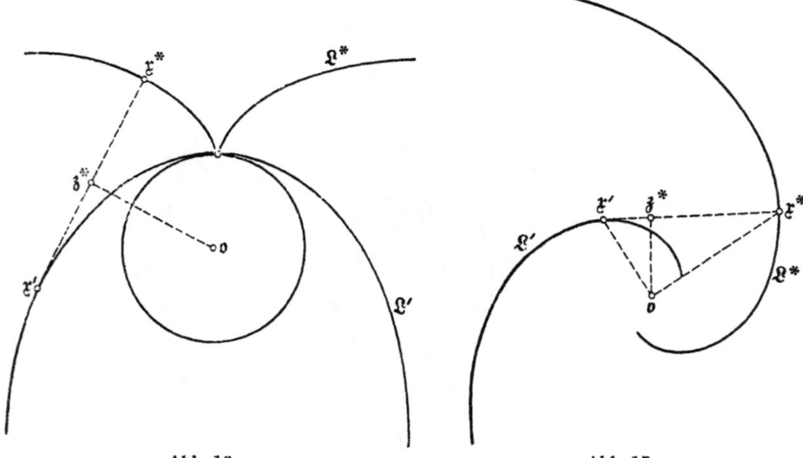

Abb. 16.   Abb. 17.

V. $\mathfrak{Q}$ sei ein *Kegel*

$$x_1{}^2 + x_2{}^2 - x_3{}^2 = 0 \qquad (4)$$

und $\alpha > \pi : 4$. Dann sind die $\mathfrak{L}^*$ logarithmische Spiralen (Abb. 17). Sie sind 1640 von R. Descartes und E. Torricelli (1608/1647) eingeführt worden. $\mathfrak{L}^*$ schneidet die Geraden durch die Kegelspitze unter festem Winkel. Es ist $\lambda > 1$ und in Abb. 17 insbesondere $\lambda = 4 : 3$.

VI. Ω sei ein *Paraboloid*

$$x_1{}^2 + x_2{}^2 = 2x_3. \tag{5}$$

Die Ω^* sind „*Kreisevolventen*", d. h. sie haben als Evoluten Kreise. Es ist $\lambda = 1$. Vgl. Abb. 18.

Durch Grenzübergang aus I oder II erhält man schließlich

VII. Ω als *Zylinder*

$$x_3{}^2 = 2x_1. \tag{6}$$

Für Ω^* ergeben sich „gemeine Radlinien" (Abb. 19). Sie werden durch einen Umfangspunkt $\mathfrak{x}^*$ eines Kreises $\mathfrak{R}$ erzeugt, der auf einer Geraden $\mathfrak{R}_0$ rollt. Solche Linien hat Galileo Galilei (1564/1642) betrachtet, sie spielen auch in der Mechanik eine Rolle als „Tautochronen" und „Brachystochronen".

Alle diese Linien haben die folgende Eigenschaft: *Befestigt man im begleitenden Dreibein $\{\mathfrak{x}; \mathfrak{a}_1, \mathfrak{a}_2, \mathfrak{a}_3\}$ einer Böschungslinie auf einer Drehquadrik eine Ebene* (sie braucht nicht durch $\mathfrak{x}$ zu gehen), *so umhüllt sie wieder eine Böschungslinie auf einer Quadrik, die mit der ersten die Drehachse gemein hat.*

Man zeige ähnlich wie zu Beginn dieses Abschnittes ohne Rechnung:

VIII. Die Böschungslinien Ω für $\alpha = \pi : 4$ auf dem *Zylinder*

$$x_2{}^2 - x_3{}^2 = 1 \tag{7}$$

haben als Grundrisse auf der Ebene $x_3 = 0$ Linien Ω^* mit folgender kennzeichnender Eigenschaft. Auf der Normalen an Ω^* in einem Punkt $\mathfrak{x}^*$ liegt der zugehörige Krümmungsmittelpunkt $\mathfrak{x}'$ bezüglich $\mathfrak{x}^*$ spiegelbildlich zum Schnittpunkt $\mathfrak{y}$ mit der Achse $x_2 = 0$ (Abb. 20). Demnach sind die Ω^* „*Kettenlinien*"

$$x_2 = \operatorname{ch} x_1 = \tfrac{1}{2}(e^{+x_1} + e^{-x_1}). \tag{8}$$

Diese parabelähnliche Linie trägt ihren Namen als Gleichgewichtsgestalt einer homogenen schweren biegsamen Kette. Sie wurde etwa seit 1646 von Ch. Huygens (1629 bis 1690), Leibniz und Joh. Bernoulli betrachtet.

IX. Die Grundrisse der Böschungslinien auf dem *Zylinder*

$$x_2{}^2 = 2x_3 \tag{9}$$

sind Evoluten von Kettenlinien.

Man vergleiche zum Gegenstand dieses Abschnitts W. Blaschke, Mh. Math. Phys. Bd. 19 (1908). Verallgemeinerungen von W. Wunderlich und F. Fabricius-Bjerre 1949.

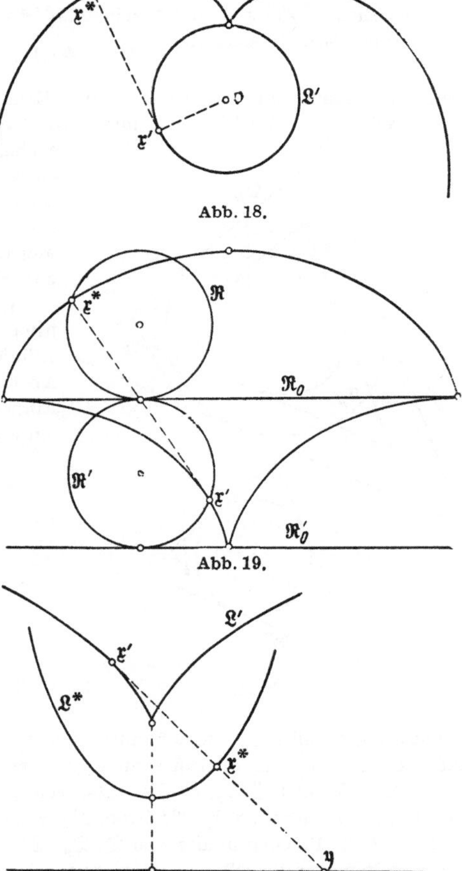

Abb. 18.

Abb. 19.

Abb. 20.

Für die hier behandelten ebenen Linien gestaltet sich die Beziehung zwischen Bogenlänge s und Krümmung $1 : r$

$$f(r, s) = 0,$$

die man nach E. Cesàro (1859/1906) „natürliche Gleichung" (equazione intrinseca) nennt, besonders einfach, nämlich quadratisch. Vgl. E. Cesàro, Lezioni di geometria intrinseca, Neapel 1896; deutsch von G. Kowalewski 1901.

§ 29. Die isoperimetrische Haupteigenschaft des Kreises.

Zwischen Umfang U und Flächenmaß A eines ebenen Bereichs $\mathfrak{B}$ besteht die „isoperimetrische" Beziehung
$$U^2 - 4\pi A \geqq 0, \tag{1}$$

wobei $=$ genau dann gilt, wenn $\mathfrak{B}$ eine Kreisscheibe ist (Einzigkeit). Somit hat bei gegebenem U die Fläche A ihren Größtwert im Fall des Kreises. Diese Tatsache, mit der sich schon die alten Griechen beschäftigt haben, nennt man die *isoperimetrische Haupteigenschaft des Kreises*. Es sollen hier für (1) einige Beweise angedeutet werden unter Beschränkung auf *Eibereiche* $\mathfrak{B}$ (konvexe Bereiche).

1. Beweis nach Crone und Frobenius. Es sei $\mathfrak{E}$ eine nach links umlaufene Eilinie, $\mathfrak{E}_p$ ihre äußere Parallellinie im Abstand p, $\mathfrak{E}^*$ der nach links umfahrene Einheitskreis, $\mathfrak{D}$ ein Dreieck von Tangenten an $\mathfrak{E}$, das $\mathfrak{E}$ enthält, $\mathfrak{D}_p$ und $\mathfrak{D}^*$ die

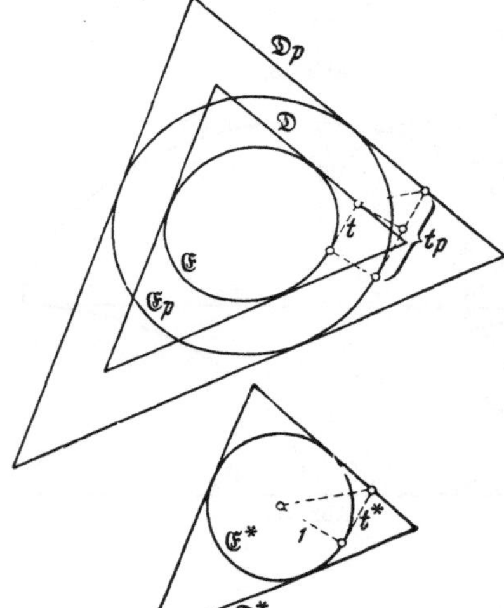

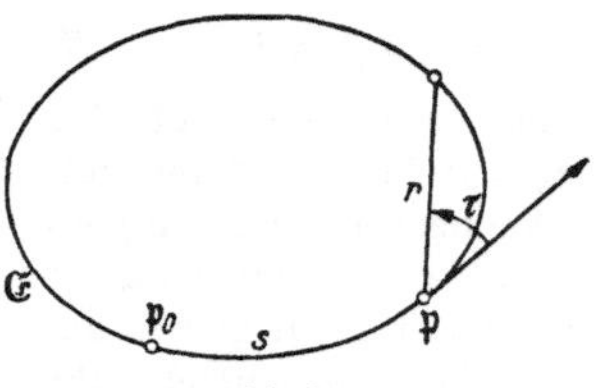

Abb. 21.   Abb. 22.

gleichsinnig parallel $\mathfrak{E}_p$ und $\mathfrak{E}^*$ umschriebenen Dreiecke; t die Länge der Strecke auf einer gerichteten Tangente an $\mathfrak{E}$ gemessen vom Berührungspunkt bis zum Austrittspunkt aus $\mathfrak{D}$, t_p, t^* die entsprechenden Strecken auf den gleichsinnig parallelen Tangenten an $\mathfrak{E}_p$, $\mathfrak{E}^*$ (Abb. 21); τ ihr Winkel mit einer festen Richtung; D, D_p, D^* die Flächeninhalte von $\mathfrak{D}$, $\mathfrak{D}_p$, $\mathfrak{D}^*$; A, A_p, $A^* = \pi$ die von $\mathfrak{E}$, $\mathfrak{E}_p$, $\mathfrak{E}^*$; r der Halbmesser des $\mathfrak{D}$ einbeschriebenen Kreises. Dann ist

$$t_p(\tau) = t(\tau) + p\,t^*(\tau),$$

$$A_p = D_p - \tfrac{1}{2} \int\limits_{-\pi}^{+\pi} t_p{}^2\, d\tau = D^*(p + r)^2 - \tfrac{1}{2} \int\limits_{-\pi}^{+\pi} (t + p\,t^*)^2\, d\tau. \tag{2}$$

Andererseits gilt für den Flächeninhalt von $\mathfrak{E}_p$ nach J. Steiner (27, 8). Aus (2) folgt, daß dieses Polynom in p reelle Wurzeln hat. Daraus folgt für die Diskriminante die Behauptung (1). Aus (2) folgt weiter leicht die Einzigkeit. C. Crone (* 1855), Nyt Tidskrift Bd. 4 (1904); G. Frobenius (1849/1917), Berl. Ber. 1915.

2. Beweis nach H. Knothe. Auf der Eilinie $\mathfrak{E}$ (Abb. 22) wählen wir einen Anfangspunkt $\mathfrak{p}_0$ zur Zählung der Bogenlänge s auf $\mathfrak{E}$. Dann gibt jeder Wert $0 \leqq s < U$ einen Punkt $\mathfrak{p}$ auf $\mathfrak{E}$. Eine Gerade $\mathfrak{g}$ durch $\mathfrak{p}$ können wir durch ihren Winkel τ mit der Tangente in $\mathfrak{p}$ festlegen ($0 \leqq \tau \leqq \pi$), die Länge ihrer Sehne in $\mathfrak{E}$ sei $r \geqq 0$. Dann gilt für 2 auf $\mathfrak{E}$ bewegliche Punkte $\mathfrak{p}$, $\mathfrak{p}'$

$$\int_0^U \int_0^\pi \int_0^U \int_0^\pi (r \sin\tau' - r' \sin\tau)^2 \, ds \, d\tau \, ds' \, d\tau' = 2\pi A \, (U^2 - 4\pi A). \tag{3}$$

Darin liegt die Richtigkeit der Ungleichheit (1) für Eilinien. Auch die Einzigkeit folgt ohne weiteres. W. Blaschke, Rendiconti Seminario Matematico Roma (4) Bd. 1 (1936), S. 233/234.

3. Ein Beweis von G. Bol. In der Ebene mit den Cartesischen Zeigern x, y sei ein Eibereich $\mathfrak{B}$ durch die Ungleichheiten

$$x \cos\tau + y \sin\tau \leqq h(\tau) = h(\tau + 2\pi) \tag{4}$$

für alle τ erklärt. Wir nennen eine Richtung τ „gewöhnlich", wenn das zugehörige $h(\tau)$ nicht verkleinert werden kann, ohne $\mathfrak{B}$ zu ändern. Wir können voraussetzen, daß für $\mathfrak{B}$ alle Richtungen τ gewöhnlich sind. r sei der Halbmesser des größten in $\mathfrak{B}$ liegenden Kreises („Inkreis"). Wir betrachten die Schar von Eibereichen $\mathfrak{B}_p (\mathfrak{B}_p < \mathfrak{B}_{p'}$ für $p < p')$

$$x \cos\tau + y \sin\tau \leqq h(\tau) - r + p, \quad 0 \leqq p \leqq r. \tag{5}$$

$\mathfrak{B}_0$ ist dabei ein Punkt oder eine Strecke und $\mathfrak{B}_r = \mathfrak{B}$. Ist etwa wie in Abb. 23 $\mathfrak{B}$ ein Rechteck, so sind auch die $\mathfrak{B}_p$ Rechtecke. Wir betrachten ferner die Eibereiche $\mathfrak{C}_p (0 < p \leqq r)$, die durch die Ungleichheiten

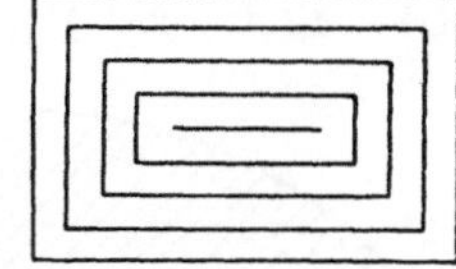

Abb. 23.

$$x \cos\tau + y \sin\tau \leqq p(\tau) \tag{6}$$

erklärt sind, aber nur für die τ, die für $\mathfrak{B}_p$ gewöhnlich sind, mit $\mathfrak{C}_p \geqq \mathfrak{C}_{p'}$ für $p < p'$. In unserem Beispiel sind die $\mathfrak{C}_p$ dasselbe Quadrat. Es seien $A(p)$, $U(p)$ Flächeninhalt und Umfang von $\mathfrak{B}_p$ und $\alpha(p)$ Flächeninhalt von $\mathfrak{C}_p$, ferner

$$D(p) = U(p)^2 - 4\pi A(p). \tag{7}$$

Dann gilt nach Bol

$$D(r) = D(0) + 4 \int_0^r U(p) \{\alpha(p) - \pi\} \, dp. \tag{8}$$

Darin ist $D(0)$ viermal das Quadrat der Länge von $\mathfrak{B}_0$, und $\alpha(p)$ ist $\geqq \pi$ und monoton nicht zunehmend. Daraus folgt (1), nämlich

$$D(r) = U^2 - 4\pi A \geqq 0$$

und $= 0$ nur, wenn $\mathfrak{B}$ ein Kreis ist. G. Bol, Jber. dtsch. Math.-Ver. Bd. 51 (1941), S. 219/257. Innere Parallellinien haben auch Sz. v. Nagy und Th. Kaluza betrachtet.

4. Erster Beweis von A. Hurwitz (1859/1919). In der Bezeichnung von (27,9) findet man für den Flächeninhalt A von $\mathfrak{E}$

$$U^2 - 4\pi A = 2\pi^2 \sum_2^\infty \frac{a_k{}^2 + a_k'{}^2}{k^2 - 1}. \tag{9}$$

Hierin ist die Ungleichheit (1) mit der Einzigkeit enthalten.

5. Zweiter Beweis von Hurwitz. Er benötigt nicht die Konvexität. Seien nämlich $x(s)$, $y(s)$; $x(s + U) = x(s)$, $y(s + U) = y(s)$; $0 \leqq s < U$ die Cartesischen Zeiger eines Punktes, der eine geschlossene Linie vom Umfang U beschreibt.

Wir setzen

$$\alpha = \frac{2\pi}{U}\,s, \qquad -\pi \leqq \alpha \leqq +\pi. \tag{10}$$

Wir führen die Fourier-Reihen ein

$$x = \tfrac{1}{2}a_0 + \sum_1^\infty (a_k \cos k\alpha + a_k' \sin k\alpha),$$
$$y = \tfrac{1}{2}b_0 + \sum_1^\infty (b_k \cos k\alpha + b_k' \sin k\alpha). \tag{11}$$

Daraus folgt

$$\int_{-\pi}^{+\pi}\left\{\left(\frac{dx}{d\alpha}\right)^2 + \left(\frac{dy}{d\alpha}\right)^2\right\} d\alpha = 2\pi\left(\frac{U}{2\pi}\right)^2 = \pi\sum_1^\infty k^2(a_k^2 + a_k'^2 + b_k^2 + b_k'^2) \tag{12}$$

und für den Flächeninhalt

$$A = \int_{-\pi}^{+\pi} x\,\frac{dy}{d\alpha}\,d\alpha = \pi\sum_1^\infty k(a_k b_k' - b_k a_k'). \tag{13}$$

Aus (12), (13) folgt

$$U^2 - 4\pi A = 2\pi^2 \sum\left\{(k a_k - b_k')^2 + (k a_k' + b_k)^2 + (k^2 - 1)(b_k^2 + b_k'^2)\right\}. \tag{14}$$

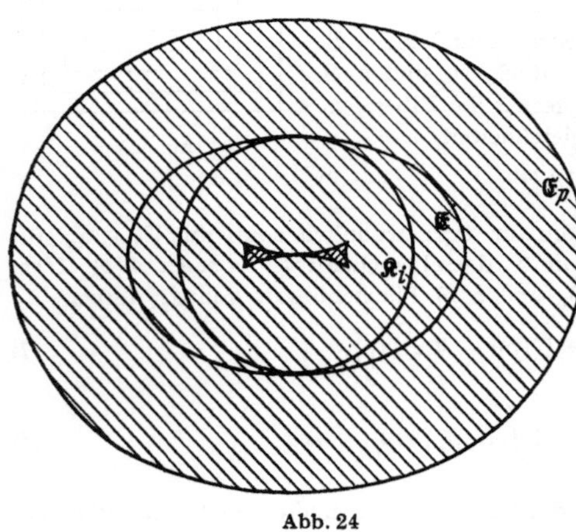

Abb. 24

Hierin steckt die Behauptung (1) mit der Einzigkeit. Zur Gültigkeit dieses letzten Beweises genügt die „Streckbarkeit" der Randlinie. A. Hurwitz, Ann. l'école normale (3) Bd. 19 (1902), S. 357/408 = Werke I, S. 509/554. Die Rechnung läßt sich abkürzen unter Verwendung komplexer Verbindungen $x + iy$, $i^2 = -1$.

6. Erster Beweis von Santaló. Es sei n die Schnittpunktzahl eines beweglichen Kreises $\mathfrak{K}$ von festem Halbmesser r mit der festen Eilinie $\mathfrak{E}$; x, y die Cartesischen Zeiger seines Mittelpunktes. Dann gilt

$$\int n\,dx\,dy = 2F_2 + 4F_4 + 6F_6 + \cdots = 4rU, \tag{15}$$

wenn U den Umfang von $\mathfrak{E}$ bedeutet und F_k das Flächenmaß der Mittelpunkte aller $\mathfrak{K}$ bedeutet, die mit $\mathfrak{E}$ genau k Schnittpunkte gemein haben. In Abb. 24 ist $\mathfrak{E}$ eine Ellipse, und $\mathfrak{K}$ hat denselben Halbmesser wie ihr Inkreis $\mathfrak{K}_i$; F_2 ist einfach und F_4 doppelt schraffiert. Das Flächenmaß der Mittelpunkte aller $\mathfrak{K}$, die $\mathfrak{E}$ überhaupt treffen, ist

$$G = F_2 + F_4 + F_6 + \cdots. \tag{16}$$

Aus (15), (16) folgt

$$2rU - G = F_4 + 2F_6 + 3F_8 + \cdots. \tag{17}$$

Es seien r_i, r_u Inkreis- und Umkreishalbmesser von $\mathfrak{E}$, d. h. Halbmesser des größten Kreises in $\mathfrak{E}$ und des kleinsten um $\mathfrak{E}$. Für

$$r_i \leqq r \leqq r_u \tag{18}$$

hat dann das Mittelpunktgebiet der $\mathfrak{E}$ treffenden Kreise $\mathfrak{K}$ kein Loch und wird von der Parallellinie $\mathfrak{E}_r$ von $\mathfrak{E}$ im Abstand r begrenzt. Somit ist nach Steiners Formel (27,8)

$$G = A_r = A + Ur + \pi r^2 \tag{19}$$

und danach

$$2rU - G = rU - A - \pi r^2 = \left(\frac{U^2}{4\pi} - A\right) - \pi\left(\frac{U}{2\pi} - r\right)^2. \tag{20}$$

Durch Vergleich mit (17) ergibt sich die Gleichung des Katalanen L. A. Santaló

$$\frac{U^2}{4\pi} - A = \pi\cdot\left(\frac{U}{2\pi} - r\right)^2 + F_4 + 2F_6 + 3F_8 + \cdots. \tag{21}$$

Hierin liegt die Richtigkeit von (1). Man folgert aber aus (21) die Verschärfung von T. Bonnesen (1929)

$$U^2 - 4\pi A \geqq \pi(r_u - r_i)^2, \tag{22}$$

in der die Einzigkeit besonders deutlich wird. Vgl. W. Blaschke, Vorlesungen über Integralgeometrie I, § 11. 2. Auflage, Leipzig und Berlin 1936.

7. Zweiter Beweis von Santaló. Es sei $\mathfrak{E}_0$ eine in der Ebene feste Eilinie, $\mathfrak{E}$ eine in derselben Ebene bewegliche zu $\mathfrak{E}_0$ kongruente. Um das Maß der Lagen von $\mathfrak{E}$ zu erklären, betrachten wir einen mit $\mathfrak{E}$ starr beweglichen Punkt x, y und eine mit $\mathfrak{E}$ starr bewegliche Richtung τ. Dann leistet das Integral von H. Poincaré (1854/1912)

$$\iiint dx\, dy\, d\tau = J \tag{23}$$

das Gewünschte. Es ist unabhängig von der Wahl des Punktes und der Richtung. Ist nun J_k das Maß aller Lagen von $\mathfrak{E}$, die mit $\mathfrak{E}_0$ genau k Punkte gemein haben, so gilt nach L. A. Santaló

$$U^2 - 4\pi A = J_4 + 2J_6 + 3J_8 + \cdots. \tag{24}$$

Darin ist (1) enthalten. Der Einzigkeitsbeweis ist hier weniger einfach. Vgl. die vorhin genannte Integralgeometrie § 13. Dort weitere Beweise in § 15, § 20. Ein anderer einfacher Nachweis bei E. Schmidt, Math. Z. Bd. 44 (1939), S. 690/694. Weitere Angaben über Schriften in W. Blaschke, Kreis und Kugel, Leipzig 1916; T. Bonnesen und W. Fenchel, Theorie der konvexen Körper, Ergebn. Math. Bd. 3 (Berlin 1934), S. 1.

Ein einfacher Isoperimetriebeweis von H. Radon erscheint nächstens in den Annali di Matematica 1949.

III. Pfaffsche Formen.

§ 31. Alternierendes Produkt.

Die von G. W. Leibniz 1675 eingeführte Schreibweise für einfache Integrale

$$J = \int\limits_{x_1}^{x_2} f(x)\, dx \tag{1}$$

hat insbesondere den Vorteil, daß sie bei Einführung einer neuen Veränderlichen

$$x = x(u), \qquad x_j = x(u_j); \qquad x' = \frac{dx}{du} > 0 \tag{2}$$

gewissermaßen von selbst die richtige Umrechnungsformel liefert:

$$J = \int\limits_{u_1}^{u_2} f(x(u))\, x'(u)\, du. \tag{3}$$

Dieser Vorteil läßt sich für Doppelintegrale aufrechterhalten, wenn man an Stelle der gewöhnlichen Produkte von Differentialen *alternierende* verwendet, ähnlich wie wir das nach Graßmann in § 13 bei Vektoren gemacht haben. Betrachten wir ein Doppelintegral

$$J = \iint\limits_{\mathfrak{g}} f(x, y)\, [dx, dy],\qquad (4)$$

erstreckt über ein etwa einfach zusammenhängendes Gebiet $\mathfrak{g}$ der x, y-Ebene! Setzen wir

$$x = x(u, v),\qquad y = y(u, v)\qquad (5)$$

mit positiver *Funktionaldeterminante*

$$\frac{\partial(x, y)}{\partial(u, v)} = x_u y_v - x_v y_u > 0,\qquad (6)$$

und sei $\mathfrak{g}$ das Abbild des Gebietes $\mathfrak{h}$ in der u, v-Ebene durch die Abbildung (5). Dann gilt bekanntlich

$$J = \iint\limits_{\mathfrak{h}} f(x(u, v),\ y(u, v))\frac{\partial(x, y)}{\partial(u, v)}\,[du, dv].\qquad (7)$$

Dieselbe Formel erhält man formal durch folgende Rechnung: Wir setzen zunächst

$$dx = x_u du + x_v dv,\qquad dy = y_u du + y_v dv\qquad (8)$$

und bilden daraus das alternierende Produkt oder *Polarprodukt*

$$[dx, dy] = [x_u du + x_v dv,\ y_u du + y_v dv].$$

Es ergibt sich, wenn man gliedweise ausmultipliziert, tatsächlich

$$[dx, dy] = (x_u y_v - x_v y_u)\,[du, dv].\qquad (9)$$

Ein Ausdruck von der Form

$$\omega = p(u, v)\,du + q(u, v)\,dv\qquad (10)$$

soll eine *Pfaffsche Form* in u, v genannt werden. Wir erklären dann das Polarprodukt zweier solcher Formen durch

$$[\omega_1 \omega_2] = -\,[\omega_2 \omega_1] = (p_1 q_2 - p_2 q_1)\,[du, dv].\qquad (11)$$

Dann ist also

$$[\omega_1 \omega_2] = 0\qquad (12)$$

die Bedingung für *lineare Abhängigkeit* solcher Pfaffscher Formen.

Das Polarprodukt hängt von der Zeigerwahl nicht ab (Invarianz). Setzen wir nämlich mittels (8)

$$\omega_j = p_j du + q_j dv,\qquad \bar{\omega}_j = a_j dx + b_j dy,\qquad (13)$$

so ergibt sich

$$p_j = a_j x_u + b_j y_u, \qquad q_j = a_j x_v + b_j y_v;$$

$$[\omega_1 \omega_2] = (p_1 q_2 - p_2 q_1)\,[du, dv] = (a_1 b_2 - a_2 b_1)\frac{\partial (x, y)}{\partial (u, v)}\,[du, dv] \qquad (14)$$

$$= (a_1 b_2 - a_2 b_1)\,[dx, dy] = [\bar{\omega}_1, \bar{\omega}_2],$$

wie behauptet.

§ 32. Äußeres Differential.

Bei den rechtwinkligen Zeigern u, v in unserer Ebene liege die positive v-Achse links von der positiven u-Achse (Abb. 25). $\mathfrak{g}$ sei ein etwa einfach zusammenhängender Bereich, dann gilt nach Gauß (1777/1855) und Green (1793/1841) bekanntlich folgende Formel:

$$\iint\limits_{\mathfrak{g}} (q_u - p_v)\,[du, dv] = \int\limits_{\mathfrak{r}(\mathfrak{g})} (p\,du + q\,dv), \qquad (1)$$

die ein Doppelintegral über das Gebiet $\mathfrak{g}$ überführt in ein Randintegral, erstreckt über den Rand $\mathfrak{r}(\mathfrak{g})$ von $\mathfrak{g}$. Dabei ist der Rand so gerichtet zu denken, daß bei einem Umlauf das Gebiet $\mathfrak{g}$ zur Linken bleibt (Abb. 25).

Wir setzen

$$p\,du + q\,dv = \omega \qquad (2)$$

und

$$(q_u - p_v)\,[du, dv] = d\omega, \qquad (3)$$

dann schreibt sich unsere Gaußsche oder Greensche Formel (1) kürzer so:

$$\int\limits_{\mathfrak{g}} d\omega = \int\limits_{\mathfrak{r}(\mathfrak{g})} \omega, \qquad (4)$$

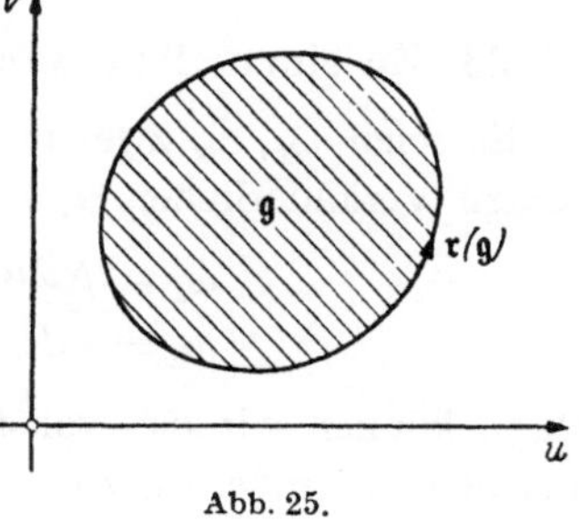

Abb. 25.

wenn wir auch bei dem Flächenintegral der Kürze halber nur ein einfaches Integralzeichen setzen. Man nennt $d\omega$ das *äußere Differential* (oder Cartans Differential) unserer Pfaffschen Form ω und berechnet $d\omega$ nach der Regel

$$d(p\,du + q\,dv) = [dp, du] + [dq, dv] = (q_u - p_v)\,[du, dv]. \qquad (5)$$

Bei dieser „Ableitung" werden also die Differentiale wie Festwerte behandelt. Es ist dann

$$d\omega = 0 \qquad (6)$$

die Bedingung dafür, daß

$$\omega = df \qquad (7)$$

vollständiges Differential einer skalaren Funktion $f(u, v)$ ist.

Aus der Erklärung (3) des äußeren Differentials folgt sofort

$$d(f\omega) = [df, \omega] + f\, d\omega \tag{8}$$

oder damit gleichwertig

$$d(\omega f) = d\omega \cdot f - [\omega, df]. \tag{9}$$

Auch das äußere Differential hängt von der Zeigerwahl nicht ab (Invarianz). Setzen wir nämlich

$$\omega = p\, du + q\, dv, \qquad \bar\omega = a\, dx + b\, dy \tag{10}$$

mit

$$p = a\, x_u + b\, y_u, \qquad q = a\, x_v + b\, y_v, \tag{11}$$

so folgt durch Ableitung

$$q_u - p_v = (b_x - a_y)\frac{\partial(x, y)}{\partial(u, v)}. \tag{12}$$

Also ist, wie behauptet,

$$d\omega = (q_u - p_v)[du, dv] = (b_x - a_y)[dx, dy] = d\bar\omega. \tag{13}$$

Dasselbe geht auch aus (1) hervor. Mit anderen Worten: Einführung neuer Zeiger und Bildung des äußeren Differentials sind vertauschbare Operationen[1].

§ 33. Zu einem Paar Pfaffscher Formen gehörige Ableitungen.

Es seien ω_1, ω_2 zwei linear unabhängige Pfaffsche Formen in den beiden Veränderlichen u, v:

$$\begin{aligned}\omega_1 &= p\, du + q\, dv, \\ \omega_2 &= r\, du + s\, dv;\end{aligned} \qquad [\omega_1\omega_2] \neq 0. \tag{1}$$

Dann können wir das vollständige Differential einer Funktion $f(u, v)$ aus den ω_j eindeutig zusammensetzen:

$$df = f_1\omega_1 + f_2\omega_2. \tag{2}$$

Aus (1), (2) folgt dann

$$f_u = pf_1 + rf_2, \qquad f_v = qf_1 + sf_2 \tag{3}$$

oder

$$f_1 = \frac{+s\,f_u - r\,f_v}{ps - qr}, \qquad f_2 = \frac{-q\,f_u + p\,f_v}{ps - qr}. \tag{3*}$$

Man nennt diese Ausdrücke f_j die (kovarianten) Ableitungen des Skalars f zu dem Pfaffschen Paar der ω_j.

---

[1] Die *geometrische Deutung* von $d\omega$ ergibt sich aus folgender Formel:

$$d_1\omega(d_2) - d_2\omega(d_1) = d_1(p\, d_2 u + q\, d_2 v) - d_2(p\, d_1 u + q\, d_1 v)$$

$$= (q_u - p_v)\begin{vmatrix} d_1 u & d_1 v \\ d_2 u & d_2 v \end{vmatrix}.$$

Daher bedeuten d_1, d_2 Ableitungen in 2 Richtungen, vgl. § 33. Demnach läge es nahe, statt $d\omega$ besser $[d\omega]$ zu schreiben.

Man bestätigt sofort die gewöhnlichen Gesetze für diese Ableitungen, wie zum Beispiel

$$(f + g)_1 = f_1 + g_1, \qquad (fg)_1 = f_1 g + f g_1. \tag{4}$$

Doch gilt im allgemeinen nicht ihre Vertauschbarkeit. Setzen wir nämlich

$$df_j = f_{j1} \omega_1 + f_{j2} \omega_2, \tag{5}$$

so sind dadurch die zweiten Ableitungen f_{jk} zu unserm Paar ω_1, ω_2 erklärt. Aus (2) folgt aber durch äußere Ableitung mittels (32,8), (5)

$$(f_{12} - f_{21}) [\omega_1 \omega_2] = f_1 d\omega_1 + f_2 d\omega_2. \tag{6}$$

Die Reihenfolge unserer Ableitungen ist also nur dann für alle f gleichgültig, wenn ω_1, ω_2 vollständige Differentiale sind $(d\omega_1 = d\omega_2 = 0)$. Dann kommt aber unsere Ableitung auf die gewöhnliche zurück.

§ 34. Alternierende Differentialformen.

Diese einfachen Begriffe über Pfaffsche Formen in zwei Veränderlichen u, v reichen schon für die Flächentheorie aus. Werfen wir aber noch einen Blick auf n Veränderliche! Eine Pfaffsche Form in n Veränderlichen sieht so aus:

$$\omega = \sum_1^n p_j du_j, \tag{1}$$

worin die p_j von den u abhängen. Ihr äußeres Differential ist

$$d\omega = \sum [dp_j, du_j] = \sum_{j<k} \left(\frac{\partial p_k}{\partial u_j} - \frac{\partial p_j}{\partial u_k} \right) [du_j, du_k]; \tag{2}$$

man nennt es auch die *bilineare Invariante* von ω. So kommt man dazu, neben den Pfaffschen Formen oder ,,*Differentialformen erster Stufe*'' auch solche ,,*höherer Stufe*'' zu betrachten, z. B. solche zweiter Stufe:

$$\omega = \sum p_{jk} [du_j, du_k]. \tag{3}$$

Dabei genügt es,

$$p_{jk} + p_{kj} = 0 \tag{4}$$

anzunehmen. Das äußere Differential $d\omega$ wird dann so erklärt:

$$d\omega = \sum [dp_{jk}, du_j, du_k] = \sum \frac{\partial p_{jk}}{\partial u_i} [du_i, du_j, du_k]. \tag{5}$$

Daraus folgt (H. Poincaré)

$$d(d\omega) = 0. \tag{6}$$

Nehmen wir etwa $n = 3$ und

$$\omega = a[dv, dw] + b[dw, du] + c[du, dv], \tag{7}$$

so wird

$$d\omega = (a_u + b_v + c_w) [du, dv, dw]. \tag{8}$$

Wieder gilt die Formel (32,4), nämlich

$$\int_{\mathfrak{g}} (a_u + b_v + c_w) [du, dv, dw] = \int_{\mathfrak{r}(\mathfrak{g})} \{a[dv, dw] + b[dw, du] + c[du, dv]\}. \tag{9}$$

Dabei ist $\mathfrak{g}$ ein 3-dimensionales Gebiet im u, v, w-Raum und $\mathfrak{r}(\mathfrak{g})$ sein 2-dimensionaler in geeigneter Weise gerichteter Rand. (9) ist die räumliche Integralformel von Gauß. Es ist sehr bequem, daß sich die Formeln von Gauß und Stokes (1819/1903) alle in (32, 4) vereinigen.

Als Verallgemeinerung der Formel (32, 8) gilt

$$d[\omega_1\,\omega_2] = [d\,\omega_1,\,\omega_2] + (-1)^r[\omega_1,\,d\omega_2], \tag{10}$$

wenn ω_1 eine „alternierende Differentialform" der Stufe r ist:

$$\omega_1 = \sum a_{j_1\,j_2\ldots\,j_r}[du_{j_1},\,du_{j_2},\,\ldots,\,du_{j_r}]. \tag{11}$$

Aus (10) folgt z. B. für 3 Pfaffsche Formen

$$d[\omega_1\,\omega_2\,\omega_3] = [d\,\omega_1,\,\omega_2,\,\omega_3] - [\omega_1,\,d\,\omega_2,\,\omega_3] + [\omega_1,\,\omega_2,\,d\,\omega_3]. \tag{12}$$

Seine Formen hat J. F. Pfaff (1765/1825) 1814 eingeführt. Die äußeren Differentiale und die Formel (32, 4) hat E. Cartan seit 1899 benutzt. Auch H. Graßmann hatte schon Ähnliches versucht. Eine Darstellung der Pfaffschen Formen und ihrer Anwendungen auf Differentialgleichungen im Sinn von Cartan findet sich in dem Büchlein von E. Kähler von 1934. Vgl. auch E. Cartan, Les systèmes différentiels extérieurs et leurs applications géométriques, Paris 1945.

IV. Innere Flächenlehre.

§ 40. Geschichtliche Angaben.

Vielleicht kann man die Geburt der Differentialgeometrie ins Jahr 1687 verlegen, als Johann I. Bernoulli (1667/1748) die Aufgabe stellte, die „kürzesten Wege" auf einer vorgeschriebenen krummen Fläche zu suchen. Aus derselben Aufgabe hat sich auch die *Variationsrechnung* entwickelt, die mit der Differentialgeometrie eng verschwistert ist. 1760 folgt die Schrift von einem anderen großen Baseler Mathematiker, L. Euler (1707/1783), über die Krümmung der auf einer Fläche gezogenen Linien und im selben Jahr die Abhandlung von J. L. Lagrange über die „Minimalflächen", das erste Beispiel einer Variationsaufgabe mit einem Doppelintegral[1].

---

[1] L. Euler (der Name bedeutet Töpfer) ist 1707 in Basel geboren, kam 1730 als Professor nach Petersburg, 1741 durch Friedrich den Großen an die preußische Akademie nach Berlin, ging 1766 nach Petersburg zurück, wo er 1783 starb. Man vergleiche dazu R Fueter: L. Euler, Basel 1948. J. L. Lagrange wird von Italienern wie von Franzosen als Landsmann in Anspruch genommen. In der Vorrede zu seinen Werken wird seine Zugehörigkeit zu Frankreich in reizender Weise unter anderem damit begründet, daß seine Mutter als Mädchen Gros hieß. Er ist 1736 in Turin geboren, kam 1766 als Eulers Nachfolger an die Berliner Akademie, dann 1787 zurecht zur Umwälzung nach Paris, wo er 1813 starb. Euler und Lagrange gelten als Begründer der Variationsrechnung und Hauptförderer der Mechanik nach Newton.

Das erste Lehrbuch unseres Gegenstandes stammt von dem Franzosen G. Monge (1746/1818). Es ist unter dem Titel „Application de l'Analyse à la Géométrie" in Paris 1795/1807 erschienen[1]. Bei ihm besteht die Flächenlehre in dem Studium einzelner Flächenfamilien. Dabei sind Rechnung und Anschauung nahe miteinander verbunden. Monge ist der Begründer der französischen „Schule" der Differentialgeometrie. Ihr gehören insbesondere an Ch. Dupin (1784/1873), G. Lamé (1795/1870), J. Liouville (1801/1882), O. Bonnet (1819/1892), G. Darboux (1842/1917), A. Ribaucour (1845/1893), C. Guichard (1861/1924) und E. Cartan (geb. 1869).

In Zusammenhang mit der Landmessung von Hannover (1821/1841) ist K. F. Gauß (1777/1855) zur Differentialgeometrie gekommen. 1827 erschien seine Hauptschrift darüber, die „Disquisitiones generales circa superficies curvas". Dazu kommt noch insbesondere die kleine nachgelassene Schrift über die „Seitenkrümmung". Gauß geht von der Frage aus, was man aus Messungen auf einer Fläche auf ihre Gestalt im Raum schließen kann. Seine differentialgeometrischen Untersuchungen hängen — was er allerdings verheimlicht hat — mit seinen Forschungen über Grundlagen der Geometrie zusammen. Diese Gedanken hat erst B. Riemann (1826/1866) ausgesprochen und weitergebildet in seiner Probevorlesung vor dem alten Gauß am 10. 6. 1854 in Göttingen. Beide stammen aus Niedersachsen, Gauß aus Braunschweig, Riemann aus dem Hannöverschen[2].

Es ist der Hauptzweck dieses Lehrbuchs, in diese Gedanken von Gauß und ein wenig auch in die von Riemann einzuführen.

Auch in Italien gibt es eine „Schule" der Differentialgeometrie. Abgesehen von Lagrange, sind ihre hervorragendsten Geister E. Beltrami (1835/1900), U. Dini (1845/1918), G. Ricci-Curbastro (1853/1925) und L. Bianchi (1856/1928). Sie haben ihre Heimat in der Po-Ebene, dort, wo in Italien das Bluterbe der unmathematischen Römer am dünnsten ist: Lagrange in Turin, Beltrami in Cremona, Ricci in Ravenna, Bianchi in Parma, nur Dini stammt aus Pisa.

In Deutschland haben sich z. B. C. G. J. Jacobi (1804/1851),

---

[1] G. Monge (der Name bedeutet Mönch) stammt aus Savoyen. Er ist in Beaune 1746 geboren, wurde in der großen Umwälzung Marineminister, 1794 Begründer und treibende Kraft in der Pariser École Polytechnique. 1795 erschien seine „Darstellende Geometrie". Er stand (schon als Lehrer) in naher Beziehung zu Napoléon, hat mit ihm den ersten italienischen Feldzug und das ägyptische Abenteuer mitgemacht. 1818 ist er in Paris gestorben. Lebensbeschreibungen von O. Spiess 1929 und von Louis de Launay in Paris 1934 erschienen

[2] Über die Leistung von Gauß und Riemann vgl. man etwa F. Klein, Vorlesungen über die Entwicklung der Mathematik im 19. Jahrhundert I, Berlin 1926. Ferner P. Stäckel (1862/1919), K. F. Gauß als Geometer, Göttinger Nachrichten 1917 = Gauß, Werke Bd. 10 (1922/1933). Vgl. auch den dort folgenden Bericht O. Bolza (1857/1942). Gauß und die Variationsrechnung.

F. Minding (1806/1885), K. Weierstraß (1815/1897), E. B. Christoffel (1829/1900), J. Weingarten (1836/1910), H. A. Schwarz (1843/1921), A. Voß (1845/1931), F. Klein (1849/1925), E. Study (1862/1930), D. Hilbert (1862/1943) und der Norweger S. Lie (1842/1899) mit Differentialgeometrie beschäftigt.

Die drei hervorragendsten *Lehrbücher* unseres Gegenstandes sind zunächst das von G. Monge, Application de l'analyse à la géométrie, Paris 1807, das 1850 von J. Liouville in 5. Auflage herausgegeben wurde, dann das große Werk von G. Darboux, Lecons sur la théorie générale des surfaces, Paris 1887/1896 (auch in 2. Auflage), und schließlich L. Bianchi, Lezioni di geometria differenziale, seit 1886 erschienen, 3. Auflage Pisa 1922/1924. Von Bianchis Werk gibt es auch gekürzte deutsche Übersetzungen[1].

§ 41. Grundgleichungen.

Wir denken uns die Zeiger x_j eines Punktes $\mathfrak{x}$ jetzt als Funktionen zweier Parameter u, v gegeben und setzen dann ähnlich wie in (21, 2)

$$\mathfrak{x} = \mathfrak{x}(u, v); \quad u_0 \leqq u \leqq u_1, \quad v_0 \leqq v \leqq v_1. \tag{1}$$

u v sollen „Zeiger auf der Fläche" oder „*Flächenzeiger*" heißen. Wir werden dabei eine glatte Fläche $\mathfrak{f}$ und eine geeignete Parameterdarstellung vor uns haben, wenn wir in (1) das Vektorprodukt

$$\mathfrak{x}_u \times \mathfrak{x}_v \neq 0, \tag{2}$$

also $\mathfrak{x}_u, \mathfrak{x}_v$ als linear unabhängig voraussetzen. Dabei ist

$$\mathfrak{x}_u = \frac{\partial \mathfrak{x}}{\partial u}, \qquad \mathfrak{x}_v = \frac{\partial \mathfrak{x}}{\partial v} \tag{3}$$

zu verstehen. Der *Tangentenvektor*

$$d\mathfrak{x} = \mathfrak{x}_u \, du + \mathfrak{x}_v \, dv \tag{4}$$

---

[1] G. Darboux wurde 1842 in Nîmes geboren. Mit 18 Jahren kam er nach Paris, an dessen geistigem Leben er 57 Jahre hervorragenden Anteil hatte. 1880 wurde er als Nachfolger von Chasles (1793/1880) an die Sorbonne berufen. Über Leben und Werk von Darboux vergleiche man etwa A. Voß im Jahrbuch der bayerischen Akademie 1917, dazu den Vortrag, den Darboux vor dem römischen Mathematikerkongreß 1908 gehalten hat, Atti, I, S. 105/122. L. Bianchi ist 1856 in Parma geboren und kam 1873 an die Scuola Normale Superiore nach Pisa, aus der viele angesehene italienische Mathematiker hervorgegangen sind. In Pisa hat er sein ganzes weiteres Leben zugebracht, seit 1881 als Professor an der Scuola Normale, seit 1886 an der Universität bis zum Tode 1928. Im Winter 1909/10 hat der Verfasser bei ihm in Pisa studiert. Den schönsten Nachruf auf Bianchi verdankt man dem italienischen Algebraiker G. Scorza aus Calabrien (1876/1939) in den Annali della R. Scuola Normale Superiore Bd. 16 (1930). Scorza hatte mit seinem Lehrer Bianchi den vornehmen, zurückhaltenden und heiteren Charakter gemein, der sich von der heute häufigen Jagd nach Geld, Ämtern und Würden fernhielt. Bianchi hat durch seinen Unterricht und seine Lehrbücher in Italien großen Einfluß ausgeübt. Eine Gesamtausgabe seiner Werke ist in Vorbereitung.

an eine auf $\mathfrak{f}$ gezogene Linie $u = u(t)$, $v = v(t)$ liegt in der *Tangentenebene* $\{\mathfrak{x}; \mathfrak{x}_u, \mathfrak{x}_v\}$, die durch den Flächenpunkt $\mathfrak{x}$ geht und zu $\mathfrak{x}_u, \mathfrak{x}_v$ parallel läuft. Es ist meist angezeigt, mindestens Vorhandensein und Stetigkeit der Ableitungen bis zur dritten Ordnung (einschließlich) von den Funktionen $x_j(u, v)$ zu fordern oder sogar im Kleinen Entwickelbarkeit in konvergente Potenzreihen.

Wir führen nun auf $\mathfrak{f}$ ein rechtwinkliges *Liniennetz* $\mathfrak{N}$ ein, und zwar derart, daß durch jeden Punkt $\mathfrak{x}$ von $\mathfrak{f}$ zwei einander rechtwinklig schneidende Linien von $\mathfrak{N}$ gehen. Wir nennen $\mathfrak{a}_1$, $\mathfrak{a}_2$ die Einheitsvektoren in den Tangenten an die Netzlinien in $\mathfrak{x}$ und ergänzen sie durch den *Einheitsvektor der Flächennormalen* $\mathfrak{a}_3$ von $\mathfrak{f}$ in $\mathfrak{x}$ zu einem unsere Fläche $\mathfrak{f}$ *begleitenden Dreibein* $\{\mathfrak{x}; \mathfrak{a}_1, \mathfrak{a}_2, \mathfrak{a}_3\}$. Statt $\mathfrak{a}_3$ wird gelegentlich kürzer $\mathfrak{a}$ geschrieben. Dabei können wir die Ausrichtung der Vektoren $\mathfrak{a}_j$ etwa so einrichten, daß

$$\mathfrak{x}_u \times \mathfrak{x}_v = c\,\mathfrak{a}_3, \quad c > 0 \tag{5}$$

wird, daß also das Dreibein $\mathfrak{x}_u, \mathfrak{x}_v, \mathfrak{a}_3$ ebenso wie $\mathfrak{a}_1, \mathfrak{a}_2, \mathfrak{a}_3$ rechtshändig ausfällt (Abb. 4, S. 7).

Entsprechend zu § 21 haben wir dann die „*Ableitungsgleichungen*"

$$d\mathfrak{x} = \sum_j \mathfrak{a}_j \sigma_j, \quad d\mathfrak{a}_j = \sum_k \mathfrak{a}_k \omega_{jk}. \tag{6}$$

Von den Pfaffschen Formen σ_j in u, v ist wegen der Normung unseres Achsenkreuzes

$$\sigma_3 = 0, \tag{7}$$

und die Matrix der ω_{jk} ist „schief", d. h. wir haben wie in (21,7), (21,9)

$$\omega_{jk} + \omega_{kj} = 0. \tag{8}$$

Soweit ist alles wie im Falle der Linien (§ 21). Jetzt aber kommt etwas Neues hinzu, nämlich die *Integrierbarkeitsbedingungen*, die allerdings schon in § 26 eine Rolle gespielt haben. Bilden wir nämlich in (6) die äußeren Differentiale, so folgt etwa aus der ersten Gleichung unter Benutzung der zweiten

$$\sum_{j,k} \mathfrak{a}_k [\omega_{jk} \sigma_j] + \sum \mathfrak{a}_k d\sigma_k = 0 \tag{9}$$

oder wegen der linearen Unabhängigkeit der $\mathfrak{a}_k$

$$d\sigma_j = \sum_k [\omega_{jk} \sigma_k]. \tag{10}$$

Entsprechend folgt aus der zweiten Gl. (6)

$$d\omega_{jk} = \sum_s [\omega_{js} \omega_{sk}]. \tag{11}$$

Ändern wir wie in (21,10) die Schreibweise, indem wir setzen

$$\omega_{23} = \omega_1, \quad \omega_{31} = \omega_2, \quad \omega_{12} = \omega_3, \tag{12}$$

so lauten die *Ableitungsgleichungen* ausführlich so:

$$d\mathfrak{x} = \mathfrak{a}_1\sigma_1 + \mathfrak{a}_2\sigma_2;$$
$$d\mathfrak{a}_1 = \mathfrak{a}_2\omega_3 - \mathfrak{a}_3\omega_2, \quad d\mathfrak{a}_2 = \mathfrak{a}_3\omega_1 - \mathfrak{a}_1\omega_3, \quad d\mathfrak{a}_3 = \mathfrak{a}_1\omega_2 - \mathfrak{a}_2\omega_1. \tag{13}$$

Dazu kommen die 6 *Integrierbarkeitsbedingungen*

$$d\sigma_1 = +[\omega_3\sigma_2], \quad d\sigma_2 = +[\sigma_1\omega_3], \quad 0 = [\sigma_1\omega_2] + [\omega_1\sigma_2];$$
$$d\omega_1 = -[\omega_2\omega_3], \quad d\omega_2 = -[\omega_3\omega_1], \quad d\omega_3 = -[\omega_1\omega_2]. \tag{14}$$

Die ganze Flächenlehre besteht nun in der Deutung und Auswertung dieser Gl. (6), (10), (11) oder (13), (14), die im wesentlichen (d. h. abgesehen von der Schreibweise) schon Gauß in seinen „Disquisitiones" 1827 angegeben hat.

Die Tatsache, daß die Bedingungen (14) für die Integrierbarkeit des Systems (13) nicht nur notwendig sind, sondern auch hinreichen, soll hier nicht bewiesen werden. Kenntnis der σ, ω reicht hin, um eine Fläche (mit ihrem Netz $\mathfrak{N}$) bis auf Bewegungen zu kennzeichnen.

§ 42. Flächenmaß und Gesamtkrümmung.

Berechnen wir, wie sich unsere Pfaffschen Formen σ, ω ändern, wenn wir unser Liniennetz $\mathfrak{N}$ durch ein gleichsinniges $\mathfrak{N}^*$ auf derselben Fläche $\mathfrak{f}$ ersetzen, wenn wir also unsere Dreibeine $\mathfrak{a}_1$, $\mathfrak{a}_2$, $\mathfrak{a}_3$ jeweils um $\mathfrak{a}_3$ durch den Winkel $\tau(u, v)$ verdrehen:

$$\mathfrak{a}_1^* = +\mathfrak{a}_1\cos\tau + \mathfrak{a}_2\sin\tau, \qquad \mathfrak{a}_3^* = +\mathfrak{a}_3. \tag{1}$$
$$\mathfrak{a}_2^* = -\mathfrak{a}_1\sin\tau + \mathfrak{a}_2\cos\tau,$$

Es folgt

$$\sigma_1^* = +\sigma_1\cos\tau + \sigma_2\sin\tau,$$
$$\sigma_2^* = -\sigma_1\sin\tau + \sigma_2\cos\tau;$$
$$\omega_1^* = +\omega_1\cos\tau + \omega_2\sin\tau,$$
$$\omega_2^* = -\omega_1\sin\tau + \omega_2\cos\tau; \qquad \omega_3^* = +\omega_3 + d\tau. \tag{2}$$

Ist $\mathfrak{r}$ eine auf $\mathfrak{f}$ gezogene gerichtete Linie und

$$\mathfrak{a}_1^* = \mathfrak{a}_1\cos\tau + \mathfrak{a}_2\sin\tau$$

ihr Tangentenvektor in dem auf $\mathfrak{r}$ beweglichen Punkt $\mathfrak{x}$, so sind nach (2)

$$\sigma = \sigma_1\cos\tau + \sigma_2\sin\tau = ds,$$
$$\omega_3^* = \omega_3 + d\tau = \chi \tag{3}$$

zwei der in § 21 eingeführten Pfaffschen Formen des durch $\mathfrak{x}$, $\mathfrak{a}_3$ längs $\mathfrak{r}$ bestimmten Streifens. Wir können uns diesen „*Flächenstreifen*" durch ein schmales Band verwirklicht denken, das längs $\mathfrak{r}$ aus $\mathfrak{f}$ ausgeschnitten ist. Nach (22,5) war

$$\int_\mathfrak{r} \chi = \int_\mathfrak{r} (\omega_3 + d\tau) \tag{4}$$

die „Gesamtkrümmung" dieses Streifens. Dafür sagt man hier: „*die geodätische Gesamtkrümmung von* $\mathfrak{r}$ *auf* $\mathfrak{f}$". Nach (22, 6) war

$$g = \frac{\chi}{\sigma} = \frac{\omega_3 + d\tau}{\sigma} = \frac{\omega_3}{\sigma} + \frac{d\tau}{ds} \tag{5}$$

die „Krümmung unseres Streifens" in einem Punkt $\mathfrak{x}$. Dafür sagen wir jetzt nach Gauß die „*Seitenkrümmung*" unserer Flächenlinie in $\mathfrak{x}$ oder, wie jetzt nach O. Bonnet üblich, die „*geodätische Krümmung*" in $\mathfrak{x}$ von $\mathfrak{r}$ auf $\mathfrak{f}$.

Die alternierenden Differentialformen zweiter Stufe

$$\varphi = [\sigma_1 \sigma_2], \quad \psi = [\omega_1 \omega_2] \tag{6}$$

bleiben bei unserer Drehung (1), (2) erhalten ($\varphi^* = \varphi, \psi^* = \psi$). Bei Einführung eines gegensinnigen Netzes (etwa $\mathfrak{a}_1^* = \mathfrak{a}_2, \mathfrak{a}_2^* = \mathfrak{a}_1$) würden beide ihr Vorzeichen wechseln, also $\varphi : \psi$ erhalten bleiben.

Das Doppelintegral

$$A = \int_{\mathfrak{f}} \varphi = \int_{\mathfrak{f}} [\sigma_1 \sigma_2] \tag{7}$$

nennt man die „*Oberfläche*" von $\mathfrak{f}$ oder, wie wir lieber sagen wollen, das „*Flächenmaß*" von $\mathfrak{f}$ [1].

Wir haben nach der Identität von Lagrange (14,8) und wegen $\mathfrak{a}_3 = \mathfrak{a}_1 \times \mathfrak{a}_2$ die Beziehung

$$\varphi = [\sigma_1 \sigma_2] = [\langle \mathfrak{x}_u\, du + \mathfrak{x}_v\, dv, \mathfrak{a}_1 \rangle, \ \langle \mathfrak{x}_u\, du + \mathfrak{x}_v\, dv, \mathfrak{a}_2 \rangle]$$
$$= \{\langle \mathfrak{x}_u \mathfrak{a}_1 \rangle \langle \mathfrak{x}_v \mathfrak{a}_2 \rangle - \langle \mathfrak{x}_u \mathfrak{a}_2 \rangle \langle \mathfrak{x}_v \mathfrak{a}_1 \rangle\}[du, dv] = (\mathfrak{x}_u \times \mathfrak{x}_v)\,\mathfrak{a}_3[du, dv]. \tag{8}$$

Nach (41,5) ist also

$$\varphi = [\sigma_1 \sigma_2] = c[du, dv] \neq 0. \tag{9}$$

So erhalten wir nach (41, 1)

$$A = \int_{u_0}^{u_1} \int_{v_0}^{v_1} c[du, dv] \tag{10}$$

mit $A > 0$.

Denken wir uns den Vektor $\mathfrak{a}_3$ von einem festen Punkt $\mathfrak{o}$ aus abgetragen, so beschreibt sein Endpunkt, den wir wieder $\mathfrak{a}_3$ nennen wollen, ein Stück der Einheitskugel $\mathfrak{k}$ um $\mathfrak{o}$. Man nennt $\mathfrak{k}$ nach Gauß *das sphärische Bild* oder das „*Kugelbild*" von $\mathfrak{f}$, wenn wir jedem Punkt $\mathfrak{x}$ von $\mathfrak{f}$ sein Abbild $\mathfrak{a}_3$ auf der Kugel $\mathfrak{k}$ zuordnen. Für das (mit Vorzeichen behaftete) Flächenmaß von $\mathfrak{k}$ folgt aus $d\mathfrak{a}_3 = \mathfrak{a}_1\, \omega_2 - \mathfrak{a}_2\, \omega_1$ und (4)

$$S = \int_{\mathfrak{f}} \psi = \int_{\mathfrak{f}} [\omega_1 \omega_2]. \tag{11}$$

Nach Gauß nennt man S die *Gesamtkrümmung* (*curvatura integra*) von $\mathfrak{f}$.

Das Verhältnis der „Flächenelemente" von $\mathfrak{k}$ und $\mathfrak{f}$, nämlich

$$K = \frac{\psi}{\varphi} = \frac{[\omega_1 \omega_2]}{[\sigma_1 \sigma_2]}, \tag{12}$$

---

[1] Unter sehr weiten Annahmen über $\mathfrak{f}$ wurde 1949 der Begriff des Flächenmaßes unter Zugrundelegung einer Definition von H. Lebesgue durch L. Cesari geklärt.

nennt man das *(Gaußsche) Krümmungsmaß* von $\mathfrak{f}$ an der betrachteten Stelle $\mathfrak{x}$. Es ist von der Wahl von $\mathfrak{N}$ auf $\mathfrak{f}$ und vom Vorzeichen von $\mathfrak{a}_3$ unabhängig.

Wie wir in φ, ψ alternierende Differentialformen zweiter Stufe gewonnen haben, die gegenüber der Drehung (1) unempfindlich sind, so kann man auch leicht (gewöhnliche, d. h. nicht alternierende) *quadratische Differentialformen* mit derselben Eigenschaft gewinnen. Es genügt dazu, die Skalarprodukte von $d\mathfrak{x}$ mit sich selbst und mit $d\mathfrak{a}_3$ zu betrachten

$$\langle d\mathfrak{x}, d\mathfrak{x}\rangle = \sigma_1^2 + \sigma_2^2, \quad \langle d\mathfrak{x}, d\mathfrak{a}_3\rangle = \sigma_1\omega_2 - \sigma_2\omega_1. \tag{13}$$

Diese beiden quadratischen Grundformen hat Gauß zum Ausgangspunkt seiner Flächenlehre gewählt; insbesondere spielt die erste, das (quadrierte) „*Bogenelement*", die Hauptrolle. Dazu kommt noch als dritte quadratische Grundform das *Bogenelement des Kugelbildes*:

$$\langle d\mathfrak{a}_3, d\mathfrak{a}_3\rangle = \omega_1^2 + \omega_2^2. \tag{14}$$

§ 43. Biegungsinvarianz des Krümmungsmaßes.

Das eingeführte Krümmungsmaß K hat aber noch eine weitergehende Invarianz, nämlich die jetzt zu besprechende „*Biegungsinvarianz*". Ihre Erkenntnis ist ein Hauptergebnis der „Disquisitiones" von Gauß und läßt sich mit unseren Formeln von § 42 so einsehen.

Denken wir uns zwei Flächen $\mathfrak{f}$ und $\mathfrak{f}^*$ durch entsprechende Punkte $\mathfrak{x}(u, v)$ und $\mathfrak{x}^*(u, v)$ mit gleichen Parameterwerten so aufeinander abgebildet, daß entsprechende Bogenlängen entsprechender Linien gleich werden. Dann nennt man die Abbildung *längentreu* oder *isometrisch*, oder man sagt, $\mathfrak{f}^*$ ist aus $\mathfrak{f}$ durch „*Biegung*" entstanden (wobei wir nicht notwendig an einen stetigen Übergang denken wollen). Wählen wir die Liniennetze $\mathfrak{N}$ und $\mathfrak{N}^*$ auf $\mathfrak{f}$ und $\mathfrak{f}^*$ einander in dieser Abbildung entsprechend, so können wir voraussetzen

$$\sigma_1^* = \sigma_1, \quad \sigma_2^* = \sigma_2. \tag{1}$$

Wir können also bei längentreuer Abbildung die Invarianz der Pfaffschen Formen σ_j fordern, die wir als linear unabhängig:

$$[\sigma_1\sigma_2] \neq 0 \tag{2}$$

angenommen haben (42, 9). Nach (2) können wir ω_3 aus σ_1, σ_2 linear zusammensetzen

$$\omega_3 = g_1\sigma_1 + g_2\sigma_2. \tag{3}$$

Längs unserer Kurve ist nun $\sigma_1 = \sigma\cos\tau$, $\sigma_2 = \sigma\sin\tau$.

(42,5) und (3) ergeben also die „Formel von Gauß und Liouville"

$$g = \frac{d\tau}{ds} + g_1\cos\tau + g_2\sin\tau. \tag{4}$$

Aus ihr geht die Deutung der g_j hervor: In jedem Punkt $\mathfrak{x}$ von $\mathfrak{f}$ ist g_j die geodätische Krümmung der Linie des Netzes $\mathfrak{N}$ mit den Tangenten $\mathfrak{a}_j$. Die Formel (4) steht im wesentlichen im Nachlaß von Gauß (Werke Bd. 8, S. 385) und bei Liouville in Monges „Application ...“ von 1850, S. 575[1].

Aus den Integrierbarkeitsbedingungen (41,14) folgt aber

$$d\sigma_1 = g_1[\sigma_1\,\sigma_2], \qquad d\sigma_2 = g_2[\sigma_1\,\sigma_2]. \tag{5}$$

Damit ist ω_3 aus σ_1, σ_2 berechenbar:

$$\omega_3 = \frac{d\sigma_1}{[\sigma_1\sigma_2]}\,\sigma_1 + \frac{d\sigma_2}{[\sigma_1\sigma_2]}\,\sigma_2. \tag{6}$$

Wegen (41,14) aber auch

$$[\omega_1\,\omega_2] = -d\,\omega_3. \tag{7}$$

So ist schließlich das Gaußsche Krümmungsmaß

$$K = -\frac{d\omega_3}{[\sigma_1\sigma_2]} = -\frac{1}{[\sigma_1\sigma_2]}\,d\left\{\frac{d\sigma_1}{[\sigma_1\sigma_2]}\,\sigma_1 + \frac{d\sigma_2}{[\sigma_1\sigma_2]}\,\sigma_2\right\} \tag{8}$$

allein aus σ_1, σ_2 bestimmt.

Führen wir wie in § 33 zum Paar σ_1, σ_2 Ableitungen der g_j ein durch

$$dg_j = g_{j1}\,\sigma_1 + g_{j2}\,\sigma_2, \tag{9}$$

so folgt aus (3) durch äußere Ableitung wegen (5)

$$d\,\omega_3 = (g_{21} - g_{12} + g_1^2 + g_2^2)\,[\sigma_1\sigma_2]. \tag{10}$$

Damit ergibt sich für K noch der Ausdruck

$$K = g_{12} - g_{21} - g_1^2 - g_2^2, \tag{11}$$

in dem jedes Glied eine biegungsinvariante geometrische Deutung hat. Diese Formel findet sich bei O. Bonnet 1848.

(8) oder (11) enthält das „*Theorema Egregium*“, das Gauß 1816 gefunden hat:

Längentreu aufeinander abgebildete Flächen haben in entsprechenden Punkten gleiches Krümmungsmaß.

Alles, was man aus σ_1, σ_2 allein berechnen kann, gehört zu den „*biegungsinvarianten*“ oder „*inneren*“ Eigenschaften unserer Fläche $\mathfrak{f}$ und hängt nicht davon ab, wie $\mathfrak{f}$ im Raum verwirklicht ist. Dabei sind insbesondere die inneren Eigenschaften von $\mathfrak{f}$ wesentlich, die von der Wahl des Netzes $\mathfrak{N}$ auf $\mathfrak{f}$ nicht abhängen. Zu dieser Abtrennung der „inneren“ Eigenschaften war Gauß als Landmesser ganz naturgemäß geführt worden, und auf diesen Gegenstand wollen wir nun zunächst (in IV und V) unser Hauptaugenmerk richten.

---

[1] In (4) sind die g_j nicht etwa kovariante Ableitungen (§ 33) von g.

§ 44. Die Integralformel von Gauß und Bonnet.

Zu den wichtigsten Ergebnissen der inneren Flächenlehre gehört die Integralformel, der Gauß in seiner Schrift über die Seitenkrümmung nahekommt, die aber ausdrücklich erst 1848 von O. Bonnet veröffentlicht worden ist. Wenden wir die Formel (32,4) auf die letzte Integrierbarkeitsbedingung (41,14) an, so finden wir, daß sich die Gesamtkrümmung eines etwa einfach zusammenhängenden Flächenstücks $\mathfrak{f}$ als ein Randintegral darstellen läßt:

$$\int_{\mathfrak{f}} [\omega_1 \omega_2] + \int_{\mathfrak{r}(\mathfrak{f})} \omega_3 = 0. \tag{1}$$

Das ist im wesentlichen schon die gewünschte Integralformel. Sie hat nur noch einen Schönheitsfehler: Der Integrand des Randintegrals ist nach (42,2) abhängig von der Wahl des Netzes $\mathfrak{N}$ auf $\mathfrak{f}$. Den kann man aber leicht beseitigen. Wir brauchen dazu nur wie in § 42 längs $\mathfrak{r}$ zu setzen

$$d\mathfrak{x} = (\mathfrak{a}_1 \cos \tau + \mathfrak{a}_2 \sin \tau)\, \sigma \tag{2}$$

und

$$\omega_3 + d\tau = \chi. \tag{3}$$

Dann ist χ invariant gegen die Drehung (42,1), d. h. $\chi^* = \chi$. Anderseits folgt aus dem einfachen Zusammenhang von $\mathfrak{f}$ für die Richtungsänderung

$$\int_{\mathfrak{r}(\mathfrak{f})} d\tau = 2\pi. \tag{4}$$

Diese Änderung ist nämlich ein ganzzahliges Vielfaches von 2π, bleibt also wegen der Stetigkeit fest, wenn wir $\mathfrak{r}(\mathfrak{f})$ auf einen Punkt von $\mathfrak{f}$ stetig zusammenziehen. Dabei ist vorausgesetzt, daß unser Netz auf $\mathfrak{f}$ keine Ausnahmestellen hat (vgl. im folgenden § 49,8). Jetzt folgt für unsere Integralformel (1) die invariante Gestalt

$$\int_{\mathfrak{f}} [\omega_1 \omega_2] + \int_{\mathfrak{r}(\mathfrak{f})} \chi = 2\pi \tag{5}$$

oder

$$\int_{\mathfrak{f}} K\varphi + \int_{\mathfrak{r}(\mathfrak{f})} g\sigma = 2\pi. \tag{6}$$

Sagen wir, daß $\mathfrak{a}_2$ „links" von $\mathfrak{a}_1$ liegt, so ist in (5), (6) $\mathfrak{r}$ so zu durchlaufen, daß dabei $\mathfrak{f}$ links von $\mathfrak{r}$ zu liegen kommt. Das zweite Glied links ist die in § 42 eingeführte geodätische Gesamtkrümmung des Randes. In diesen Formeln (5), (6) von Gauß und Bonnet ist alles biegungsinvariant, auch χ und g, da links in (3) biegungsinvariante Größen stehen. Wir merken insbesondere an: *Sind zwei Flächen aufeinander längentreu bezogen, so haben entsprechende Linien der Flächen in entsprechenden Punkten gleiche geodätische Krümmung.*

Ist über die Ausrichtung der Fläche $\mathfrak{f}$ entschieden, also über den positiven Drehsinn, der in jedem Flächenpunkt $\mathfrak{x}$ von $\mathfrak{a}_1$ nach $\mathfrak{a}_2$ führt (d. h. im Raum: ist das Vorzeichen von $\mathfrak{a}_3$ festgelegt), so hängt das

Vorzeichen der geodätischen Krümmung nur von dem Durchlaufsinn der Linie ab, wie sich das im Falle der ebenen Linien schon aus § 24 ergibt.

(5) oder (6) ist die Formel von Gauß und Bonnet, die O. Bonnet 1848 veröffentlicht hat. Eine zu (3) gleichwertige Formel findet sich bei Gauß (Werke Bd. 8, S. 385). In (5), (6) wird $\mathfrak{f}$ als glatt und einfach zusammenhängend und $\mathfrak{r}(\mathfrak{f})$ als glatt vorausgesetzt. Diese Formel ist deshalb besonders wichtig, weil sie einen Zusammenhang vermittelt von der Flächenlehre zur Topologie (§ 47). Bevor wir uns diesem Gegenstand zuwenden, noch ein Wort von der „Übertragung" oder dem „Parallelismus" auf einer Fläche!

§ 45. Übertragung auf einer Fläche.

Die Formel (44, 3) von Gauß kann man leicht ein wenig verallgemeinern. Wir betrachten eine Linie $\mathfrak{r}$ auf unserer Fläche $\mathfrak{f}$ und längs $\mathfrak{r}$ einen Einheitsvektor $\mathfrak{v}$, der $\mathfrak{f}$ berührt. Es sei längs $\mathfrak{r}$

$$\mathfrak{v} = \mathfrak{a}_1 \cos\alpha + \mathfrak{a}_2 \sin\alpha. \tag{1}$$

Man sagt, die Schar der Vektoren $\mathfrak{v}$ bestehe aus „längs der Linie $\mathfrak{r}$ parallelen" Vektoren, wenn längs $\mathfrak{r}$

$$\omega_3 + d\alpha = 0 \tag{2}$$

ist. Damit wird der Begriff der *Schiebung* (§ 11) auf eine Fläche übertragen. Bei der Drehung (42, 1) des begleitenden Dreibeins der $\mathfrak{a}_j$ wird

$$\omega_3^* = \omega_3 + d\tau, \quad \alpha^* = \alpha - \tau, \tag{3}$$

also ist unsere Forderung (2) von der Netzwahl unabhängig. Diese „Schiebung" ist natürlich von der gewöhnlichen räumlichen Schiebung im allgemeinen verschieden. Deshalb sagt man auch besser: *Die verschiedenen Lagen des Tangentenvektors $\mathfrak{v}$ gehen durch „Übertragung" längs $\mathfrak{r}$ auseinander hervor.* Zur Durchführung dieser Überragung ist das Integral

$$\int_\mathfrak{r} \omega_3 \tag{4}$$

zu berechnen, das in die ursprüngliche Formel (44, 1) von Gauß-Bonnet eingeht.

Aus (2) folgt: Überträgt man zwei verschiedene Vektoren längs derselben Linie, so bleibt ihr Winkel erhalten. Ist die Linie $\mathfrak{r}$ geschlossen, so wird man durch Übertragung längs $\mathfrak{r}$ im allgemeinen nicht zur Ausgangslage des Vektors zurückkehren. Das heißt: *Die Übertragung hängt im allgemeinen vom Wege $\mathfrak{r}$ ab.* Soll das nicht der Fall sein, soll also $d\alpha$ auf $\mathfrak{f}$ ein vollständiges Differential sein, so folgt aus (2) durch Bildung des äußeren Differentials

$$d\,\omega_3 = 0. \tag{5}$$

Wir finden also nach (43, 8): *Die einfach zusammenhängenden Flächen, auf denen das Gaußsche Krümmungsmaß überall verschwindet, haben die kennzeichnende Eigenschaft, daß auf ihnen die Übertragung vom Weg nicht abhängt.*

Wegen der Biegungsinvarianz von ω_3 (§ 43) ist die durch (2) erklärte Übertragung ebenfalls biegungsinvariant, gehört also zur „inneren" Flächenlehre. Ist $\mathfrak{f}$ insbesondere eine Ebene, so können wir die $\mathfrak{a}_j$ als fest annehmen und haben $\omega_3 = 0$, also für die Übertragung aus (2) einfach $d\alpha = 0$, d. h. die gewöhnliche Schiebung von Vektoren in der Ebene.

Dies ergibt eine einfache *geometrische Deutung der Übertragung* auf einer beliebigen Fläche $\mathfrak{f}$. Wir denken uns auf $\mathfrak{f}$ längs der offenen Linie $\mathfrak{r}$ ein schmales Band (einen „Streifen") herausgeschnitten. Dieses kann man auf die Ebene „verbiegen", d. h. so übertragen, daß Bogenlänge und geodätische Krümmung erhalten bleiben. Befestigen wir auf dem verebneten Band eine Schar paralleler Vektoren, so ergeben diese auf $\mathfrak{f}$ zurückverbogen eine Schar „paralleler" Vektoren längs $\mathfrak{r}$ auf $\mathfrak{f}$ nach (2). Ein solches biegsames Band kann durch Papier gut verwirklicht werden, so daß unser Gedankenexperiment sich an einem Modell leicht verwirklichen läßt, wie das ähnlich S. Finsterwalder (* 1862) 1899 gelehrt hat. Eine andere Deutung der Übertragung, nämlich mittels der „Netze von Tschebyschoff", werden wir später kennenlernen (§ 48).

Mittels dieser Übertragung gewinnen wir auch eine *Deutung der geodätischen Gesamtkrümmung* u_3 einer Linie $\mathfrak{r}$ auf $\mathfrak{f}$. Nehmen wir den Tangentenvektor $d\mathfrak{x} : ds$ von $\mathfrak{r}$ im Anfangspunkt $\mathfrak{x}_0$ von $\mathfrak{r}$, und übertragen wir ihn in den Endpunkt $\mathfrak{x}_1$ von $\mathfrak{r}$ mittels (2) nach $\mathfrak{v}_1$. Dann ist die geodätische Gesamtkrümmung von $\mathfrak{r}$ gleich dem Winkel zwischen dem Tangentenvektor $d\mathfrak{x} : ds$ von $\mathfrak{r}$ in $\mathfrak{x}_1$ mit dem verschobenen Vektor $\mathfrak{v}_1$. Genauer: *Die geodätische Gesamtkrümmung u_3 mißt die Winkeländerung zwischen dem Tangentenvektor $d\mathfrak{x} : ds$ und dem Vektor $\mathfrak{v}$, der aus der Übertragung des Tangentenvektors vom Anfangspunkt $\mathfrak{x}_0$ von $\mathfrak{r}$ längs $\mathfrak{r}$ hervorgeht.* In einer Formel:

$$u_3 = \int_{\mathfrak{r}} \chi = \int_{\mathfrak{r}} d(\alpha - \tau), \tag{6}$$

wenn $\alpha - \tau$ den Winkel zwischen $d\mathfrak{x} : ds$ und $\mathfrak{v}$ bedeutet, kurz ausgedrückt: u_3 *mißt die Richtungsänderung des Tangentenvektors.*

Schließlich wollen wir unsere Erklärung (2) der Übertragung eines Vektors längs einer Flächenlinie $\mathfrak{r}$ formelmäßig noch ein wenig anders fassen. Wir setzen dazu

$$\mathfrak{v} = \mathfrak{a}_1 v_1 + \mathfrak{a}_2 v_2 \tag{7}$$

mit

$$v_1 = v \cos\alpha, \qquad v_2 = v \sin\alpha, \tag{8}$$

indem wir (1) ein wenig verallgemeinern. Dann ist bei fester Länge v von $\mathfrak{v}$ nach (8), (2)

$$dv_1 = +v_2\,\omega_3, \qquad dv_2 = -v_1\,\omega_3.\tag{9}$$

Wenn wir an Stelle der ω_j wieder zu der alten Schreibweise (41,12) mittels zweier Fußmarken zurückkehren, indem wir

$$\omega_3 = \omega_{12} = -\omega_{21}, \qquad \omega_{jj} = 0\tag{10}$$

setzen, so haben wir statt (9) zur *Erklärung der Übertragung* des Vektors (7) die neue Formel

$$dv_j + \sum_{k=1}^{2} v_k\omega_{kj} = 0; \qquad j = 1, 2,\tag{11}$$

die sich als sehr verallgemeinerungsfähig erweist.

Die Übertragung, die wir durch Deutung der Formel (44,3) von Gauß gewonnen hatten, ist ein wenig anders, nämlich ausgehend von der geradlinigen Fläche, die von den Geraden durch die Punkte $\mathfrak{x}$ von $\mathfrak{r}$ in Richtung $\mathfrak{v}$ gebildet wird, ausdrücklich erst 1916 von T. Levi-Cività (1873/1941) angegeben worden. Verwandte Untersuchungen etwa aus derselben Zeit stammen von G. Hessenberg (1874/1925), dem Holländer J. A. Schouten (geb. 1883), H. Weyl (geb. 1885) und E. Cartan.

§ 46. Ausdehnung der Formel von Gauß und Bonnet auf eckige Bereiche.

Unsere Deutung der geodätischen Gesamtkrümmung

$$u_3 = \int \chi$$

als Richtungsänderung des Tangentenvektors $d\mathfrak{x}\colon ds$ längs einer Linie $\mathfrak{r}$ unserer Fläche $\mathfrak{f}$ legt nahe, wie dieses Integral für den Fall zu verstehen ist, daß $\mathfrak{r}$ nicht glatt auf $\mathfrak{f}$ verläuft, sondern Ecken hat. Dabei heißt $\mathfrak{r}$ *glatt*, wenn in der Berechnung (44,2) die Richtung τ von $\mathfrak{r}$ stetig von der Bogenlänge s von $\mathfrak{r}$ abhängt.

Nehmen wir jetzt auf unserer glatten Fläche $\mathfrak{f}$ ein einfach zusammenhängendes Gebiet $\mathfrak{g}$ mit n Ecken $\mathfrak{x}_j$; $j = 0, 1, 2, \ldots, n$; $\mathfrak{x}_0 = \mathfrak{x}_n$ an! Der Bogen $\mathfrak{x}_{j-1}\mathfrak{x}_j$ des Randes $\mathfrak{r}$ von $\mathfrak{g}$ soll dabei mit Einschluß seiner Enden glatt verlaufen, aber die Ankunftsrichtung τ_j

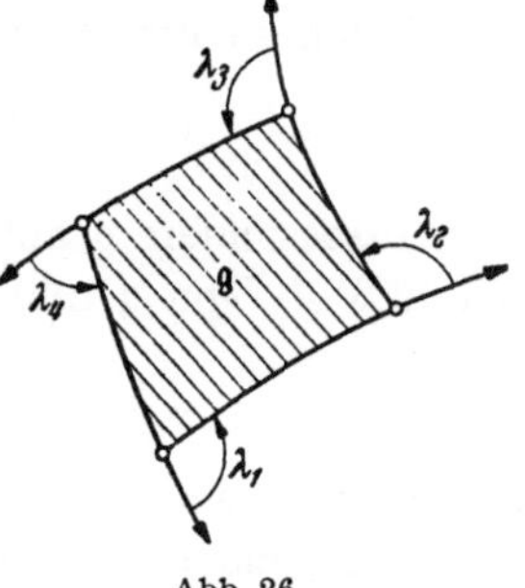
Abb. 26.

von $\mathfrak{r}$ in $\mathfrak{x}_j$ soll von der Abgangsrichtung $\bar\tau_j$ von $\mathfrak{r}$ in $\mathfrak{x}_j$ verschieden sein. Umlaufen wir $\mathfrak{r}$ von $\mathfrak{x}_0$ aus, so sei (Abb. 26)

$$\bar\tau_j - \underline\tau_j = \lambda_j; \quad j = 1, 2, \ldots, n-1; \quad \bar\tau_0 - \underline\tau_n = \lambda_n - 2\pi.\tag{1}$$

Dabei können wir den *Außenwinkeln* λ_j (wenn $\mathfrak{g}$ auf $\mathfrak{f}$ *schlicht* ist, also jeder Punkt von $\mathfrak{f}$ höchstens einen Punkt von $\mathfrak{g}$ trägt) die Beschränkung

$$-\pi \leqq \lambda_j < + \pi$$

auferlegen.

Für $\mathfrak{g}$ gilt dann wieder die Formel (44, 1) oder

$$S_\mathfrak{g} + \int\limits_{\mathfrak{r}(\mathfrak{g})} \omega_3 = 0, \qquad S_\mathfrak{g} = \int\limits_\mathfrak{g} [\omega_1 \omega_2]. \tag{2}$$

Jetzt ergibt also die Umformung des Randintegrals nach (44, 3)

$$\int\limits_\mathfrak{r} \omega_3 = \sum_1^n \{- \tau_j + \bar{\tau}_{j-1} + G^j_{j-1}\}, \qquad G^j_{j-1} = \int\limits_{\mathfrak{r}_{j-1}}^{\mathfrak{r}_j} \chi. \tag{3}$$

Daraus folgt wegen (1), (2) die neue Formel von Gauß und Bonnet, nämlich

$$S_\mathfrak{g} + \sum_1^n \{\lambda_j + G^j_{j-1}\} = 2\pi. \tag{4}$$

In Worten: *Die Gesamtkrümmung $S_\mathfrak{g}$ eines einfach zusammenhängenden Flächenstücks $\mathfrak{g}$ einer glatten Fläche $\mathfrak{f}$ vermehrt um die Summe der Außenwinkel und der geodätischen Gesamtkrümmungen der glatten Teilbogen des Randes $\mathfrak{r}$ von $\mathfrak{g}$ ergibt 2π.*

Sind die Teilbogen von $\mathfrak{r}$ insbesondere *geodätisch*, d. h. ist durchweg $\chi = 0$, also auch $G^j_{j-1} = 0$, so wird einfacher

$$S_\mathfrak{g} + \sum_1^n \lambda_j = 2\pi. \tag{5}$$

Für $n = 3$ nehmen wir an Stelle der Außenwinkel λ_j die *Innenwinkel*

$$\mu_j = \pi - \lambda_j \tag{6}$$

und finden so für ein geodätisches Dreieck die Formel von Gauß

$$S_\mathfrak{g} = \mu_1 + \mu_2 + \mu_3 - \pi. \tag{7}$$

Liegt insbesondere $\mathfrak{g}$ auf der Einheitskugel, so wird $S_\mathfrak{g}$ gleich dem Flächenmaß $A_\mathfrak{g}$ von $\mathfrak{g}$ und wir finden

$$A_\mathfrak{g} = \mu_1 + \mu_2 + \mu_3 - \pi. \tag{8}$$

Rechts steht der Überschuß der Winkelsumme über π, den man mit dem aufregenden Namen „sphärischer Exzeß" beglückt hat. Daß er die Dreiecksfläche mißt, hat Hans Müller gewußt, der nach seinem Geburtsort Königsberg im Frankenland Regiomontanus genannt wird (1436/1476). Der übliche Beweis für (8) stammt von B. Cavalieri (1598/1647) 1632 in Bologna. Ist auf $\mathfrak{f}$ überall $K = 0$, so folgt aus (7), daß die Winkelsumme im geodätischen Dreieck π ist:

$$S_g = 0, \quad \mu_1 + \mu_2 + \mu_3 = \pi. \tag{9}$$

Umgekehrt könnte man aus (8) rückwärts (4) herleiten, wenn man $\mathfrak{f}$ durch Grenzübergang aus einem Vielflach gewinnt[1].

§ 47. Die Formel von Gauß und Bonnet für geschlossene Flächen.

Besonders anziehend ist es, (44, 5) auf den Fall zu verpflanzen, daß die Fläche $\mathfrak{f}$ *geschlossen* ist. Wir denken uns eine solche Fläche $\mathfrak{f}$ aufgebaut aus n_2 einfach zusammenhängenden Stücken $\mathfrak{f}_j$:

$$\mathfrak{f} = \sum_1^{n_2} \mathfrak{f}_j, \tag{1}$$

wobei der Rand $\mathfrak{r}(\mathfrak{f}_j)$ endlich viele Ecken haben darf, in denen mindestens 3 der Stücke $\mathfrak{f}_j$ zusammenstoßen. Dann ist nach (44, 5) und (46, 4) für $\mathfrak{f}_j$

$$\int_{\mathfrak{f}_j} [\omega_1 \omega_2] + \int_{\mathfrak{r}(\mathfrak{f}_j)} \chi + \sum_{\mathfrak{r}(\mathfrak{f}_j)} \lambda = 2\pi. \tag{2}$$

Statt der „Außenwinkel" λ führen wir wieder die „Innenwinkel"

ein. $\qquad\qquad \mu = \pi - \lambda \qquad\qquad$ (3)

Wir wollen nun die n_2 Gleichungen (2) über die ganze Fläche $\mathfrak{f}$ zusammenzählen. Dabei wird $\mathfrak{f}$ als „*richtbar*" oder „*orientierbar*" angenommen, in den $\mathfrak{f}_j$ sollen sich nämlich solche Umlaufsinne festsetzen lassen, daß dabei jede „Kante", in der $\mathfrak{f}_j$ und $\mathfrak{f}_k$ zusammentreffen, zweimal gegensinnig durchfahren wird. So ist in Abb. 27 die

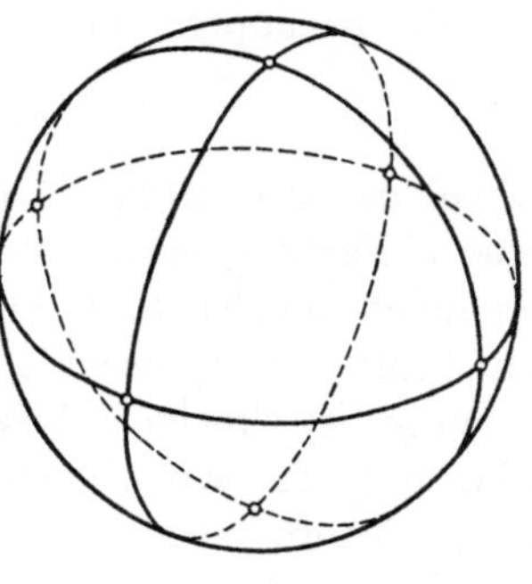
Abb. 27.

Kugelfläche $\mathfrak{f}$ aus $n_2 = 8$ Dreiecken $\mathfrak{f}_j$ aufgebaut, deren $n_0 = 6$ Ecken auf einem regelmäßigen Achtflach liegen. Eine Festsetzung der Umlaufsinne, die die „Richtbarkeit" von $\mathfrak{f}$ verdeutlicht, erhält man, wenn jedes $\mathfrak{f}_j$ für einen Beobachter außerhalb der Kugel $\mathfrak{f}$ nach links herum umfahren wird.

Ein Beispiel einer nichtrichtbaren Fläche $\mathfrak{f}$ gibt (Abb. 28) eine Kreisscheibe, wenn man vereinbart, Randpunkte, die zum Mittelpunkt der Scheibe spiegelbildlich liegen, nicht voneinander zu unterscheiden. Die Sinnfestsetzung von Abb. 28 führt

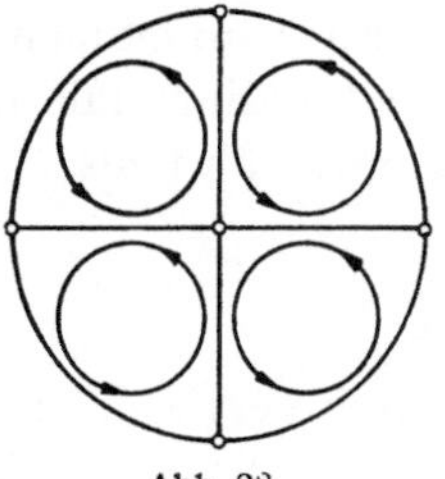
Abb. 28.

dann auf dem Kreisumfang mit der Richtbarkeit zu einem Widerspruch. Das Vorhandensein nichtrichtbarer Flächen hat 1858 F. Möbius (1790/1868) bemerkt.

---

[1] Vgl. R. Sauer, Münchener Berichte 1928, S. 100/104 und W. Scherrer, Commentarii mathematici helvetici. Bd. 16 (1944).

Durch Aufsummen der Formeln (2) über $\mathfrak{f}$ heben sich wegen ihrer Richtbarkeit die Randintegrale weg. $\sum \mu$ gibt an jeder der n_0 „Ecken" 2π. Dabei handelt es sich um Ecken der $\mathfrak{f}_j$, von denen jede mindestens $3\,\mathfrak{f}_j$ angehört. In Abb. 27 sind diese Ecken geringelt. Schließlich gibt die Anzahl der Summanden π, wenn $\lambda = \pi - \mu$ gesetzt wird, die doppelte Zahl n_1 der „Kanten", d. h. der glatten nichtgerichteten Bogen, in denen zwei $\mathfrak{f}_j$ zusammenstoßen. Somit entsteht aus (2) schließlich, wenn wir noch

$$[\omega_1\,\omega_2] = K\varphi \tag{4}$$

einsetzen,

$$S_{\mathfrak{f}} = \int\limits_{\mathfrak{f}} K\varphi = 2\pi\,(n_0 - n_1 + n_2). \tag{5}$$

Die ganze Zahl rechts in der Klammer ist also von der Zerschneidung von $\mathfrak{f}$ in einfach zusammenhängende Teilgebiete $\mathfrak{f}_j$ unabhängig, da links die Gesamtkrümmung von $\mathfrak{f}$ steht, also sicher ein von dieser Zerschneidung unabhängiger Ausdruck. In Abb. 27 ist $n_0 = 6,\, n_1 = 12,\, n_2 = 8$, und in Abb. 28 ist $n_0 = 3,\, n_1 = 6,\, n_2 = 4$.

Wir behaupten noch, es ist für richtbare $\mathfrak{f}$

$$n_0 - n_1 + n_2 = 2\,(1 - p), \quad p \geqq 0, \tag{6}$$

wobei das ganzzahlige p das „*Geschlecht*" von $\mathfrak{f}$ heißt. p hat nämlich eine einfache geometrische Bedeutung: es ist die Höchstzahl der zueinander fremden (d. h. einander nicht treffenden) geschlossenen Wege auf $\mathfrak{f}$ mit der Eigenschaft, daß $\mathfrak{f}$ nicht zerfällt, wenn man $\mathfrak{f}$ längs dieser p Wege zerschneidet. Anschaulich kann man sich die so zerschnittene Fläche $\mathfrak{f}$, die wir $\mathfrak{f}'$ nennen, durch eine Kugel ersetzt denken mit $2p$ „Löchern", von deren Rändern je zwei einander (gegensinnig) zugeordnet sind, die den beiden Ufern eines geschlossenen Schnittes auf $\mathfrak{f}$ entsprechen. $\mathfrak{f}'$ kann man dann weiter durch $2p - 1$ „Querschnitte", die je zwei Löcher verbinden, zu einer einfach zusammenhängenden Fläche $\mathfrak{f}''$ zerschneiden. Auf $\mathfrak{f}''$ kann man die Formel von Gauß und Bonnet für einfach zusammenhängende Bereiche mit Ecken anwenden. Die Randintegrale heben sich dabei wieder weg, und von jedem Querschnitt rührt als Beitrag der Außenwinkel 2π her. Damit wird

$$S_{\mathfrak{f}} = \int\limits_{\mathfrak{f}} K\varphi = 4\pi\,(1 - p). \tag{7}$$

Durch Vergleich von (5), (7) folgt die Richtigkeit unserer Behauptung (6).

Für die Kugelfläche ist $p = 0$, für die Ringfläche (= Wulstfläche = Torus) $p = 1$.

In (6) liegt, daß zwischen der Eckenzahl n_0, der Kantenzahl n_1 und der Flächenzahl n_2 eines konvexen Vielflachs (wie etwa bei den regelmäßigen Körpern Platons) die Beziehung besteht ($p = 0$)

$$n_0 - n_1 + n_2 = 2. \tag{8}$$

Dies hat nach einer Mitteilung von G. W. Leibniz um 1620 R. Descartes bemerkt und 1752 L. Euler wiedergefunden. Das „Geschlecht" p einer geschlossenen richtbaren Fläche hat B. Riemann 1857 eingeführt. Die Formel (7) ergibt die Darstellung der „topologischen" Invariante p durch ein Integral. Die Verallgemeinerungen der Formel (8) bilden die Grundlage der „kombinatorischen Topologie".

Werfen wir zum Schluß noch einen Blick auf *geschlossene* nichtrichtbare Flächen! Wenn wir die Punkte einer solchen Fläche $\mathfrak{f}$ „richten" dadurch, daß wir jedem einen Umlaufsinn zuschreiben, so wird $\mathfrak{f}$ durch die Gesamtheit $\mathfrak{f}'$ der „gerichteten" Punkte doppelt bedeckt und (wegen der Eigenschaft von $\mathfrak{f}$, nicht richtbar zu sein) hängt $\mathfrak{f}'$ zusammen. Aus der Erklärung von $\mathfrak{f}'$ folgt, daß $\mathfrak{f}'$ richtbar ist. Jede nichtrichtbare Fläche trägt also eine (unverzweigte) richtbare „*Überlagerungsfläche*", die $\mathfrak{f}$ doppelt bedeckt. Umgekehrt gibt es zu jeder richtbaren Fläche $\mathfrak{f}'$ sicher eine nichtrichtbare $\mathfrak{f}$, deren Überlagerungsfläche $\mathfrak{f}'$ ist. Denken

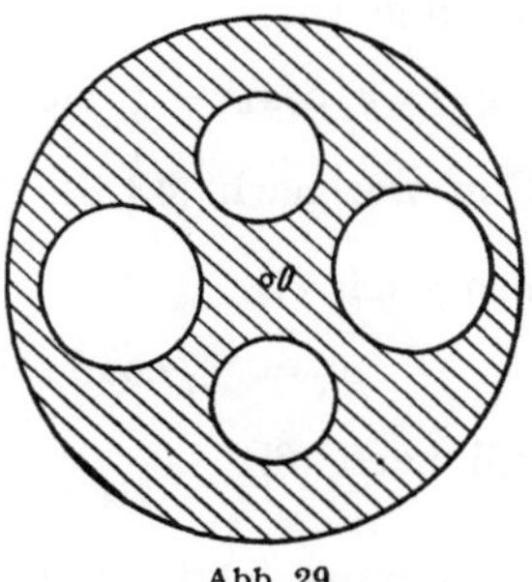

Abb. 29.

wir uns $\mathfrak{f}'$ so erzeugt! Wir nehmen eine Kreisscheibe mit dem Mittelpunkt $\mathfrak{o}$ und schneiden daraus p Löcher heraus, die paarweise zu $\mathfrak{o}$ spiegelbildlich liegen (Abb. 29). Wenn wir die so durchlöcherte Scheibe „aufblasen", so bildet die Oberfläche des so entstehenden Körpers eine richtbare Fläche $\mathfrak{f}'$. Offenbar ist nämlich der Rand jedes Gebietes richtbar. Wenn wir aber verabreden, auf $\mathfrak{f}'$ zwei Punkte nicht auseinanderzuhalten, wenn sie Spiegelbilder an $\mathfrak{o}$ sind, so entsteht eine nichtrichtbare Fläche $\mathfrak{f}$, die $\mathfrak{f}'$ zur Überlagerungsfläche hat. Hieraus folgt für die Gesamtkrümmung nichtrichtbarer Flächen die Formel

$$S = \int K \varphi = 2\pi(1 - p), \tag{9}$$

mit $p = 0, 1, 2, \ldots$ Für das Beispiel in Abb. 28 ist $K = 0$, also $p = 1$.

§ 48. Schiefwinklige Liniennetze.

Es sei $\mathfrak{N}$ unser rechtwinkliges Liniennetz auf $\mathfrak{f}$ mit

$$d\mathfrak{x} = \mathfrak{a}_1 \sigma_1 + \mathfrak{a}_2 \sigma_2, \tag{1}$$

wobei $\mathfrak{a}_j$ die Einheitsvektoren der Tangenten an die Netzlinien in $\mathfrak{x}$ sind. Wir leiten daraus ein *schiefwinkliges* Netz $\mathfrak{M}$ mit dem „Netzwinkel" 2ϑ her und den Tangentenvektoren

$$\mathfrak{a}_I = \mathfrak{a}_1 \cos\vartheta - \mathfrak{a}_2 \sin\vartheta, \qquad \mathfrak{a}_{II} = \mathfrak{a}_1 \cos\vartheta + \mathfrak{a}_2 \sin\vartheta. \tag{2}$$

Dann soll $\mathfrak{N}$ das „*Halbiernetz*" von $\mathfrak{M}$ heißen. Setzen wir

$$d\mathfrak{x} = \mathfrak{a}_I \sigma_I + \mathfrak{a}_{II} \sigma_{II}, \tag{3}$$

so folgt aus (1), (2), (3)

$$\sigma_1 = (\sigma_I + \sigma_{II})\cos\vartheta, \qquad \sigma_2 = (\sigma_{II} - \sigma_I)\sin\vartheta. \tag{4}$$

Wir berechnen jetzt die geodätischen Krümmungen g_I und g_{II} der Netzlinien von $\mathfrak{M}$ nach der Formel (43,4) von Gauß und Liouville. Dazu setzen wir

$$d\vartheta = \vartheta_I\sigma_I + \vartheta_{II}\sigma_{II}, \tag{5}$$

so daß $\vartheta_I, \vartheta_{II}$ die Ableitungen von ϑ zum Paar σ_I, σ_{II} bedeuten. So erhalten wir

$$g_I = g_1\cos\vartheta - g_2\sin\vartheta - \vartheta_I, \qquad g_{II} = g_1\cos\vartheta + g_2\sin\vartheta + \vartheta_{II}. \tag{6}$$

Nun war nach (43,3)

$$\omega_3 = g_1\sigma_1 + g_2\sigma_2, \tag{7}$$

also nach (4)

$$\omega_3 = (g_1\cos\vartheta - g_2\sin\vartheta)\sigma_I + (g_1\cos\vartheta + g_2\sin\vartheta)\sigma_{II} \tag{8}$$

und nach (6)

$$\omega_3 = (g_I + \vartheta_I)\sigma_I + (g_{II} - \vartheta_{II})\sigma_{II}. \tag{9}$$

Hieraus folgt zunächst eine von Liouville angegebene Formel für das Krümmungsmaß K. Es ist nämlich nach (43,8), (9)

$$-K[\sigma_1\sigma_2] = d(\vartheta_I\sigma_I - \vartheta_{II}\sigma_{II}) + d(g_I\sigma_I + g_{II}\sigma_{II}). \tag{10}$$

Das ist (abgesehen von der Schreibweise) schon die gewünschte Formel. Setzt man

$$\sigma_I = \sqrt{E}\,du, \qquad \sigma_{II} = \sqrt{G}\,dv;$$
$$\sigma^2 = E\,du^2 + 2F\,du\,dv + G\,dv^2;$$
$$\varphi = [\sigma_1\sigma_2] = \sqrt{EG - F^2}\,[du, dv], \tag{11}$$
$$\frac{F}{\sqrt{E}\sqrt{G}} = \cos 2\vartheta,$$

so erhält man

$$K = \frac{2\vartheta_{uv} + (g_I\sqrt{E})_v - (g_{II}\sqrt{G})_u}{\sqrt{EG - F^2}}. \tag{12}$$

Das ist der 1851 von J. Liouville gefundene Ausdruck für das Krümmungsmaß. Kürzer könnte man (12) durch Anwendung der Formel von Gauß und Bonnet auf ein Netzviereck von $\mathfrak{M}$ gewinnen.

Von mehreren Geometern, wie R. Rothe, G. Scheffers, R. v. Lilienthal (1857/1935), sind Liniennetze $\mathfrak{M}$ betrachtet worden, für die entweder

$$d(\sigma_I + \sigma_{II}) = 0 \tag{13}$$

oder

$$d(\sigma_{II} - \sigma_I) = 0 \tag{14}$$

wird. Geht man von einem festen Punkt $\mathfrak{x}_0$ zu einem anderen festen Punkt $\mathfrak{x}$ von $\mathfrak{f}$ immer nur auf Netzlinien von $\mathfrak{M}$, so ist dann nach (13) oder (14) die gesamte Weglänge bei geeigneter Vorzeichenfestsetzung von der Wegwahl unabhängig. Man spricht daher von „*Netzen ohne Umwege*". Nach (4) und (43,5) ist

$$d\,(\sigma_{\mathrm{I}} + \sigma_{\mathrm{II}}) = d\,\frac{\sigma_1}{\cos\vartheta} = \frac{g_1\cos\vartheta - \vartheta_2\sin\vartheta}{\cos^2\vartheta}\,[\sigma_1\sigma_2],$$
$$d\,(\sigma_{\mathrm{II}} - \sigma_{\mathrm{I}}) = d\,\frac{\sigma_2}{\sin\vartheta} = \frac{g_2\sin\vartheta - \vartheta_1\cos\vartheta}{\sin^2\vartheta}\,[\sigma_1\sigma_2]. \tag{15}$$

Nehmen wir jetzt ein Netz $\mathfrak{M}$, für das *beide* Beziehungen (13) und (14) gelten, also σ_{I}, σ_{II} vollständige Differentiale sind:

$$\sigma_{\mathrm{I}} = dp, \qquad \sigma_{\mathrm{II}} = dq. \tag{16}$$

Dann hat das Bogenelement die Gestalt:

$$\sigma^2 = dp^2 + 2\cos2\vartheta \cdot dp \cdot dq + dq^2, \tag{17}$$

wie sie zuerst von dem Russen P. L. Tschebyschoff (1821/1894) 1878 (Werke Bd. 2, S. 708) betrachtet wurde. $\mathfrak{M}$ hat jetzt die kennzeichnende Eigenschaft: In jedem Netzviereck sind die Gegenseiten gleich lang. Legt man ein Fischnetz mit feinen quadratischen Maschen auf eine krumme Fläche $\mathfrak{f}$, so entsteht bei dieser „Bekleidung" der Fläche $\mathfrak{f}$ ein derartiges Netz $\mathfrak{M}$.

L. Bianchi hat 1922 bemerkt, daß diese Netze in einfacher Beziehung zur „Übertragung" von § 45 stehen. In unserem Fall ist nämlich nach (15), (16)

$$\vartheta_1\cos\vartheta = g_2\sin\vartheta, \qquad \vartheta_2\sin\vartheta = g_1\cos\vartheta \tag{18}$$

oder

$$d\vartheta = \sigma_1 g_2\,\mathrm{tg}\,\vartheta + \sigma_2 g_1\,\mathrm{ctg}\,\vartheta. \tag{19}$$

Durch Umrechnung mittels (6) folgt daraus

$$g_{\mathrm{I}} = -2\vartheta_{\mathrm{I}}, \qquad g_{\mathrm{II}} = +2\vartheta_{\mathrm{II}}. \tag{20}$$

Dies bedeutet nach (9) und (45,2): *Die Tschebyschoff-Netze haben die kennzeichnende Eigenschaft, „Schiebnetze" zu sein, d.h.: die Vektoren $\mathfrak{x}_p$ gehen durch „Übertragung" längs der q-Linie (p $=$ fest) ineinander über und ebenso die Vektoren $\mathfrak{x}_q$ längs der p-Linie.*

Hieraus und aus der Formel von Gauß und Bonnet folgt für die Gesamtkrümmung eines Netzvierecks $\mathfrak{f}$ mit den Ecken $\mathfrak{x}_0, \mathfrak{x}_1, \mathfrak{x}_2, \mathfrak{x}_3$

$$\int_{\mathfrak{f}} K\varphi + 4(\vartheta_0 - \vartheta_1 + \vartheta_2 - \vartheta_3) = 0, \tag{21}$$

wenn $2\vartheta_j$ den Netzwinkel in $\mathfrak{x}_j$ bedeutet. Dies haben schon früher J. N. Hatzidakis 1880 und A. Voß 1882 bemerkt.

Aus der Übertragungseigenschaft unserer Netze folgt: Die allgemeinsten Tschebyschoff-Netze in der Ebene lassen sich so darstellen:

$$x_j = f_j(p) + g_j(q); \qquad j = 1, 2. \tag{22}$$

Ferner: *Von einem unserer Netze $\mathfrak{M}$ kann man auf einer Fläche $\mathfrak{f}$ eine p-Linie $q = q_0$ und eine q-Linie $p = p_0$ vorschreiben. Dadurch ist $\mathfrak{M}$ auf $\mathfrak{f}$ im Kleinen festgelegt.*

Ausgehend von $q = q_0$ „verschieben" wir diese Linie nach $q = q_0 + dq_0$ derart, daß die kleinen Vektoren von (p, q_0) nach $(p, q_0 + dq_0)$ zum Vektor von (p_0, q_0) nach $(p_0, q_0 + dq_0)$ längs $q = q_0$ parallel laufen. Von der Linie $q = q_0 + dq_0$ fahren wir dann entsprechend fort. Diese Konstruktion der „Schiebnetze" ließe sich zu einem Beweis ausbauen.

Die Ermittlung unserer Netze auf Flächen mit festem K hängt mit der Ermittlung der Flächen mit festem negativem K im Euklidischen $\mathfrak{R}_3$ zusammen. H. Radon hat unsere Netze 1940 durch ein Variationsproblem wieder mit Flächen fester negativer Krümmung K in Zusammenhang gebracht.

Statt ein Netz (17) kann man auch ein wenig allgemeiner Netze

$$\sigma^2 = A\,(p)^2\,dp^2 + 2A\,(p)\,B\,(q)\,\cos 2\vartheta \cdot dp\,dq + B\,(q)^2\,dq^2 \tag{23}$$

betrachten. Wieder läßt sich zeigen, daß man mit einem derartigen Netz eine beliebige Fläche $\mathfrak{f}$ bei Vorgabe der Linien $p = p_0$, $q = q_0$ im Kleinen „bekleiden" kann.

A. Voß hat 1881 Netze mit dem Bogenelement

$$\sigma^2 = E\,dp^2 + 2F\,dp\,dq + E\,dq^2 \tag{24}$$

betrachtet, die er „*rhombisch*" nennt und durch Papiermodelle veranschaulicht. Die Biegungsinvarianten von Liniennetzen hat 1940 K. H. Weise eingehend untersucht. Später (in § 56) werden wir noch die Netze betrachten, die zuerst Liouville studiert hat.

§ 49. Aufgaben, Lehrsätze.

Wir geben erst einige **Ausdrücke für das Gaußsche Krümmungsmaß** K, wobei wir von der Gestalt

$$\sigma^2 = ds^2 = E\,du^2 + 2F\,du\,dv + G\,dv^2, \qquad W^2 = EG - F^2 > 0 \tag{1}$$

des Bogenelements ausgehen.

1. Wir beginnen mit der von Gauß in den „Disquisitiones" § 11 gegebenen Formel

$$\begin{aligned}
4\,W^4 K = {}& E\,(E_v G_v - 2F_u G_v + G_u{}^2) + F\,(E_u G_v - E_v G_u - 2E_v F_v + 4\,F_u F_v - 2F_u G_u) \\
& + G\,(E_u G_u - 2E_u F_v + E_v{}^2) - 2\,W^2 (E_{vv} - 2F_{uv} + G_{uu}).
\end{aligned} \tag{2}$$

2. Dann ein Ausdruck von R. Baltzer (1818/1887), Leipzig. Ber. Bd. 18 (1866), S. 1/6:

$$W^4 K = \begin{vmatrix} (-\tfrac{1}{2}G_{uu} + F_{uv} - \tfrac{1}{2}E_{vv}) & \tfrac{1}{2}E_u & (F_u - \tfrac{1}{2}E_v) \\ F_v - \tfrac{1}{2}G_u & E & F \\ \tfrac{1}{2}G_v & F & G \end{vmatrix} - \begin{vmatrix} 0 & \tfrac{1}{2}E_v & \tfrac{1}{2}G_u \\ \tfrac{1}{2}E_v & E & F \\ \tfrac{1}{2}G_u & F & G \end{vmatrix}. \tag{3}$$

3. Ein dritter (scheinbar irrationaler) Ausdruck stammt von G. Frobenius:

$$K = -\frac{1}{4W^4} \begin{vmatrix} E & E_u & E_v \\ F & F_u & F_v \\ G & G_u & G_v \end{vmatrix} + \frac{1}{2W}\left\{ \frac{\partial}{\partial u}\,\frac{F_v - G_u}{W} + \frac{\partial}{\partial v}\,\frac{F_u - E_v}{W} \right\}. \tag{4}$$

4. Schließlich eine unsymmetrische Formel von J. Liouville, C. R. Acad. Sci., Paris (1851), S. 533, und bei E. Beltrami, Werke Bd. 1 (1865), S. 191:

$$K = -\frac{1}{2W}\left\{\frac{\partial}{\partial u}\,\frac{1}{W}\left(G_u - \frac{F}{E}\,E_v\right) + \frac{\partial}{\partial v}\,\frac{1}{W}\left(E_v - 2F_u + \frac{F}{E}\,E_u\right)\right\}. \tag{5}$$

Dann zwei Ausdrücke für die geodätische Krümmung.

5. Zunächst einer, der im wesentlichen von F. Minding, Crelles J. Bd. 6 (1830), S. 160 und ausdrücklich von E. Beltrami, Werke Bd. 1 (1865), S. 178 stammt. Die Flächenlinie sei durch $u(t)$, $v(t)$ gegeben. Dann ist

$$g = \frac{\Gamma}{W}\left(\frac{dt}{ds}\right)^3, \qquad \left(\frac{ds}{dt}\right)^2 = E u'^2 + 2F u'v' + G v'^2,$$

$$\Gamma = W^2(u'v'' - v'u'') + \tag{6}$$
$$+ (Eu' + Fv')\{(F_u - \tfrac{1}{2}E_v)u'^2 + G_u u'v' + \tfrac{1}{2}G_v v'^2\}$$
$$- (Fu' + Gv')\{\tfrac{1}{2}E_u u'^2 + E_v u'v' + (F_v - \tfrac{1}{2}G_u)v'^2\}.$$

6. Die Flächenlinie sei jetzt durch $f(u, v) = c$ gegeben und so durchlaufen, daß $f > c$ zur Linken liegt. Dann gilt nach O. Bonnet, C. R. Acad. Sci., Paris 1856, S. 1137

$$g = \frac{1}{W}\left\{\frac{\partial}{\partial u}\,\frac{Ff_v - Gf_u}{N} + \frac{\partial}{\partial v}\,\frac{Ff_u - Ef_v}{N}\right\}, \qquad \text{mit } W, N > 0. \tag{7}$$
$$N^2 = Ef_v^2 - 2Ff_uf_v + Gf_u^2$$

7. *Kehllinie einer Linienschar auf einer Fläche.*

Die Punkte, in denen die Linien der Schar ($v = $ fest) am „dichtesten" liegen, bilden ihre „Kehllinie". Sie genügt der Gleichung

$$E^2 G_u - 2EF F_u + F^2 E_u = 0. \tag{8}$$

In den Punkten der Kehllinie verschwindet die geodätische Krümmung der rechtwinkligen Querlinien der Schar. F. Brioschi (1824/1897) 1856; Beltrami, Werke Bd. 1 (1865), S. 185, 186.

Dann einige („topologische") Sätze über (rechtwinklige) **Liniennetze** $\mathfrak{N}$ auf einer Fläche, wobei $\mathfrak{N}$ endlich viele **Ausnahmestellen** haben darf.

8. In (44, 4) haben wir festgestellt, daß die „Richtungsänderung" einer geschlossenen Linie $\mathfrak{r}$, die ein einfach zusammenhängendes Flächenstück $\mathfrak{f}$ berandet, auf dem ein von Ausnahmestellen freies rechtwinkliges Liniennetz $\mathfrak{N}$ gezogen ist, 2π beträgt. Wir lassen jetzt in $\mathfrak{f}$ endlich viele Ausnahmestellen zu wie etwa in Abb. 30 und erklären dann

$$\int\limits_{\mathfrak{r}(\mathfrak{f})} d\tau = D(\mathfrak{f}) \tag{9}$$

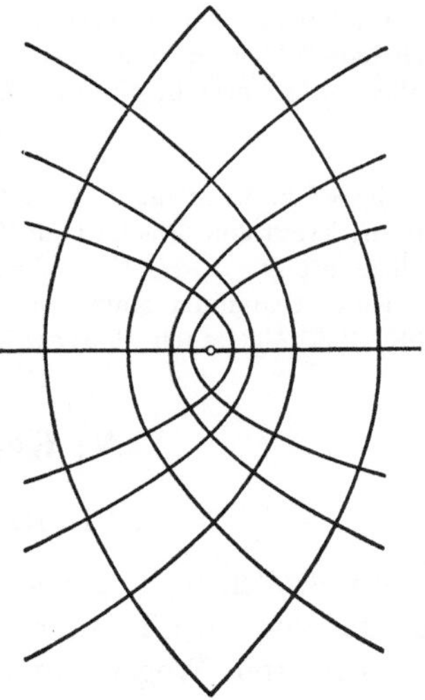

Abb. 30.

als „*Drall*" von $\mathfrak{f}$. Dabei ist der Rand $\mathfrak{r}$ so gerichtet, daß bei seinem Umlauf $\mathfrak{f}$ links liegt. D ist ganzzahliges Vielfaches von π. Für alle $\mathfrak{f}$, die nur eine Ausnahmestelle $\mathfrak{x}_0$ eines gegebenen Netzes enthalten, stimmt D überein. Wir sprechen deshalb von dem Drall $D(\mathfrak{x}_0)$. In Abb. 31 ist $D = -2\pi$, in Abb. 30 ist $D = -\pi$.

Nimmt man insbesondere $\mathfrak{r}$ als Vieleck von Netzlinien von $\mathfrak{N}$, so sieht man:

$$D(\mathfrak{f}) = \frac{\pi}{2}\,(a - e), \tag{10}$$

wenn a die Anzahl der ausspringenden und e die der einspringenden Ecken von $\mathfrak{r}$ ist.

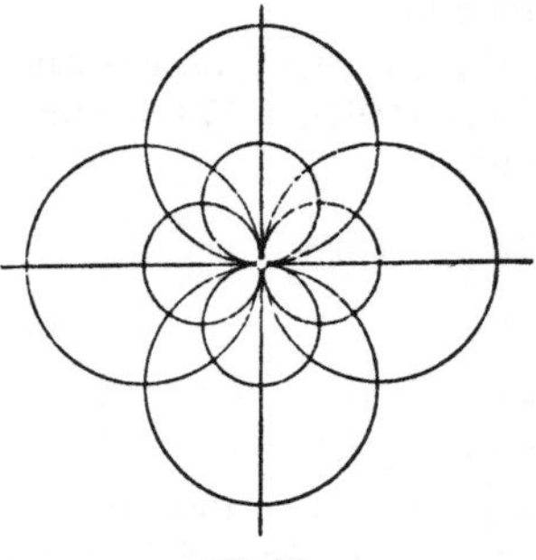

Abb. 31.

9. Es sei $\mathfrak{g}$ eine geschlossene Fläche vom Zusammenhang der Kugel. Wir zerschneiden $\mathfrak{g}$ in zwei einfach zusammenhängende Stücke $\mathfrak{f}_1$ und $\mathfrak{f}_2$, $\mathfrak{g} = \mathfrak{f}_1 + \mathfrak{f}_2$. Dann ist

$$D(\mathfrak{f}_1) + D(\mathfrak{f}_2) = 0. \tag{11}$$

Enthielte $\mathfrak{g}$ keine Ausnahmestelle, so wäre $D(\mathfrak{f}_j) = 2\pi$. Somit ist in (11) enthalten: Ein Netz auf einer geschlossenen Fläche $\mathfrak{g}$ vom Zusammenhang der Kugel enthält mindestens eine Ausnahmestelle $\mathfrak{x}_0$. Schneidet man aus $\mathfrak{g}$ insbesondere ein kleines Netzviereck $\mathfrak{f}_2$ heraus, das keine Ausnahmestelle enthält, so ist $D(\mathfrak{f}_1) = D(\mathfrak{x}_0) = -2\pi$. Gibt es also nur eine einzige Ausnahmestelle $\mathfrak{x}_0$ auf $\mathfrak{g}$, so ist ihr Drall -2π. Ist $\mathfrak{g}$ eine Kugel und besteht $\mathfrak{N}$ aus ihren Schnitten durch zwei in $\mathfrak{x}_0$ sich rechtwinklig schneidende Tangenten, so haben wir ein Netz der gewünschten Art (Abb. 31).

10. Neben dem Drall $D(\mathfrak{f})$ eines einfach zusammenhängenden Flächenstücks betrachten wir die durch

$$U(\mathfrak{f}) = D(\mathfrak{f}) - 2\pi \tag{12}$$

erklärte „*Unregelmäßigkeit*" von $\mathfrak{f}$ und entsprechend die Unregelmäßigkeit eines alleinstehenden Ausnahmepunktes $U(\mathfrak{x}_0) = D(\mathfrak{x}_0) - 2\pi$. Man zeige: U ist „additiv", d. h. aus $\mathfrak{f} = \mathfrak{f}_1 + \mathfrak{f}_2$ folgt $U(\mathfrak{f}) = U(\mathfrak{f}_1) + U(\mathfrak{f}_2)$.

11. Mit der Schlußweise von § 47 und **10** erkennt man: Trägt eine geschlossene richtbare Fläche $\mathfrak{g}$ vom Geschlecht p ein Netz $\mathfrak{N}$ mit endlich vielen Ausnahmestellen $\mathfrak{x}_j$, so besteht für ihre Unregelmäßigkeiten die Beziehung

$$\sum U(\mathfrak{x}_j) = -4\pi(1 - p). \tag{13}$$

Für $p = 1$ und nur für $p = 1$ gibt es Netze ohne Ausnahmestellen. In (13) ist enthalten: Trägt eine Fläche vom Zusammenhang der Kugel ($p = 0$) nur Ausnahmestellen mit $D = +\pi$, $U = -\pi$, so ist ihre Anzahl genau gleich 4.

Diese Gedanken stammen im wesentlichen von H. Poincaré, J. de Math. 1881/1886. Vgl. auch H. Hamburger (1940).

V. Geodätische Linien.

§ 51. Geodätische als Kürzeste.

Wir wollen im folgenden die innere Flächenlehre weiterführen und uns der von Joh. I. Bernoulli 1687 gestellten Frage zuwenden nach den kürzesten Wegen auf einer vorgeschriebenen Fläche. Diese klassische Aufgabe der „Variationsrechnung" ist für die Entwicklung dieses Zweiges der Mathematik, bei dem Extreme von Integralen gesucht werden, vorbildlich gewesen. Eine meisterhafte Darstellung der Lehre von den Geodätischen findet sich in dem großen Werk von G. Darboux: Leçons sur la théorie générale des surfaces..., dessen vier

Bände in erster Auflage in Paris von 1887 bis 1896 erschienen sind, und zwar insbesondere in den Nummern 514/536, 578/671 des zweiten und dritten Bandes. Hier in dieser Einführung wollen wir uns auf einige einfache Tatsachen beschränken und nur eine Rosine (§ 57) herauspicken.

Sucht man zwischen zwei Punkten $\mathfrak{x}_0$, $\mathfrak{x}_1$ auf einer Fläche $\mathfrak{f}$ den kürzesten Weg $\mathfrak{W}_0$, so kann man so zu der einfachsten notwendigen Bedingung für $\mathfrak{W}_0$ kommen. Man denkt sich $\mathfrak{W}_0$ eingebettet in eine eingliedrige Schar $\mathfrak{W}_w$ von Wegen zwischen $\mathfrak{x}_0$, $\mathfrak{x}_1$ auf $\mathfrak{f}$. Dann wird deren Länge von w abhängig: $s = s(w)$. Für einen Kleinstwert $s(0)$ ist jedenfalls notwendig das Verschwinden der ersten Ableitung $s'(0)$, wofür man auch δs schreibt, oder der „ersten Variation" in der Ausdrucksweise von § 26. Die dortige Formel (26,13) ergibt nun für die Variation der Bogenlänge einer Linie auf unserer Fläche $\mathfrak{f}$, da wir $p_3 = 0$ und $\omega_3 = \chi$ zu setzen haben, wenn wir außerdem annehmen, daß die Enden $\mathfrak{x}_0$, $\mathfrak{x}$ der Linie festgehalten werden,

$$\delta s = -\int_{\mathfrak{x}_0}^{\mathfrak{x}} \chi\, p_2. \tag{1}$$

Soll $\delta s = 0$ sein bei beliebiger Wahl von p_2, so muß $\chi = 0$ sein, d. h. der Flächenstreifen längs unserer Linie ist geodätisch. Man drückt dies nach A. Kneser (1862/1930) so aus:

Die Geodätischen $\chi = 0$ einer Fläche $\mathfrak{f}$ sind die „Extremalen" des Variationsproblems $\delta s = 0$ ihrer kürzesten Linien.

Führen wir für den Augenblick etwa solche Zeiger u, v auf $\mathfrak{f}$ ein, daß die Linien $u = $ fest und $v = $ fest mit den Linien des Netzes $\sigma_1 = 0$ und $\sigma_2 = 0$ zusammenfallen! Dann wird

$$\sigma_1 = a\, du, \qquad \sigma_2 = b\, dv. \tag{2}$$

Für Geodätische ist nach (42,3)

$$\chi = \omega_3 + d\tau = 0. \tag{3}$$

Darin ist nach § 43 die Pfaffsche Form ω_3 aus σ_1, σ_2 berechenbar:

$$\omega_3 = \frac{d\sigma_1}{[\sigma_1\sigma_2]}\sigma_1 + \frac{d\sigma_2}{[\sigma_1\sigma_2]}\sigma_2. \tag{4}$$

Ferner gilt

$$\tau = \operatorname{arc\,tg}\frac{\sigma_2}{\sigma_1} = \operatorname{arc\,tg}\frac{b}{a}\frac{dv}{du}. \tag{5}$$

Nehmen wir an, es sei etwa längs des betrachteten Bogens unserer Geodätischen nirgend $du = 0$, so folgt aus (3), (4), (5) für die Geodätische eine Differentialgleichung zweiter Ordnung von der Gestalt

$$\frac{d^2v}{du^2} = A(u,v) + B(u,v)\frac{dv}{du} + C(u,v)\left(\frac{dv}{du}\right)^2 + D(u,v)\left(\frac{dv}{du}\right)^3. \tag{6}$$

Aus bekannten Sätzen über das Vorhandensein von Lösungen bei geeigneten Stetigkeitsannahmen für die rechte Seite von (6) folgt:

Auf $\mathfrak{f}$ gibt es durch einen Punkt u_0, v_0 mit vorgegebener Richtung $du : dv$ genau eine Geodätische.

Fragen wir nach der Bedingung für ein rechtwinkliges Liniennetz $\mathfrak{N}$ auf $\mathfrak{f}$ dafür, daß die Netzlinien $\sigma_2 = 0$ oder $\tau = 0$ geodätisch sind! Dann muß nach (3) aus $\sigma_2 = 0$ folgen $\omega_3 = 0$.

Nach (4) ist dies gleichwertig mit der Forderung

$$d\sigma_1 = 0. \tag{7}$$

Damit ist gezeigt: *Die Netzlinien $\sigma_2 = 0$ bilden ein geodätisches „Feld", wenn σ_1 ein vollständiges Differential ist:*

$$\sigma_1 = dp(u, v). \tag{8}$$

Dann ist

$$p = \int \sigma_1 \tag{9}$$

das von E. Beltrami (1868) und D. Hilbert (1900) eingeführte „*Unabhängigkeitsintegral*" unseres Feldes (in einem einfachen Fall). Die Linien $p(u, v) = $ fest sind dann die Netzlinien $\sigma_1 = 0$ von $\mathfrak{N}$, die „rechtwinkligen Querlinien" unseres Feldes von Geodätischen $\sigma_2 = 0$. Seien diese durch $q(u, v) = $ fest gegeben! Dann ist

$$[dq, \sigma_2] = 0, \quad [dp, dq] \neq 0. \tag{10}$$

Wir haben also

$$\sigma_2 = f \cdot dq \tag{11}$$

und können uns $f = f(p, q)$ ausgedrückt denken. Dann bekommt das „Bogenelement" die Form von Gauß:

$$\sigma^2 = \sigma_1^2 + \sigma_2^2 = dp^2 + f^2 dq^2. \tag{12}$$

Hierin oder in (8) ist folgendes Ergebnis von Gauß enthalten: *Rechtwinklige Querlinien $p = p_1$, p_2 eines Feldes schneiden auf den Geodätischen $q = $ fest des Feldes Bogen von gleicher Länge $p_2 - p_1$ ab. Diese Eigenschaft kennzeichnet umgekehrt eine Schar Geodätischer.* Dies ließe sich übrigens auch aus der aus (26,13) folgenden Formel

$$\delta s = [p_1]_{\mathfrak{x}_0}^{\mathfrak{x}} \tag{13}$$

für die Variation der Länge s einer Geodätischen ($\chi = 0$) ablesen, deren Endpunkte beweglich sind.

Für die Bogenlänge s einer Linie $p = p(t)$, $q = q(t)$ in unserem Felde, die die Punkte $\mathfrak{x}_0$, $\mathfrak{x}_1$ mit $p_0 = p(t_0) < p_1 = p(t_1)$, $q(t_0) = q(t_1) = q_0$ verbindet, finden wir

$$s = \int_{\mathfrak{x}_0}^{\mathfrak{x}_1} |\sqrt{dp^2 + f^2 dq^2}| \geqq \int_{\mathfrak{x}_0}^{\mathfrak{x}_1} |dp| \geqq \int_{p_0}^{p_1} dp = p_1 - p_0. \tag{14}$$

Das heißt:

In einem Felde Geodätischer ergeben diese die kürzesten Wege.

Daß die Voraussetzung: „Einbettbarkeit" in ein Feld („Bedingung von Jacobi") nicht unwesentlich ist, davon überzeugt man sich schon auf der Kugelfläche. Vergleiche dazu im folgenden § 59, 5.

Aus unserer Formel (3) für die Geodätischen läßt sich unmittelbar eine Folgerung ziehen, die man J. Liouville verdankt. *Liegen auf einer Fläche* $\mathfrak{f}$ *zwei Felder Geodätischer, die sich unter festem Winkel* α *schneiden, so ist auf* $\mathfrak{f}$ *überall* $K = 0$.

Soll nämlich in (3) $\chi = 0$ sein für $\tau = 0$ und für $\tau = \alpha$, so muß ω_3 für alle Richtungen verschwinden. Daraus folgt dann mittels der Formel

$$K = -\frac{d\,\omega_3}{[\sigma_1 \sigma_2]} \tag{15}$$

das behauptete Verschwinden von K. Solche Flächen $\mathfrak{f}$ mit $K = 0$ und allgemeiner mit festem K wollen wir jetzt betrachten.

§ 52. Flächen festen Krümmungsmaßes.

Berechnen wir in unserem Falle des Bogenelements von Gauß $\sigma_1 = d\mathfrak{p}$, $\sigma_2 = \mathfrak{f}\,dq$ noch das Krümmungsmaß K: Wir finden

$$d\sigma_1 = 0, \quad d\sigma_2 = \mathfrak{f}_\mathfrak{p}[d\mathfrak{p}, dq], \quad \varphi = [\sigma_1 \sigma_2] = \mathfrak{f}[d\mathfrak{p}, dq]. \tag{1}$$

Danach aus (51, 4)

$$\omega_3 = \mathfrak{f}_\mathfrak{p}\,dq. \tag{2}$$

Somit nach (41, 14)

$$- d\,\omega_3 = -\mathfrak{f}_{\mathfrak{p}\mathfrak{p}}[d\mathfrak{p}, dq] = [\omega_1 \omega_2] = \psi, \tag{3}$$

also schließlich

$$K = \frac{\psi}{\varphi} = -\frac{\mathfrak{f}_{\mathfrak{p}\mathfrak{p}}}{\mathfrak{f}}. \tag{4}$$

Betrachten wir nun zunächst eine Fläche $\mathfrak{f}$, auf der K überall verschwindet! Wir nehmen darin ein Feld $q =$ konst. von Geodätischen, die eine feste Geodätische $\mathfrak{p} = 0$ rechtwinklig schneiden, und wählen als Parameter q die Bogenlänge auf $\mathfrak{p} = 0$. Dann ist zunächst

$$\mathfrak{f}(0, q) = 1. \tag{5}$$

Aus der Forderung, daß $\mathfrak{p} = 0$ geodätisch sein soll, folgt wegen (51, 3), (51, 4) $d\sigma_2 = 0$ für $\mathfrak{p} = 0$, also nach (1)

$$\mathfrak{f}_\mathfrak{p}(0, q) = 0. \tag{6}$$

Unsere Forderung $K = 0$ oder nach (4)

$$\mathfrak{f}_{\mathfrak{p}\mathfrak{p}} = 0 \tag{7}$$

ergibt wegen der Anfangsbedingungen (5), (6) $\mathfrak{f} = 1$. Damit wird

$$\sigma^2 = d\mathfrak{p}^2 + dq^2, \tag{8}$$

d. h.:

Jede Fläche, auf der K *überall Null ist, ist im Kleinen längentreu auf die (Euklidische) Ebene abbildbar.* Man spricht deshalb auch von „abwickelbaren" Flächen.

Daß dies *im Großen* durchaus nicht stimmt, sieht man etwa an dem Beispiel einer nicht richtbaren geschlossenen Fläche von § 47.

Nehmen wir etwas allgemeiner $K = $ fest $\neq 0$ und zunächst

$$K = k^2 > 0, \tag{9}$$

dann folgt durch Integrieren der Forderung

$$f_{pp} + k^2 f = 0 \tag{10}$$

unter den Anfangsbedingungen (5), (6)

$$f = \cos k p. \tag{11}$$

Ebenso für

$$K = - k^2 < 0 \tag{12}$$

das Ergebnis

$$f = \operatorname{ch} k p = \tfrac{1}{2}(e^{+kp} + e^{-kp}). \tag{13}$$

Darin ist enthalten: *Jede Fläche festen Krümmungsmaßes K ist auf jede andere solche Fläche (und natürlich auch auf sich selbst) so im Kleinen längentreu abbildbar, daß dabei ein Punkt $\mathfrak{x}_0$ und eine Richtung $d\mathfrak{x}_0$ durch ihn vorgegebene Bilder haben.* Insbesondere ist also jede Fläche mit festem positivem $K = k^2$ auf die Kugel mit dem Halbmesser $1 : k$ im Kleinen längentreu abbildbar.

Für die längentreue Abbildbarkeit auf sich selbst, wobei jeder Punkt von $\mathfrak{f}$ in jeden anderen übergeführt werden kann, ist umgekehrt nach dem Theorema Egregium $K = $ fest auch notwendig. Es wird nützlich sein, die innere Geometrie im Kleinen auf einer Fläche mit festem K näher zu untersuchen. Für $K = 0$ haben wir das Modell der Euklidischen Ebene, für $K > 0$ das der Kugelfläche. Wir werden uns also noch für $K < 0$ ein Modell zu verschaffen haben (§ 53).

Bemerken wir noch, daß für unsere 3 Bogenelemente

$$\begin{aligned}
\sigma^2 &= dp^2 + dq^2, \\
\sigma^2 &= dp^2 + (\cos k p)^2 dq^2, \\
\sigma^2 &= dp^2 + (\operatorname{ch} k p)^2 dq^2
\end{aligned} \tag{14}$$

die Abbildung

$$p^* = - p, \quad q^* = + q, \tag{15}$$

die die Geodätische $p = 0$ punktweise erhält, längentreu ist. In unseren drei Fällen gibt es also eine (im Kleinen) „längentreue Spiegelung" an jeder Geodätischen. Dadurch sind die Flächen mit festem K gekennzeichnet und auf ihnen die Geodätischen als Linien, an denen die Fläche längentreu gespiegelt werden kann. Denn bei einer längentreuen Spiegelung, die den Sinn umdreht, ändert die geodätische Krümmung $g = \chi : \sigma$ ihr Vorzeichen. Also muß für jede Linie, an der längentreu gespiegelt werden kann, $\chi = 0$ sein. Hieraus folgt z. B. sofort: Die Geodätischen einer Kugelfläche sind ihre großen Kreise.

§ 53. H. Poincarés Halbebene und die hyperbolische Geometrie.

Nehmen wir das Bogenelement mit

$$\sigma_1 = d\mathfrak{p}, \qquad \sigma_2 = e^{-p}dq, \qquad \sigma^2 = d\mathfrak{p}^2 + e^{-2p}dq^2, \tag{1}$$

für das nach (52,4)

$$f = e^{-p}, \qquad K = -1 \tag{2}$$

ist. Wir nehmen

$$x = q, \qquad y = e^{+p}; \qquad \sigma^2 = \frac{dx^2 + dy^2}{y^2} \tag{3}$$

als rechtwinklige Zeiger in einer Ebene $\mathfrak{e}$. Dann ist die durch σ^2 gegebene „Maßbestimmung" oder „Metrik" in der „oberen Halbebene" $y > 0$ brauchbar. Für den Winkel α zweier Einheitsvektoren

$$\mathfrak{v} = \frac{a_1\sigma_1 + a_2\sigma_2}{\sigma}, \qquad \mathfrak{v}' = \frac{a_1\sigma_1' + a_2\sigma_2'}{\sigma'} \tag{4}$$

haben wir

$$\cos\alpha = \frac{\sigma_1\sigma_1' + \sigma_2\sigma_2'}{\sigma\sigma'} = \frac{dx \cdot dx' + dy \cdot dy'}{\sqrt{dx^2 + dy^2}\sqrt{dx'^2 + dy'^2}}. \tag{5}$$

Daraus folgt, daß die Winkel auf der Fläche $\mathfrak{f}$ in unserer Ebene in wahrer Größe wiedergegeben werden, d. h. die Abbildung von $\mathfrak{f}$ auf die Euklidische Ebene $\mathfrak{e}$ ist *winkeltreu*.

Wir setzen nun nach Gauß

$$x + iy = z; \qquad i^2 = -1 \tag{6}$$

und betrachten die Abbildungen

$$z^* = \frac{\alpha z + \beta}{\gamma z + \delta} \tag{7}$$

mit reellem $\alpha, \beta, \gamma, \delta$ und

$$\alpha\delta - \beta\gamma > 0. \tag{8}$$

Es sind dies Abbildungen der oberen Halbebene auf sich selbst, denn für $\bar{z} = x - iy$ finden wir

$$y^* = \frac{\alpha\delta - \beta\gamma}{(\gamma z + \delta)(\gamma\bar{z} + \delta)} \cdot y. \tag{9}$$

Ferner folgt aus (7)

$$dz^* = \frac{\alpha\delta - \beta\gamma}{(\gamma z + \delta)^2}\, dz. \tag{10}$$

Aus (3) oder

$$\sigma^2 = \frac{dz \cdot d\bar{z}}{y^2} \tag{11}$$

folgt somit wegen (9), (10)

$$\sigma^{*2} = \frac{dz^* \cdot d\bar{z}^*}{y^{*2}} = \sigma^2. \tag{12}$$

Das heißt: Die Abbildungen (7) der oberen z-Halbebene auf sich selbst entsprechen längentreuen Abbildungen unserer Fläche auf sich. Ebenso sind aber die Abbildungen

$$z^* = \frac{\alpha\bar{z} + \beta}{\gamma\bar{z} + \delta}, \qquad \alpha\delta - \beta\gamma < 0 \tag{13}$$

von $y > 0$ in sich längentreu. Der Unterschied zwischen (7) und (13) ist der: (7) erhält die Umlaufsinne und (13) kehrt sie um. Zu (13) gehören die „Spiegelungen" an den Kreisen, die die Gerade $y = 0$ rechtwinklig schneiden, nämlich

$$z^* - x_0 = \frac{r^2}{\bar{z} - x_0}\,; \qquad x_0 = \bar{x}_0\,. \tag{14}$$

Diese Spiegelung führt den Kreis

$$(z - x_0)\,(\bar{z} - x_0) = r^2 \tag{15}$$

punktweise in sich über. Zu diesen Kreisen hat man als Grenzfälle noch die Geraden $x = x_0$ mit der Spiegelung

$$z^* - x_0 = -(\bar{z} - x_0) \tag{16}$$

hinzuzurechnen. Aus der Überlegung am Schluß zu § 52 folgt: *Die Halbkreise in $y > 0$, die den Rand der Halbebene rechtwinklig schneiden, sind die Bilder der Geodätischen auf* $\mathfrak{f}$.

Die „Geometrie", die durch die Metrik (3) in „Poincarés Halbebene" $y > 0$ erklärt ist, nennt man die *„hyperbolische nicht-Euklidische Geometrie"*, die erwähnten Halbkreise heißen ihre „Geraden", und ihre „Winkel" sind dieselben wie im Euklidischen Bilde in $y > 0$.

Wenn man auf einer Einheitskugel des gewöhnlichen Euklidischen Raumes verabredet, Kugelpunkte, die zum Mittelpunkt spiegelbildlich liegen, nicht zu unterscheiden, so entsteht auf der Kugel die andere Art von „nicht-Euklidischer" Geometrie, nämlich die sogenannte *„elliptische"*.

Nach § 46 ist die Winkelsumme im Dreieck für die elliptische Geometrie $> \pi$ und für die hyperbolische $< \pi$.

Zu den nicht-Euklidischen Geometrien ist K. F. Gauß etwa seit 1792 von der geometrischen Axiomatik her gekommen. Doch hat er darüber und über den Zusammenhang mit seiner Flächenlehre nur brieflich gelegentlich etwas mitgeteilt aus Scheu vor dem „Geschrei der Böoter". Die ersten Veröffentlichungen über hyperbolische Geometrie stammen in der Hauptsache von dem Ungarn J. Bolyai (1802/1860) und dem Russen N. I. Lobatschewskij (1793/1856). Der Gedanke der Verwirklichung der hyperbolischen Geometrie auf Flächen festen negativen Krümmungsmaßes wurde zuerst von E. Beltrami (1835/1900) 1868 veröffentlicht. Die Halbebene wurde insbesondere von H. Poincaré (1854/1912) um 1882 zu Zwecken der Funktionentheorie benutzt. Die winkeltreuen Abbildungen (7), (13) der Zahlenebene von Gauß, die Kreise in Kreise überführen, wurden insbesondere von A. F. Möbius (1790/1868) untersucht, sie gehen aber auf Apollonios von Perge (—250/—200?) zurück[1].

---

[1] Über nicht-Euklidische Geometrie vgl. auch H. Tietze, Gelöste und ungelöste mathematische Probleme. 1949, 14. Vorles.

§ 54. Parallellinien auf einer Fläche.

Die rechtwinkligen Querlinien eines Feldes Geodätischer nennt man untereinander „*parallel*". Dies stimmt auch mit dem in § 45 eingeführten „Parallelismus" überein, da die zu einer Geodätischen rechtwinkligen Richtungen durch die dort betrachtete Übertragung längs der Geodätischen ineinander übergehen.

Es sei nun h eine beliebige Funktion auf unserer Fläche $\mathfrak{f}$. Wir können ihr vollständiges Differential dh aus den linear unabhängigen Pfaffschen Formen σ_1, σ_2 zusammensetzen:

$$dh = h_1\sigma_1 + h_2\sigma_2 \tag{1}$$

und nannten in § 33 die h_1, h_2 die zu dem Formenpaar σ_1, σ_2 gehörigen Ableitungen von h: Setzen wir z. B. $\sigma_2 = 0$, so erkennen wir die *Bedeutung von h_1 als Ableitung von h auf der Linie $\sigma_2 = 0$ nach deren Bogenlänge*. Bei der Drehung (42,1) der Achsen $\mathfrak{a}_1$, $\mathfrak{a}_2$, nämlich

$$\begin{aligned}
\mathfrak{a}_1^* &= + \mathfrak{a}_1\cos\vartheta + \mathfrak{a}_2\sin\vartheta, \\
\mathfrak{a}_2^* &= - \mathfrak{a}_1\sin\vartheta + \mathfrak{a}_2\cos\vartheta,
\end{aligned} \tag{2}$$

vertauschen sich die h_j genau ebenso:

$$\begin{aligned}
h_1^* &= + h_1\cos\vartheta + h_2\sin\vartheta, \\
h_2^* &= - h_1\sin\vartheta + h_2\cos\vartheta.
\end{aligned} \tag{3}$$

Demnach ist der „*Gefällvektor*" oder „*Gradient*" der Funktion h auf $\mathfrak{f}$, nämlich

$$\mathfrak{g} = \mathfrak{a}_1 h_1 + \mathfrak{a}_2 h_2, \tag{4}$$

von der Drehung (2) unabhängig. Wählen wir insbesondere $\mathfrak{a}_2$ berührend an die „*Höhenlinie*" $h =$ fest auf $\mathfrak{f}$ durch den betrachteten Punkt, so wird $h_2 = 0$ und $\mathfrak{g} = \mathfrak{a}_1 h_1$, woraus die *Bedeutung von* $\mathfrak{g}$ deutlich wird.

Haben wir zwei Funktionen h, h' auf $\mathfrak{f}$, so sind die Ausdrücke

$$\begin{aligned}
\nabla(h, h') &= h_1 h_1' + h_2 h_2' = \langle \mathfrak{g}, \mathfrak{g}' \rangle, \\
\Theta(h, h') &= h_1 h_2' - h_2 h_1'
\end{aligned} \tag{5}$$

von (2) unabhängig. Für das Quadrat der Länge des Gefällvektors $\mathfrak{g}$ setzt man auch

$$\nabla(h, h) = \nabla(h) = \nabla h = h_1^2 + h_2^2 = \langle \mathfrak{g}, \mathfrak{g} \rangle \tag{5*}$$

und nennt diesen Ausdruck, der schon bei Gauß auftritt, Beltramis ersten *Differentiator*. Nennt man α den Winkel der Höhenlinien von h, h', so ist

$$\frac{\nabla(h, h')}{\sqrt{\nabla(h)}\,\sqrt{\nabla(h')}} = \cos\alpha, \qquad \frac{\Theta(h, h')}{\sqrt{\nabla(h)}\,\sqrt{\nabla(h')}} = \sin\alpha. \tag{6}$$

Insbesondere ist für rechtwinklige Höhenlinien

$$\nabla(h, h') = 0. \tag{7}$$

Für das Linienelement (51,12) von Gauß haben wir

$$\sigma_1 = dp, \qquad \sigma_2 = f\, dq, \qquad \sigma^2 = dp^2 + f^2 dq^2, \tag{8}$$

also

$$p_1 = 1, \quad p_2 = 0; \quad q_1 = 0, \quad q_2 = \frac{1}{f} \tag{9}$$

und somit

$$V(p) = 1, \qquad V(p,q) = 0, \qquad V(q) = \frac{1}{f^2}. \tag{10}$$

Ist umgekehrt eine Funktion p auf f mit

$$V(p) = 1 \tag{11}$$

bekannt, so können wir zu deren Höhenlinien die rechtwinkligen Querlinien $q = $ fest gemäß

$$V(p,q) = 0 \tag{12}$$

ermitteln. Für diese p, q finden wir als Bogenelement von f

$$\sigma^2 = dp^2 + \frac{1}{V(q)}\, dq^2. \tag{13}$$

Demnach sind die Linien $p = $ fest parallel, p mißt ihren geodätischen
Abstand, und die Linien $q = $ fest sind geodätisch. Allgemeiner ist

$$V(p) = F(p) \tag{14}$$

die *Bedingung für Parallellinien $p = $ fest.*

Wir wollen noch folgenden Satz beweisen, der den Keim bildet für
die sogenannte Theorie von Hamilton und Jacobi.

Ist $p(u, v; \lambda)$ eine Lösung der Gleichung

$$V(p) = 1, \tag{15}$$

die noch von einem Parameter λ abhängt, und ist

$$[dp, dp_\lambda] \neq 0; \qquad p_\lambda = \frac{\partial p}{\partial \lambda}, \tag{16}$$

so sind die Linien

$$p_\lambda = \mu = \text{fest} \tag{17}$$

geodätisch.

Aus der Voraussetzung

$$V(p) = p_1^2 + p_2^2 = 1 \tag{18}$$

folgt nämlich durch Teilableitung nach λ (bei festen u, v)

$$p_1 p_{\lambda 1} + p_2 p_{\lambda 2} = V(p, p_\lambda) = 0, \tag{19}$$

d. h. die Linien $p_\lambda = $ fest sind zu den Linien $p = $ fest rechtwinklig,
worin die Richtigkeit unserer Behauptung liegt. Es ist nur noch genauer
festzustellen, was z. B. unter $p_{\lambda 1}$ zu verstehen ist. Wir hatten etwa

$$\sigma_1 = \alpha\, du + \beta\, dv, \qquad \sigma_2 = \gamma\, du + \delta\, dv, \tag{20}$$

worin die $\alpha, \beta, \gamma, \delta$ Funktionen nur von u, v mit $\alpha\delta - \beta\gamma \neq 0$ sind.

Dann ist

$$p_1\sigma_1 + p_2\sigma_2 = (\alpha p_1 + \gamma p_2)\,du + (\beta p_1 + \delta p_2)\,dv, \qquad (21)$$

also

$$p_u = \alpha p_1 + \gamma p_2, \qquad p_v = \beta p_1 + \delta p_2. \qquad (22)$$

Leitet man diese Gleichungen bei festen u, v nach λ ab, so folgt

$$p_{\lambda u} = \alpha p_{\lambda 1} + \gamma p_{\lambda 2}, \qquad p_{\lambda v} = \beta p_{\lambda 1} + \delta p_{\lambda 2} \qquad (23)$$

als Erklärung für $p_{\lambda 1}, p_{\lambda 2}$.

In (17) erhält man eine Schar Geodätischer, die wegen (16) von zwei wesentlichen Parametern λ, μ abhängt.

§ 55. Formeln von Green.

Zwei auf unserer Fläche $\mathfrak{f}$ gegebene Skalare h_1, h_2 bestimmen ein *„Vektorfeld auf $\mathfrak{f}$"*, nämlich die Vektoren

$$\mathfrak{h} = h_1 \mathfrak{a}_1 + h_2 \mathfrak{a}_2. \qquad (1)$$

Soll $\mathfrak{h}$ Gefällvektor eines Skalars h auf $\mathfrak{f}$ sein, so wird

$$h_1\sigma_1 + h_2\sigma_2 = dh, \qquad (2)$$

also das äußere Differential Null:

$$d(h_1\sigma_1 + h_2\sigma_2) = 0. \qquad (3)$$

Wir setzen

$$dh_j = h_{j1}\sigma_1 + h_{j2}\sigma_2 \qquad (4)$$

und finden aus (3) für die entstandenen, zum Paar σ_1, σ_2 gehörigen „kovarianten zweiten Ableitungen" die Symmetriebedingung

$$(h_{21} - h_{12})\,[\sigma_1\sigma_2] + h_1\,d\sigma_1 + h_2\,d\sigma_2 = 0. \qquad (5)$$

Nach (51,4) kann man statt (5) auch setzen

$$(h_{21} - h_{12})\,[\sigma_1\sigma_2] + [(h_2\sigma_1 - h_1\sigma_2)\,\omega_3] = 0. \qquad (6)$$

Wir deuten $\mathfrak{h}$ als *Geschwindigkeitsfeld einer Strömung* auf $\mathfrak{f}$. Ist dann $\mathfrak{r}$ eine gerichtete Linie auf $\mathfrak{f}$, so können wir das Integral

$$\int_{\mathfrak{r}} (h_1\sigma_2 - h_2\sigma_1) = \int_{\mathfrak{r}} h_n\,\sigma \qquad (7)$$

die *Strömung durch* $\mathfrak{r}$ (in der Zeiteinheit) nennen.

Dabei ist

$$h_n = h_1\,\frac{\sigma_2}{\sigma} - h_2\,\frac{\sigma_1}{\sigma} = \langle \mathfrak{h}, \mathfrak{n}\rangle \qquad (8)$$

die Komponente von $\mathfrak{h}$ in Richtung der Normalen

$$\mathfrak{n} = \mathfrak{a}_1\,\frac{\sigma_2}{\sigma} - \mathfrak{a}_2\,\frac{\sigma_1}{\sigma} \qquad (9)$$

von $\mathfrak{r}$. Ist $\mathfrak{r}$ der Rand eines einfach zusammenhängenden Flächen-stücks $\mathfrak{f}$, so wird nach (32,4)

$$\int_{\mathfrak{f}} d\,(h_1\,\sigma_2 \,-\, h_2\,\sigma_1) = \int_{\mathfrak{r}(\mathfrak{f})} h_n\,\sigma$$

oder, wenn wir

$$\operatorname{div}\mathfrak{h} = \frac{d\,(h_1\,\sigma_2 - h_2\,\sigma_1)}{[\sigma_1\,\sigma_2]} \tag{10}$$

als „*Divergenz*" unseres Vektorfeldes $\mathfrak{h}$ einführen:

$$\int_{\mathfrak{f}} \operatorname{div}\mathfrak{h} \cdot \varphi = \int_{\mathfrak{r}(\mathfrak{f})} h_n \cdot \sigma. \tag{11}$$

Darin ist h_n die Komponente von $\mathfrak{h}$ in Richtung der *äußeren* Normalen (9) des Randes $\mathfrak{r}$ von $\mathfrak{f}$, bei dessen Umlaufung $\mathfrak{f}$ links liegen bleibt, wenn $\mathfrak{a}_2$ links von $\mathfrak{a}_1$ liegt. (11) enthält die Bedeutung von $\operatorname{div}\mathfrak{h}$ und seine Unabhängigkeit von der Drehung (54,2). Im Falle (2), daß $\mathfrak{h}$ Gefällvektor des Skalars h ist, wird

$$\operatorname{div}\mathfrak{h} = \varDelta(h) = \frac{d\,(h_1\,\sigma_2 - h_2\,\sigma_1)}{[\sigma_1\,\sigma_2]} \tag{12}$$

E. Beltramis 1864 eingeführter *zweiter Differentiator* von h. Aus (11) folgt dann die Formel von **Green**:

$$\int_{\mathfrak{f}} \varDelta\,(h) \cdot \varphi = \int_{\mathfrak{r}(\mathfrak{f})} h_n \cdot \sigma, \tag{13}$$

und darin bedeutet jetzt h_n die Ableitung von h in Richtung der äußeren Normalen von $\mathfrak{r}$. Für eine *unzusammendrückbare Flüssigkeit* ist nach (11)

$$\operatorname{div}\mathfrak{h} = 0 \quad \text{oder} \quad d\,(h_1\,\sigma_2 - h_2\,\sigma_1) = 0. \tag{14}$$

Allgemeinere Formeln **Greens** finden wir durch Ausrechnen des äußeren Differentials $d\,\{h'\,(h_1\,\sigma_2 - h_2\,\sigma_1)\}$ und Anwendung von (32,4). So entsteht

$$\int_{\mathfrak{r}(\mathfrak{f})} h'\,h_n\,\sigma = \int_{\mathfrak{f}} \nabla\,(h,\,h') \cdot \varphi + \int_{\mathfrak{f}} h' \cdot \varDelta\,(h) \cdot \varphi. \tag{15}$$

Durch Vertauschung von $h,\,h'$ und Abziehen wird

$$\int_{\mathfrak{r}(\mathfrak{f})} (h'\,h_n - h\,h'_n)\,\sigma = \int_{\mathfrak{f}} \{h' \cdot \varDelta\,(h) - h \cdot \varDelta\,(h')\}\varphi. \tag{16}$$

Aus der Bedeutung von $\nabla\,(h + h')$ folgt

$$\nabla\,(h + h') = \nabla\,(h) + 2\,\nabla\,(h,\,h') + \nabla\,(h'). \tag{17}$$

Nehmen wir an, die Randwerte von h' seien Null und h genüge der „*Differentialgleichung von Laplace*" (1749/1827), nämlich

$$\varDelta\,(h) = 0, \tag{18}$$

so folgt aus (17), (15)

$$\int_{\mathfrak{f}} \nabla\,(h + h') \cdot \varphi = \int_{\mathfrak{f}} \nabla\,(h) \cdot \varphi + \int_{\mathfrak{f}} \nabla\,(h') \cdot \varphi. \tag{19}$$

Nun ist aber nach seiner Erklärung

$$V(h') = h_1'^2 + h_2'^2 \geq 0.\tag{20}$$

Somit enthält (19) das Ergebnis:

Von allen Funktionen

$$f = h + h'$$

auf f *mit vorgegebenen Randwerten liefert die Funktion h, die der Gleichung von Laplace*

$$\Delta(h) = 0$$

genügt, den kleinsten Wert des „Integrals von Dirichlet" (1805/1859):

$$D = \int_f V(f) \cdot \varphi.$$

Diese einfache Tatsache läßt sich (nicht ganz leicht) umkehren und die Minimumforderung für das Integral D zur Lösung der „Randwertaufgabe" für die Differentialgleichung (18) verwerten, wie das von vielen Mathematikern (wenigstens im Fall Euklidischer Metrik) versucht worden ist. Im Euklidischen Fall:

$$\sigma^2 = dx^2 + dy^2$$

wird nämlich

$$\operatorname{div}\mathfrak{h} = \frac{\partial h_1}{\partial x} + \frac{\partial h_2}{\partial y},$$

$$\Delta(h) = \frac{\partial^2 h}{\partial x^2} + \frac{\partial^2 h}{\partial y^2}.\tag{21}$$

§ 56. Netze von Liouville.

Ein Liniennetz $\mathfrak{N}$ auf einer Fläche f soll nach J. Liouville 1846 (1809/1882) benannt werden, wenn es im Kleinen folgende „*Diagonaleigenschaft*" hat: *In jedem Netzviereck soll es zwei gleich lange geodätische Diagonalen geben.* Das stimmt in der Ebene z. B. bei jedem rechtwinkligen geradlinigen Netz. Wir denken uns die Fläche f „*geodätisch konvex*", so daß es zu zweien ihrer Punkte stets genau einen geodätischen Verbindungsbogen in f gibt. Wir wollen zunächst zeigen: Die Rechtwinkligkeit von $\mathfrak{N}$ ist eine Folge seiner Diagonaleigenschaft. Ein hinlänglich kleines Netzviereck läßt sich nämlich angenähert als ebenes Spateck (Parallelogramm) ansehen, und dies muß ein Rechteck sein, wenn seine Diagonalen gleich lang sein sollen.

Wir nehmen jetzt die Netzlinien von $\mathfrak{N}$ als Linien $u =$ fest und $v =$ fest und haben dann

$$\sigma_1 = \sqrt{E}\,du, \quad \sigma_2 = \sqrt{G}\,dv; \quad \sigma^2 = E\,du^2 + G\,dv^2.\tag{1}$$

Wir betrachten nun (Abb. 32) das Netzviereck mit den Ecken

$$\mathfrak{x}_0 = \{u_0, v_0\}, \quad \mathfrak{x}_1 = \{u_1, v_0\}, \quad \mathfrak{x}_2 = \{u_1, v_1\}, \quad \mathfrak{x}_3 = \{u_0, v_1\}.\tag{2}$$

Die Änderung der Länge D der geodätischen Diagonale $\mathfrak{x}_0\mathfrak{x}_2$ bei Festhaltung von $\mathfrak{x}_0$ und Verrückung von $\mathfrak{x}_2$ ist dann nach (51,13)

$$\delta D = E\frac{du}{ds}\delta u_1 + G\frac{dv}{ds}\delta v_1, \tag{3}$$

wenn sich $du, dv; ds$ auf die in $\mathfrak{x}_2$ mündende geodätische Diagonale beziehen. Wir führen für dieses Element die neuen Richtungsgrößen

$$E\frac{du}{ds} = a, \qquad G\frac{dv}{ds} = b \tag{4}$$

ein. Für sie gilt nach (1) die Beziehung

$$\frac{a^2}{E} + \frac{b^2}{G} = 1. \tag{5}$$

Dann schreibt sich (3) einfacher so:

$$\delta D = a_2\delta u_1 + b_2\delta v_1 \tag{6}$$

und für $\delta v_1 = 0$ insbesondere

$$\delta D = a_2\delta u_1. \tag{7}$$

Für die andere (nach Voraussetzung gleich lange) Diagonale wird ebenso

$$\delta D = a_1\delta u_1, \tag{8}$$

wenn a_1, b_1 die Richtungsgrößen für ihren Endpunkt $\mathfrak{x}_1$ bedeuten. Nach (7), (8) ist also

$$a_1 = a_2, \tag{9}$$

und ebenso gewinnt man

$$b_0 = b_1 \tag{10}$$

durch alleinige Abänderung δv_0.

Wir finden also (abgesehen vom Vorzeichen) die Diagonalrichtung a, b in $\mathfrak{x}_2$, wenn wir die Diagonalrichtung a_0, b_0 in $\mathfrak{x}_0$ zunächst längs der Seite $v = v_0$ bei festem b_0 nach $\mathfrak{x}_1$ verschieben und von dort längs der Seite $u = u_1$ bei festem a_1 nach $\mathfrak{x}_2$. Bemerken wir noch, daß die Ecke $\mathfrak{x}_0$ auf $\mathfrak{f}$ keine ausgezeichnete Rolle spielt, so sehen wir: Es gibt ein Feld Geodätischer auf $\mathfrak{f}$ mit

$$a = a(u, c), \qquad b = b(v, c), \tag{11}$$

das noch von der Diagonalrichtung

$$c = \frac{dv}{du} \tag{12}$$

in $\mathfrak{x}_0$ abhängt. So ergibt sich aus (5), (11) für E, G die Gleichung

$$\frac{U}{E} + \frac{V}{G} = 1, \tag{13}$$

wenn wir $a^2 = U$, $b^2 = V$ setzen. Durch Teilableitung nach c folgt daraus

$$\frac{U'}{E} + \frac{V'}{G} = 0. \tag{14}$$

Dabei ist die Determinante $UV' - VU'$ in der Nähe von $\mathfrak{x}_0$ wegen der Bedeutung (12) von c sicher $\neq 0$. Aus (13), (14) folgt

$$E = +\frac{UV' - VU'}{V'}, \qquad G = -\frac{UV' - VU'}{U'}. \tag{15}$$

So ergibt sich für das Bogenelement unserer Fläche $\mathfrak{f}$

$$\sigma^2 = (UV' - VU')\left(\frac{du^2}{V'} - \frac{dv^2}{U'}\right) = \left(\frac{U}{U'} - \frac{V}{V'}\right)(U'du^2 - V'dv^2). \tag{16}$$

Führt man darin statt u eine geeignete Funktion von u und statt v eine geeignete Funktion von v ein, so wird schließlich einfacher

$$\sigma^2 = (U + V)(du^2 + dv^2). \tag{17}$$

Das ist die 1846 von Liouville eingeführte Form des Bogenelements. Die Gleichung (5) sieht jetzt so aus:

$$a^2 + b^2 = U + V. \tag{18}$$

Für die in (11) betrachteten Felder Geodätischer ist also jetzt

$$a = \sqrt{U + C}, \qquad b = \sqrt{V - C} \tag{19}$$

mit festem C. Wegen der Bedeutung (4) unserer Richtungsgrößen a, b und nach (17) folgt daraus für unsere Geodätischen

$$\frac{du}{\sqrt{U + C}} - \frac{dv}{\sqrt{V - C}} = 0 \tag{20}$$

oder integriert

$$\int_{u_0}^{u} \frac{du}{\sqrt{U + C}} - \int_{v_0}^{v} \frac{dv}{\sqrt{V - C}} = \text{fest.} \tag{21}$$

Damit sind die Geodätischen auf einer Fläche von Liouville durch zwei Integrationen („Quadraturen") ermittelt.

Zu unserem Feld (21) gehört nach (6), (19) das Unabhängigkeitsintegral (51,9)

$$p = \int_{u_0}^{u} \sqrt{U + C}\, du + \int_{v_0}^{v} \sqrt{V - C}\, dv. \tag{22}$$

Neben (21) betrachten wir folgendes Feld Geodätischer:

$$\int_{u_0}^{u} \frac{du}{\sqrt{U + C}} + \int_{v_0}^{v} \frac{dv}{\sqrt{V - C}} = \text{fest} \tag{23}$$

mit dem zugehörigen Unabhängigkeitsintegral

$$q = \int_{u_0}^{u} \sqrt{U + C}\, du - \int_{v_0}^{v} \sqrt{V - C}\, dv. \tag{24}$$

Dann folgt aus (21) bis (24): In jedem Netzviereck mit einer Diagonale aus (21) gibt es eine gleich lange aus (23). Damit ist umgekehrt festgestellt: Jedes Netz (17) hat wirklich die anfangs gewünschte Diagonaleigenschaft.

Die Deutung von Liouvilles Netzen durch die Diagonaleigenschaft stammt von K. Zwirner und mir aus dem Jahr 1927. Daß in der Ebene die Netze konfokaler Kegelschnitte (Abb. 32, 30, 47) und deren Grenzfälle die Diagonaleigenschaft haben, dürfte zuerst der Engländer J. Ivory (1765/1842) 1809 bemerkt haben. Konfokale Kegelschnitte hat schon 1695 E. W. Graf von Tschirnhaus (1651/1708) betrachtet. Setzt

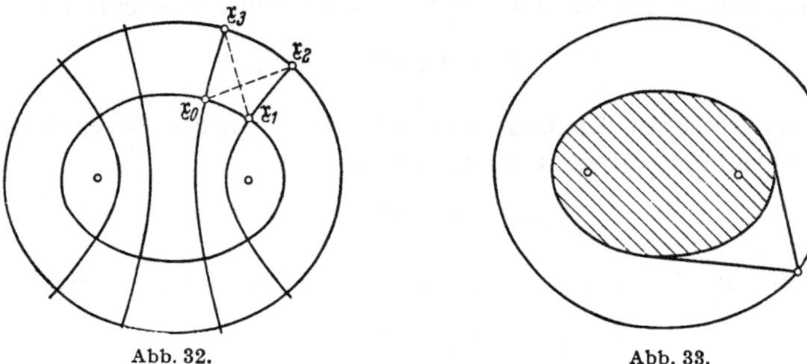

Abb. 32.   Abb. 33.

man das Krümmungsmaß von (17) gleich Null, so sieht man nach J. Weihnacht (1924) leicht: Die konfokalen Kegelschnitte und ihre Grenzfälle bilden die einzigen Liouville-Netze in der Ebene.

Schlingt man um eine Ellipse einen undehnbaren geschlossenen Faden und spannt man ihn durch einen Stift, so ist dieser auf einer konfokalen Ellipse beweglich (Abb. 33). Das dürfte zuerst von G. W. Leibniz 1704 bemerkt worden sein. Wie schon Darboux gefunden hat, gilt dieser Satz entsprechend für Liouville-Netze auf einer krummen Fläche. Die später (§ 63) zu betrachtenden Krümmungslinien auf einer Quadrik (Fläche zweiter Ordnung) bilden ein Liouville-Netz. Deshalb gelingt es, die Geodätischen auf einer Quadrik zu bestimmen. Über die Ermittlung aller geschlossenen Flächen etwa vom Zusammenhang der Kugel, die gleichzeitig Liouville-Flächen sind, scheint nichts bekannt zu sein.

§ 57. Verlauf der Geodätischen auf einer gewissen Fläche fester negativer Krümmung[1].

Wir betrachten wie in § 53 in der Ebene der komplexen Zahlen $z = x + iy$ die „obere" Halbebene $y > 0$ mit der hyperbolischen Metrik

$$\sigma = \frac{|dz|}{y}. \tag{1}$$

---

[1] Kann übergangen werden.

Wir wollen ferner vereinbaren: *Zwei Punkte z, z* in unserer Halbebene sollen als nicht voneinander verschieden angesehen werden, wenn
eine Beziehung besteht*

$$z^* = \frac{az + b}{cz + d}, \qquad ad - bc = 1 \tag{2}$$

mit reellen ganzzahligen a, b, c, d.

Man kann unschwer zeigen, daß diese ,,*Modulgruppe*'' (2) von Sub-
stitutionen durch die folgenden zwei ,,erzeugt'' werden kann:

$$z^* = z + 1, \quad z^* = -\frac{1}{z}. \tag{3}$$

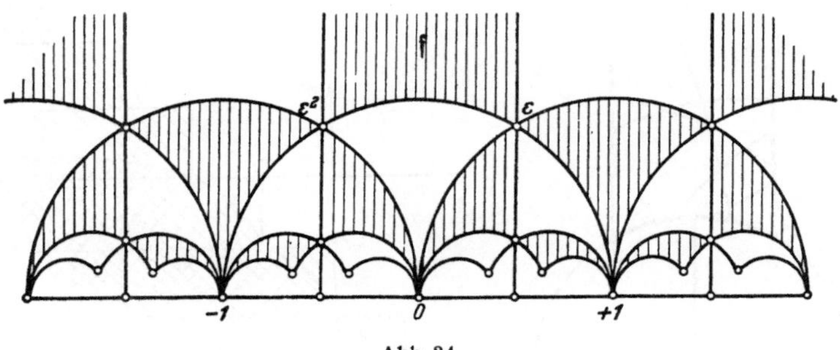

Abb. 34.

Damit hängt nach Gauß zusammen: Für die Gruppe (2) gibt es den
in Abb. 34 in der Mitte oben schraffierten ,,*Grundbereich*'' $\mathfrak{f}$, der durch

$$|x| \leqq \tfrac{1}{2}, \quad x^2 + y^2 \geqq 1 \tag{4}$$

in der Halbebene $y > 0$ dargestellt wird. Das heißt nämlich: Zu jedem
Punkt z der Halbebene hat man einen gleichwertigen in $\mathfrak{f}$, und zwei
Punkte von $\mathfrak{f}$ sind nur dann gleichwertig, wenn sie auf dem Rande von $\mathfrak{f}$
Spiegelbilder an der y-Achse sind. Man findet dies z. B. in dem Buch
von F. Klein und R. Fricke über Modulfunktionen von 1890 ausein-
andergesetzt.

Unsere Fläche, die $\mathfrak{f}'$ heißen soll, entsteht also aus unserem ,,Drei-
eck'' $\mathfrak{f}$ mit der Metrik (1) dadurch, daß man in ihm zwei Randpunkte
$(z = x + iy, -\bar{z} = -x + iy)$, die an der y-Achse Spiegelbilder voneinander sind, nicht unterscheidet.

*Auf dieser Fläche $\mathfrak{f}'$ mit der Metrik (1) soll nach E. Artin und G. Her-
glotz (1924) der Verlauf der Geodätischen im Großen unter Verwendung
von Kettenbrüchen untersucht werden.*

Den Verlauf einer Geodätischen auf $\mathfrak{f}$ verfolgen wir so. Zunächst
sind die Bilder der Geodätischen in $y > 0$ Halbkreise, die die Gerade
$y = 0$ rechtwinklig schneiden (§ 53). Treffen wir nun in einem Punkt a
den Rand von $\mathfrak{f}$, so haben wir im Spiegelpunkt $a' = -\bar{a}$ fortzufahren
derart, daß die Winkel mit dem gleichen Rand von $\mathfrak{f}$ auch ihrem Sinne
nach erhalten bleiben. Von einer derartig fortgesetzten Geodätischen

ist in Abb. 35 ein Stück gezeichnet. Wir wollen das merkwürdige Ergebnis herleiten:

Eine feste, geeignet gewählte Geodätische auf f′ kommt bei genügend weiter Fortsetzung jedem geodätischen Bogen auf f′ beliebig nahe.

Wir können jeden Halbkreis in $y > 0$ mit dem Mittelpunkt auf $y = 0$ durch die reellen Zeiger x, x' seiner Schnittpunkte mit der reellen Achse angeben. Es bleibt dann zu zeigen: Der geeignet ausgesuchte feste Halbkreis $\{x_0, x_0'\} = \{x_0', x_0\}$ kann durch eine geeignet gewählte Abbildung von (2) jedem anderen $\{x, x'\}$ beliebig nahe gebracht werden.

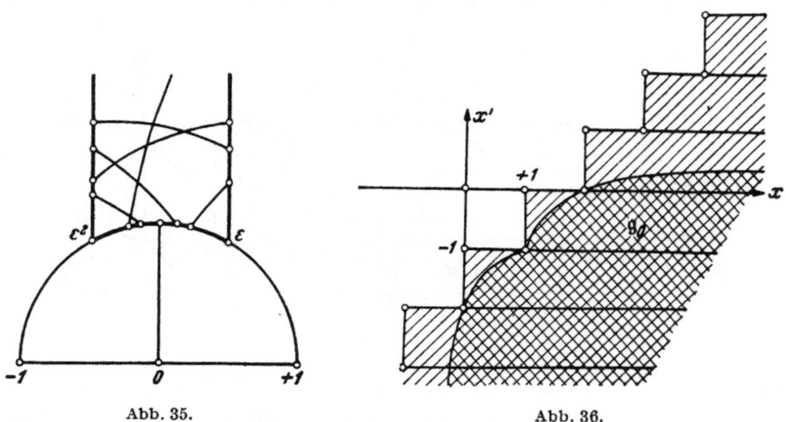

Abb. 35.   Abb. 36.

Dazu bemerken wir zunächst: Es genügt zum Nachweis, $1 < x$, $-1 < x' < 0$ anzunehmen. Mit anderen Worten: Nehmen wir x, x' als rechtwinklige Zeiger in einer x, x'-Ebene, so behaupten wir: Es genügt zu zeigen, die Bilder von $\{x_0, x_0'\}$ bedecken den Streifen $\mathfrak{g}_0\{1 < x, -1 < x' < 0\}$ dicht.

Dann ist nämlich auch das Treppengebiet $\mathfrak{g}$ in dieser Ebene dicht bedeckt, das aus $\mathfrak{g}_0$ durch die Schiebungen $z^* = z + n$; $x^* = x + n$, $x'^* = x' + n$ mit (positivem oder negativem) ganzzahligem n entsteht, das in Abb. 36 (mindestens einfach) schraffiert ist. Es genügt aber sicher, nur die Halbkreise zu betrachten, die f treffen, die also mindestens eine der „Ecken" von f, nämlich

$$z = \varepsilon, \quad z = \varepsilon^2; \quad \varepsilon = \frac{1 + i\sqrt{3}}{2}, \tag{5}$$

umschließen. Dem entspricht, daß für x, x' neben $x' < x$ mindestens eine der Ungleichheiten gilt:

$$\begin{aligned}
(x - \tfrac{1}{2})(+\tfrac{1}{2} - x') &> \tfrac{3}{4}, \\
(x + \tfrac{1}{2})(-\tfrac{1}{2} - x') &> \tfrac{3}{4}.
\end{aligned} \tag{6}$$

Dieses in Abb. 36 doppelt schraffierte Gebiet der x, x'-Ebene, das durch zwei Hyperbelbogen begrenzt ist, liegt aber in dem früher betrachteten Treppengebiet $\mathfrak{g}$.

Jeder Halbkreis $\{x, x'\}$; $1 < x$, $-1 < x' < 0$ schneidet aber $\mathfrak{f}$ oder das Dreieck $\mathfrak{f}^*$, das aus $\mathfrak{f}$ durch $z^* = -1 : z$ entsteht, oder $\mathfrak{f}$ und $\mathfrak{f}^*$ (Abb. 37). Jedem solchen Halbkreis $\{x, x'\}$ entspricht also ein geodätischer Bogen von $\mathfrak{f}$, der zwei Punkte mit $|x| = 1 : 2$ verbindet und dabei den Rand $|z| = 1$ trifft (Abb. 37) oder nicht. Schließlich entsprechen beide Halbkreise

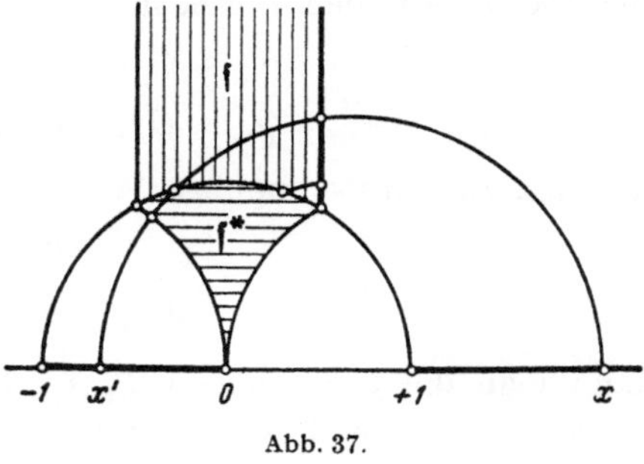

Abb. 37.

$$\{x, x'\} \quad \text{und} \quad \left\{-\frac{1}{x'}, \ -\frac{1}{x}\right\} \quad (7)$$

demselben Bogen in $\mathfrak{f}$.

Jetzt entwickeln wir x, x' $\{x > 1, \ -1 < x' < 0\}$ beide in „Kettenbrüche"! Darunter versteht man folgendes. Wir nehmen x, x' beide irrational. Die höchste ganze Zahl unter x sei a_0, also

$$x = a_0 + \frac{1}{x_1}; \quad a_0 \geq 1, \quad x_1 > 1. \tag{8}$$

Entsprechend mit ganzzahligem a_n

$$x_{n-1} = a_{n-1} + \frac{1}{x_n}; \quad a_n \geq 1, \quad x_n > 1. \tag{9}$$

Dadurch sind die positiven ganzzahligen a_n für ganzes $n \geq 0$ erklärt. Für negatives n gewinnen wir die Erklärung aus x', indem wir setzen

$$-x' = \frac{1}{a_{-1} - x'_{-1}}. \tag{10}$$

Darin bedeutet a_{-1} die größte ganze Zahl, die $-1 : x'$ unterschreitet. Somit ist $a_{-1} \geq 1$, $-1 < x'_{-1} < 0$. Entsprechend sei

$$-x'_n = \frac{1}{a_{-n-1} - x'_{-n-1}} \tag{11}$$

mit ganzzahligem $a_{-n-1} \geq 1$ und $-1 < x'_{-n-1} < 0$.

Dann schreibt man

$$x = a_0 + \cfrac{1}{a_1 + \cfrac{1}{a_2 + \cdot_{\cdot_\cdot}}} \quad , \quad -x' = \cfrac{1}{a_{-1} + \cfrac{1}{a_{-2} + \cdot_{\cdot_\cdot}}} \tag{12}$$

und nennt diese Entwicklungen Kettenbrüche. Sie brechen für irrationale x, x' nicht ab. Wir erklären nun in Übereinstimmung mit (9), (11) für beliebige positive oder negative n

$$x_n = a_n + \cfrac{1}{a_{n+1} + \cfrac{1}{a_{n+2} + \cdot_{\cdot_\cdot}}} \quad , \quad -x'_n = \cfrac{1}{a_{n-1} + \cfrac{1}{a_{n-2} + \cdot_{\cdot_\cdot}}} \tag{13}$$

Dann gelten die Beziehungen

$$x_n = a_n + \frac{1}{x_{n+1}}, \qquad x_n' = a_n + \frac{1}{x'_{n+1}} \tag{14}$$

für alle n. Aus den Formeln

$$\begin{aligned} P_n &= P_{n-1}a_{n-1} + P_{n-2}, \\ Q_n &= Q_{n-1}a_{n-1} + Q_{n-2} \end{aligned} \tag{15}$$

mit den Anfangsbedingungen

$$\begin{aligned} P_{-1} &= 0, & P_0 &= 1, \\ Q_{-1} &= 1, & Q_0 &= 0 \end{aligned} \tag{16}$$

kann man die ganzzahligen P_n, Q_n für alle n schrittweise ermitteln. Ferner zeigt man durch Schluß von n auf $n+1$

$$x = \frac{P_n x_n + P_{n-1}}{Q_n x_n + Q_{n-1}}, \qquad x' = \frac{P_n x_n' + P_{n-1}}{Q_n x_n' + Q_{n-1}}, \tag{17}$$

wobei für die x und x' dieselben ganzen Zahlen P, Q auftreten. Darin ist nach (15)

$$P_n Q_{n-1} - Q_n P_{n-1} = - (P_{n-1}Q_{n-2} - Q_{n-1}P_{n-2}), \tag{18}$$

also nach (16) $\qquad P_n Q_{n-1} - Q_n P_{n-1} = (-1)^n. \tag{19}$

Somit sind nach (17), (19), (7) die Halbkreise

$$\{x, x'\}, \qquad \{x_n, x_n'\}, \qquad \left\{ -\frac{1}{x_n'}, \ -\frac{1}{x_n} \right\} \tag{20}$$

im Sinne von (2) für gerades n gleichwertig.

Damit ist also gezeigt: Jedem Halbkreis $\{x, x'\}$ mit $1 < x$, $-1 < x' < 0$ entspricht eine „Kette" positiver ganzer Zahlen

$$\ldots, \ a_{-2}, \ a_{-1}, \ a_0, \ a_1, \ a_2, \ \ldots, \tag{21}$$

die nach links und rechts nicht abbricht. Ebenso umgekehrt. Die Kette der

$$a_k^* = a_{-k-1} \tag{22}$$

stellt wegen (7) denselben Halbkreis dar. Die Kette der

$$a_k^* = a_{k+2n} \tag{23}$$

stellt wegen (17), (19) einen gleichwertigen Halbkreis dar. Die Geodätische von $\mathfrak{f}'$, die der Kette (21) entspricht, bleibt also bei der „Spiegelung" (22) der Kette und bei ihrer „Schiebung" (23) erhalten.

Man zeigt nun leicht: Wenn zwei Kettenbrüche

$$x = a_0 + \cfrac{1}{a_1 + \cfrac{1}{a_2 + \cdots}} \qquad , \qquad \tilde{x} = \tilde{a}_0 + \cfrac{1}{\tilde{a}_1 + \cfrac{1}{\tilde{a}_2 + \cdots}}$$

genügend weit übereinstimmen:

$$a_k = \tilde{a}_k \; ; \quad k = 0, 1, \ldots, m,$$

so ist $|x - \tilde{x}|$ beliebig klein.

Aus (15) folgt nämlich, daß für $n \geq 0$ die Folge der ganzen Zahlen P_n ansteigt und ebenso für $n \geq 2$ die der Q_n. Aus (17), (19) wird für $n \geq 1$

$$\frac{P_n}{Q_n} - x = \frac{P_n}{Q_n} - \frac{P_n x_n + P_{n-1}}{Q_n x_n + Q_{n-1}} = \frac{(-1)^n}{Q_n(Q_n x_n + Q_{n-1})}. \tag{24}$$

Also ist für $n \geq 1$

$$\frac{P_{2n-1}}{Q_{2n-1}} < x < \frac{P_{2n}}{Q_{2n}}. \tag{25}$$

Andererseits berechnet man für $n \geq 2$

$$\frac{P_n}{Q_n} - \frac{P_{n-1}}{Q_{n-1}} = \frac{(-1)^n}{Q_n Q_{n-1}}. \tag{26}$$

Die Ungleichheit (25) gilt auch für $\tilde{x}$, wenn $2n \leq m + 1$ ist; somit kommt

$$\frac{P_{2n-1}}{Q_{2n-1}} \frac{Q_{2n}}{P_{2n}} < \frac{\tilde{x}}{x} < \frac{Q_{2n-1}}{P_{2n-1}} \frac{P_{2n}}{Q_{2n}} \tag{27}$$

beliebig nahe an Eins.

Daraus wollen wir schließen: *Soll unsere Geodätische jedem geodätischen Bogen beliebig nahe kommen, so ist dazu notwendig und hinreichend, daß die zugehörige Kette (21) jeden vorgegebenen „Ausschnitt" enthält, d.h.: Zur Kette der a soll sich durch geeignete Wahl von r die Bedingung*

$$a_r = c_0, \quad a_{r+1} = c_1, \quad \ldots, \quad a_{r+s} = c_s$$

bei beliebig vorgeschriebenen positiven ganzen Zahlen s; $c_0, c_1, \ldots, c_s$ stets erfüllen lassen.

Um die Notwendigkeit dieser Bedingung einzusehen, genügt es, die Annäherung an einen Halbkreis mit

$$\left\{ x_0, \; x_0 = -\frac{1}{x_0} \right\}, \quad x_0 > 1$$

zu fordern. Umgekehrt, ist unsere Bedingung erfüllt, so genügt das Vorhandensein des Ausschnitts

$$b_m b_{m-1} \ldots b_1 c_0 c_1 \ldots c_m b_m b_{m-1} \ldots b_1 c_0 c_1 \ldots c_m,$$

um den Halbkreis

$$x_0 = c_0 + \cfrac{1}{c_1 + \cfrac{1}{c_2 + \cdots + \cfrac{1}{c_m}}} \quad , \quad -x_0' = \cfrac{1}{b_1 + \cfrac{1}{b_2 + \cdots + \cfrac{1}{b_m}}}$$

annähern zu können. Das eine der beiden c_0 hat nämlich dann in der Kette sicher eine gerade Marke.

Der Aufbau einer Kette, die alle Ausschnitte enthält, gelingt etwa so. Wir ordnen zunächst die „Wörter" mit r „Buchstaben" $c_1, c_2, \ldots, c_r$, d. h. positiven ganzen Zahlen $\leq s$ in ein „Wörterbuch" B_{rs}, indem wir sie in erster Linie nach wachsenden c_1, in zweiter nach wachsenden c_2 usw. aufreihen. Ein solches Wort aus B_{rs} soll W_{rst} heißen, wobei die Nummer t die Werte $1, 2, \ldots, s^r$ durchläuft. Jetzt ändern wir auch r, s und stellen die neue Anordnung aller Worte W_{rst} in erster Linie nach ansteigenden $r + s + t$, in zweiter nach ansteigenden r und schließlich nach s her. Die so geordneten sämtlichen Wörter ersetzen wir der Reihe nach durch ihre Buchstaben und erhalten so in völlig eindeutiger Weise eine Folge $a_0, a_1, a_2, \ldots$, die schon alle Ausschnitte umfaßt, so daß wir sie durch beliebige Wahl der $a_{-1}, a_{-2}, \ldots$ zu einer Kette der gewünschten Art ergänzen können.

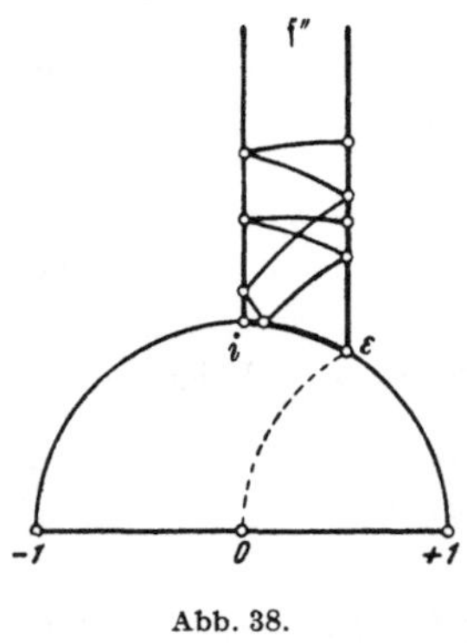

Abb. 38.

Insbesondere ergibt sich so auch sofort das *Vorhandensein unendlich vieler geschlossener Geodätischer auf* $\mathfrak{f}'$, die den periodischen Ketten ($a_{k+m} = a_k$ für alle k) entsprechen.

Erweitert man die zugrunde gelegte „Modulgruppe" (2) noch durch Hinzunahme der Spiegelung an der y-Achse:

$$z = -\bar{z},$$

so schrumpft der Grundbereich auf das Dreieck mit den Ecken i, ε, ∞, nämlich

$$0 < x < \tfrac{1}{2}, \quad x^2 + y^2 > 1, \quad y > 0$$

zusammen. Die Geodätischen auf der neuen Fläche $\mathfrak{f}''$ werden dann an den Rändern des Grundbereichs wie in Abb. 38 zurückgeworfen, so daß wir $\mathfrak{f}''$ ein „*hyperbolisches Billard*" nennen können. Da jetzt in der x, x'-Ebene noch mehr Punkte gleichwertig sind als vorhin, gibt es auf $\mathfrak{f}''$ um so mehr Geodätische, die jeden vorgeschriebenen geodätischen Bogen beliebig annähern.

Diese Untersuchung ist einer Arbeit von E. Artin, Hamburg. Abhandlungen Bd. 3 (1929) entnommen. Seit H. Poincaré haben sich viele Geometer mit dem Verhalten der Geodätischen im Großen beschäftigt, wie G.D. Birkhoff, F. Löbell, Marston Morse, P.J. Myrberg, J. Nielsen, H. Weyl.

§ 58. Winkeltreue Abbildung.

Haben die beiden Pfaffschen Grundformen σ_1, σ_2 (§ 41) einer Fläche $\mathfrak{f}$ die einfache Gestalt

$$\sigma_1 = f\,du, \quad \sigma_2 = f\,dv; \quad \sigma^2 = \sigma_1^2 + \sigma_2^2 = f^2(du^2 + dv^2), \tag{1}$$

so nennt man die Zeiger u, v auf $\mathfrak{f}$ *isotherm*. Deutet man sie gleichzeitig als rechtwinklige Zeiger in einer Ebene e, so erhält man für den Winkel φ zweier Richtungen durch denselben Punkt von $\mathfrak{f}$ oder von e dieselben Formeln

$$\cos\varphi = \frac{du\,\delta u + dv\,\delta v}{ds\cdot\delta s}, \qquad \sin\varphi = \frac{du\,\delta v - dv\,\delta u}{ds\cdot\delta s}. \qquad (2)$$

Man spricht deshalb von einer „*winkeltreuen*" Abbildung von $\mathfrak{f}$ auf e; nach Schubert (1758/1825) 1788 und Gauß 1843 sagt man dafür auch „*konform*". Als erstes Beispiel einer winkeltreuen Abbildung einer krummen Fläche auf die Ebene gilt der „*Stereoriß*" einer Kugel nach Ptolemaios um 150 (vgl. im folgenden § 71). Dann kommt die Kugelkarte von G. Kremer = Mercator (1512/1594) von 1568, die für die Seekarten üblich geworden ist. Weitere Beispiele konformer „Karten" bei J. H. Lambert (1728/1777) 1772, Euler 1775 (1778) und Lagrange 1779. Von ihm stammt auch die Abbildung einer Drehfläche 1781. Die allgemeine Aufgabe der winkeltreuen Abbildung einer beliebigen (analytischen) Fläche auf die Ebene im Kleinen hat Gauß in seiner Kopenhagener Preisschrift von 1822 gelöst. Die Behandlung winkeltreuer Abbildungen im Großen, von der wir hier nicht handeln werden, beginnt mit Riemanns Dissertation von 1851.

Aus (1) folgt nach § 33

$$du = \sigma_1 u_1 + \sigma_2 u_2 = u_1 \mathfrak{f}\, du, \qquad dv = \sigma_1 v_1 + \sigma_2 v_2 = v_2 \mathfrak{f}\, dv, \qquad (3)$$

also

$$u_1 = v_2 = \frac{1}{\mathfrak{f}}, \qquad u_2 = v_1 = 0. \qquad (4)$$

Somit gelten für u, v die sogenannten „Gleichungen von Cauchy und Riemann"

$$u_1 - v_2 = 0, \qquad u_2 + v_1 = 0. \qquad (5)$$

Es bleibt zu zeigen, daß (5) bei Änderung des Netzes $\mathfrak{N}$ (§ 42) auf $\mathfrak{f}$ erhalten bleibt. Bei der Drehung (54,2) von $\mathfrak{N}$ ist aber

$$\begin{aligned}
u_1^* - v_2^* &= + (u_1 - v_2)\cos\vartheta + (u_2 + v_1)\sin\vartheta, \\
u_2^* + v_1^* &= - (u_1 - v_2)\sin\vartheta + (u_2 + v_1)\cos\vartheta.
\end{aligned} \qquad (6)$$

In (6) ist die behauptete Invarianz des Gleichungssystems (5) enthalten. Nach (5) ist

$$- u_2\sigma_1 + u_1\sigma_2 = v_1\sigma_1 + v_2\sigma_2 = dv \qquad (7)$$

ein vollständiges Differential. Damit ist in der Bezeichnung (55,12)

$$\Delta(u) = 0. \qquad (8)$$

Genügt umgekehrt u dieser „*Differentialgleichung von Laplace*", so wird

$$v = \int (u_1\sigma_2 - u_2\sigma_1) \qquad (9)$$

durch Integrieren über ein vollständiges Differential bis auf eine additive Konstante ermittelbar, und u, v befriedigen die Gleichungen (5) von Cauchy-Riemann. Ferner bekommen die Pfaffschen Grundformen σ_1, σ_2 die Gestalt (1).

Damit ist die Aufgabe, eine Fläche $\mathfrak{f}$ winkeltreu auf die Ebene e abzubilden, auf die Lösung der Differentialgleichung von Laplace (8) *auf $\mathfrak{f}$ zurückgeführt.* Diese Aufgabe hängt nach dem Schluß von § 55 mit der Lösung der „Minimumaufgabe Dirichlets" auf $\mathfrak{f}$ zusammen.

Ein Paar isothermer Zeiger u, v auf einer Fläche $\mathfrak{f}$ haben, wie man leicht bestätigt, die kennzeichnenden Eigenschaften: 1. Das Netz $u, v = $ fest ist rechtwinklig. 2. Das Netz $u \pm v = $ fest hälftet die Winkel des Netzes $u, v = $ fest.

§ 59. Aufgaben, Lehrsätze.

1. Geodätische Polarzeiger. Die Geodätischen $\mathfrak{g}$ durch einen festen Punkt $\mathfrak{x}_0$ auf einer Fläche $\mathfrak{f}$ kann man durch ihren Winkel φ mit einer festen Anfangsrichtung in $\mathfrak{x}_0$ festlegen; die Punkte auf $\mathfrak{g}$ durch ihre auf $\mathfrak{g}$ gemessene Entfernung r von $\mathfrak{x}_0$. Dann sind r, φ in einer genügend engen Umgebung von $\mathfrak{x}_0$ „geodätische Polarzeiger" auf $\mathfrak{f}$ und $u = r \cos\varphi$, $v = r \sin\varphi$ „Riemanns Normzeiger". Das Bogenelement auf $\mathfrak{f}$ bekommt in r, φ folgende Gestalt:

$$ds^2 = dr^2 + r^2 \left\{ 1 - \frac{K_0}{3} r^2 - \frac{1}{6} (K_1 \cos\varphi + K_2 \sin\varphi) r^3 + \cdots \right\}. \tag{1}$$

Darin bedeutet K_0 das Krümmungsmaß von $\mathfrak{f}$ in $\mathfrak{x}_0$, K_1 die Ableitung von K nach r in $\mathfrak{x}_0$ auf der Geodätischen $\varphi = 0$ und K_2 diese Ableitung auf der Geodätischen $\varphi = \pi : 2$. In Riemanns Normzeigern wird

$$ds^2 = du^2 + dv^2 - \frac{K_0}{3} (u\,dv - v\,du)^2 + \cdots. \tag{2}$$

Für den Umfang einer Linie ($r = $ fest), die man nach Gauß einen *geodätischen Entfernungskreis* um $\mathfrak{x}_0$ nennt, folgt aus (1)

$$U = 2\pi r - \frac{\pi}{3} K_0 r^3 + \cdots, \tag{3}$$

für das Flächenmaß der umschlossenen „Kreisscheibe"

$$A = \pi r^2 - \frac{\pi}{2} K_0 r^4 + \cdots. \tag{4}$$

In diesen Formeln ist aufs neue die Biegungsinvarianz von K enthalten.

2. Geodätische Krümmungskreise. Eine Linie auf $\mathfrak{f}$, deren geodätische Krümmung fest ist, nennt man einen *geodätischen Krümmungskreis.* Diese Kreise bilden die „Extremalen" der „isoperimetrischen Aufgabe" auf $\mathfrak{f}$: geschlossene Linien auf $\mathfrak{f}$ zu suchen, die bei vorgegebener Länge ein möglichst großes Flächenmaß umschließen (F. Minding 1879). Sollen auf einer Fläche $\mathfrak{f}$ alle genügend kleinen Entfernungskreise auch Krümmungskreise sein, so folgt aus (1), daß das Krümmungsmaß K von $\mathfrak{f}$ fest sein muß. Weitergehend kann man nach B. Baule 1921 zeigen: Für die Geschlossenheit der geodätischen Krümmungskreise ist $K = $ fest notwendig.

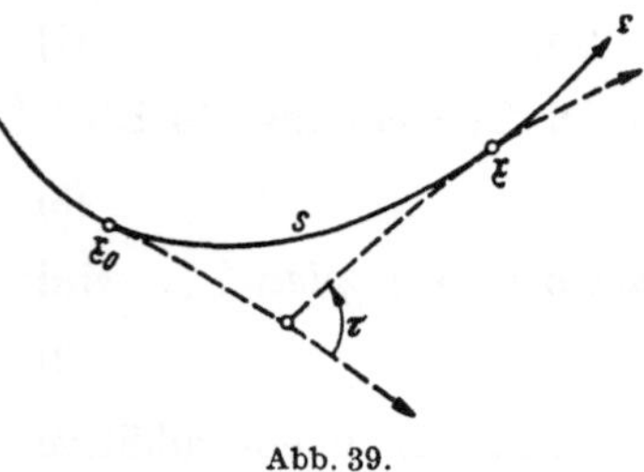

Abb. 39.

3. Deutung der geodätischen Krümmung. Mittels der Formel von Gauß und Bonnet zeige man: Zwei Punkte $\mathfrak{x}_0$, $\mathfrak{x}$ liegen auf einer Linie $\mathfrak{r}$ im (auf $\mathfrak{r}$ gemessenen) Abstand s, und die in diesen Punkten die Linie $\mathfrak{r}$ berührenden Geodätischen mögen den Schnittwinkel τ einschließen (Abb. 39). Dann gilt für die geodätische Krümmung g von $\mathfrak{r}$ in $\mathfrak{r}_0$

$$g = \lim_{s \to 0} \frac{\tau}{s}.\tag{5}$$

4. Hülliniensatz. Die Geodätischen, die eine Linie $\mathfrak{r}$ rechtwinklig schneiden, mögen eine Einhüllende $\mathfrak{h}$ besitzen. $\mathfrak{r}_0$, $\mathfrak{r}$ seien zwei Punkte auf $\mathfrak{r}$ und $\mathfrak{h}_0$, $\mathfrak{h}$ entsprechende auf $\mathfrak{h}$ (Abb. 40). Dann gilt bei geeigneter Vorzeichenwahl für die Bogenlängen

$$\widehat{\mathfrak{r}\mathfrak{h}} = \widehat{\mathfrak{r}_0\mathfrak{h}_0} + \widehat{\mathfrak{h}_0\mathfrak{h}}.\tag{6}$$

C. G. J. Jacobi 1836.

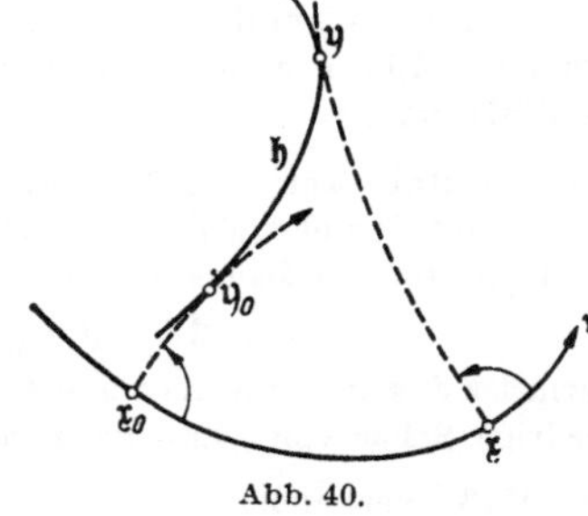
Abb. 40.

5. Konjugierte Punkte einer Geodätischen. Auf $\mathfrak{f}$ liege eine gerichtete Geodätische $\mathfrak{g}$, und s bedeute ihre Bogenlänge. Wir betrachten das Krümmungsmaß K von $\mathfrak{f}$ längs $\mathfrak{g}$ als Funktion von s und bilden die „Differentialgleichung Jacobis"

$$\frac{d^2 t}{d s^2} + K(s)t = 0,\tag{7}$$

von deren Lösungen t die zu $\mathfrak{g}$ „unendlich nahen" Geodätischen von $\mathfrak{f}$ abhängen. Sind $s_0 < s_0'$ zwei aufeinanderfolgende Nullstellen einer Lösung $t(s)$, also $t(s_0) = t(s_0') = 0$; $t(s) \neq 0$ für $s_0 < s < s_0'$, dann heißt der Punkt $\mathfrak{r}_0' = \mathfrak{r}(s_0')$ auf $\mathfrak{g}$ zu $\mathfrak{r}_0 = \mathfrak{r}(s_0)$ „konjugiert". Haben die Geodätischen durch $\mathfrak{r}_0$ eine Einhüllende, so ist $\mathfrak{r}_0'$ der erste auf $\mathfrak{r}_0$ folgende Berührungspunkt von $\mathfrak{g}$ mit ihr. Liegt $\mathfrak{r}_1 = \mathfrak{r}(s_1)$ auf $\mathfrak{g}$ jenseits $\mathfrak{r}_0'(s_1 > s_0')$, so ist der Weg von $\mathfrak{r}_0$ nach $\mathfrak{r}_1$ auf $\mathfrak{g}$ kein kürzester auf $\mathfrak{f}$. C. G. J. Jacobi 1836, K. Weierstraß.

6. Sätze von Sturm. Gilt für zwei längentreu aufeinander bezogene Geodätische $\mathfrak{g}$, $\mathfrak{g}^*$ auf zwei Flächen $\mathfrak{f}$, $\mathfrak{f}^*$ für entsprechende Krümmungsmaße von $\mathfrak{f}$, $\mathfrak{f}^*$ die Beziehung

$$K(s) \geqq K^*(s),\tag{8}$$

so liegen konjugierte Punkte auf $\mathfrak{g}$ „dichter" als auf $\mathfrak{g}^*$. Das soll heißen: Sind s_0' und $s_0'^*$ konjugierte Stellen zu s_0, so ist

$$s_0' \leqq s_0'^*.\tag{9}$$

Aus

$$K(s) \geqq \frac{1}{a^2}\tag{10}$$

folgt insbesondere

$$s_0' - s_0 \leqq \pi a,\tag{11}$$

und ebenso: Aus

$$K(s) \leqq \frac{1}{b^2}\tag{12}$$

folgt

$$s_0' - s_0 \geqq \pi b.\tag{13}$$

Für $K \leqq 0$ gibt es keine konjugierten Punkte. J. F. C. Sturm (1803/1855) 1836.

7. Frage nach den „Wiedersehensflächen". Auf einer Kugel ist der zu einem beliebigen Punkt $\mathfrak{r}_0$ konjugierte $\mathfrak{r}_0'$ unabhängig von der Wahl der Geodätischen $\mathfrak{g}$ durch $\mathfrak{r}_0$. Die Frage, ob die Kugeln die einzigen geschlossenen Flächen mit dieser Eigenschaft sind, ist bisher nicht gelöst. Es finden sich darüber einige zum Teil falsche Angaben in meiner Differentialgeometrie von 1924 und 1930. Vgl. im folgenden § 69, 7.

8. Geodätisch konvexe Flächen. Gibt es auf einer Fläche $\mathfrak{f}$ zu zweien ihrer Punkte $\mathfrak{r}_0$, $\mathfrak{r}$ stets genau einen geodätischen Bogen, der sie verbindet, so heißt $\mathfrak{f}$ geodätisch konvex. Ist ihr Rand $\mathfrak{r}(\mathfrak{f})$ stetig gekrümmt, so gilt für seine geodätische Krümmung $g \geqq 0$. Hängt $\mathfrak{f}$ einfach zusammen, ist auf $\mathfrak{f}$ durchweg $K \leqq 0$ und auf dem Rand $\mathfrak{r}(\mathfrak{f})$ durchweg $g \geqq 0$, so ist $\mathfrak{f}$ geodätisch konvex.

6*

9. Geodätische Integralgeometrie. Auf einer geodätisch konvexen Fläche $\mathfrak{f}$ sei eine Geodätische $\mathfrak{g}$ festgelegt durch einen ihrer Punkte $\mathfrak{x}$ und durch die Richtung τ von $\mathfrak{g}$ in $\mathfrak{x}$. Dazu denken wir auf $\mathfrak{f}$ wie in § 41 ein rechtwinkliges Netz $\mathfrak{N}$ gegeben und nehmen $\mathfrak{a}_1 \cos\tau + \mathfrak{a}_2 \sin\tau$ als Tangentenvektor von $\mathfrak{g}$ in $\mathfrak{x}$. Für eine zweigliedrige Schar $\mathfrak{S}$ von Geodätischen (etwa $\mathfrak{x}(u, v)$, $\tau(u, v)$, $u^2 + v^2 < 1$) ist (H. Poincaré):

$$M(\mathfrak{S}) = \int_{\mathfrak{S}} d(\sigma_1 \cos\tau + \sigma_2 \sin\tau), \qquad d\mathfrak{x} = \mathfrak{a}_1 \sigma_1 + \mathfrak{a}_2 \sigma_2 \tag{14}$$

nicht von der Wahl der Punkte $\mathfrak{x}$ auf ihren $\mathfrak{g}$ abhängig. Umgekehrt: Gilt für eine Schar von Linien $\mathfrak{g}$ diese Unabhängigkeit, so sind die $\mathfrak{g}$ geodätisch. Für ein Feld Geodätischer ist

$$\int (\sigma_1 \cos\tau + \sigma_2 \sin\tau) \tag{15}$$

das von Beltrami und Hilbert eingeführte „Unabhängigkeitsintegral". Ist $\mathfrak{r}$ eine Linie auf $\mathfrak{f}$ und $n(\mathfrak{g})$ die Anzahl ihrer Schnittpunkte mit der Geodätischen $\mathfrak{g}(\mathfrak{x}; \tau)$, dann gilt für die Länge L von $\mathfrak{r}$

$$2L = \int n(\mathfrak{g}) \, |d(\sigma_1 \cos\tau + \sigma_2 \sin\tau)|. \tag{16}$$

Darin ist das Integral über alle Geodätischen von $\mathfrak{f}$ zu erstrecken. Für eine dreigliedrige Schar von „Linienelementen" $\mathfrak{x}(u, v, w)$, $\tau(u, v, w)$ auf $\mathfrak{f}$ kann man

als „Maß" verwenden. $\qquad\qquad \int [\sigma_1 \sigma_2 d\tau] \tag{17}$

    Vgl. etwa W. Blaschke, Integralgeometrie 11, Hamburg. Abh. Bd. 11 (1936), S. 359/366.

10. Ein Satz von Beltrami. Läßt sich eine Fläche $\mathfrak{f}$ im Kleinen so auf die Euklidische Ebene abbilden, daß den Geodätischen auf $\mathfrak{f}$ die Geraden der Ebene entsprechen, so hat $\mathfrak{f}$ festes Krümmungsmaß. E. Beltrami, Opere Bd. 1 (1866), S. 262/280. G. Darboux, Surfaces Bd. 3, S. 40/44. Dasselbe gilt, wenn man fordert, daß die Bilder der Geodätischen in der Ebene Kreise oder Geraden sein sollen. B. Segre, Bollettino della unione matematica italiana 1949, S. 16/22.

11. Satz von Dini über geodätische Abbildung von Flächen. Wenn eine Fläche $\mathfrak{f}^*$ zu einer auf $\mathfrak{f}$ längentreu abgebildeten ähnlich ist, so entsprechen sich auf $\mathfrak{f}$ und $\mathfrak{f}^*$ die Geodätischen. Beltrami hat die Frage aufgeworfen nach allen weiteren Flächenpaaren $\mathfrak{f}$, $\mathfrak{f}^*$ mit dieser Eigenschaft im Kleinen. Dini hat gezeigt, daß diese Paare Flächen von Liouville sind mit den Bogenelementen

$$ds^2 = (U - V)(du^2 + dv^2),$$
$$ds^2 = \left(\frac{1}{V} - \frac{1}{U}\right)\left(\frac{du^2}{U} + \frac{dv^2}{V}\right). \tag{18}$$

Dabei kann man statt U, V setzen $U + h$, $V + h$ mit festem h, ohne ds^2 zu ändern. U. Dini 1869.

12. Beltramis Differentiatoren. Hat das Bogenelement einer Fläche $\mathfrak{f}$ die Gestalt

$$ds^2 = E\, du^2 + 2F\, du\, dv + G\, dv^2; \qquad EG - F^2 = W^2 > 0,$$

so findet sich für den Differentiator ∇ einer Funktion $f(u, v)$ (§ 54)

$$\nabla f = -\frac{1}{W^2} \begin{vmatrix} E & F & f_u \\ F & G & f_v \\ f_u & f_v & 0 \end{vmatrix} \tag{19}$$

und für den gemischten

$$\nabla(f, g) = -\frac{1}{W^2} \begin{vmatrix} E & F & f_u \\ F & G & f_v \\ g_u & g_v & 0 \end{vmatrix}. \tag{20}$$

Für den zweiten Differentiator (§ 55)

$$\Delta f = \frac{1}{W}\left\{\left(\frac{Ef_v - Ff_u}{W}\right)_v + \left(\frac{Gf_u - Ff_v}{W}\right)_u\right\}. \tag{21}$$

E. Beltrami 1864.

13. Beltramis Ausdruck für die geodätische Krümmung. Eine Linie $\mathfrak{r}$ auf $\mathfrak{f}$ sei durch die Gleichung $f(u, v) = c$ gegeben und so gerichtet, daß $f < c$ zu ihrer Linken liegt. Dann gilt für ihre geodätische Krümmung

$$g = - \frac{\varDelta f}{\sqrt{\nabla f}} - \nabla\left(f, \frac{1}{\sqrt{\nabla f}}\right), \qquad \sqrt{\nabla f} > 0. \tag{22}$$

E. Beltrami, Werke Bd. 1 (1865), S. 176.

14. Frage von Minding nach der Verbiegbarkeit zweier Flächen aufeinander. Es handelt sich um die Frage, wann zwischen zwei Linienelementen

$$\begin{aligned} ds^2 &= E\, du^2 + 2F\, du\, dv + G\, dv^2, \\ ds'^2 &= E'\, du'^2 + 2F'\, du'\, dv' + G'\, dv'^2 \end{aligned} \tag{23}$$

eine längentreue Abbildung

$$u' = u'(u, v), \qquad v' = v'(u, v); \qquad \frac{\partial(u', v')}{\partial(u, v)} \neq 0 \tag{24}$$

herstellbar ist. Notwendige Bedingungen sind

$$K(u, v) = K'(u', v'), \qquad \nabla K(u, v) = \nabla' K'(u', v'). \tag{25}$$

Diese genügen nicht zur Entscheidung, wenn

$$\frac{\partial(K, \nabla K)}{\partial(u, v)} - \frac{\partial(K', \nabla K')}{\partial(u', v')} = 0 \tag{26}$$

ist. Dann nimmt man als dritte Bedingung hinzu

$$\varDelta K(u, v) = \varDelta' K'(u', v'). \tag{27}$$

Wenn auch diese gegenüber (25) nichts Neues ergibt, so kann man zeigen, daß beide Flächen (23) zur selben Drehfläche (also auch untereinander) längentreu sind. Minding 1839; G. Darboux, Surfaces Bd. 3, Nr. 686/697.

Man kann die Aufgabe von Minding auch so behandeln, daß man statt von der quadratischen Differentialform ds^2 ausgeht von den Pfaffschen Formen σ_1, σ_2.

15. Frage von Gauß und Bour nach allen Flächen im $\mathfrak{R}_3$ mit gegebenem ds^2. Ist

$$ds^2 = E\, du^2 + 2F\, du\, dv + G\, dv^2$$

positiv definit vorgegeben, so genügt jeder Cartesische Zeiger $x(u, v)$ einer Fläche mit diesem Bogenelement derselben partiellen Differentialgleichung zweiter Ordnung, die man nach Darboux sofort so finden kann: Das Krümmungsmaß der quadratischen Differentialform $ds^2 - dx^2$ in u, v muß verschwinden:

$$K(ds^2 - dx^2) = 0. \tag{28}$$

Es ist nämlich $ds^2 - dx^2 = dy^2 + dz^2$, wenn wir die rechtwinkligen Zeiger des Flächenpunktes mit x, y, z bezeichnen. Kennt man eine Lösung dieser Differentialgleichung, so kann man die zugehörige Fläche durch Integrationen („Quadraturen") ermitteln. Die „Charakteristiken" der Differentialgleichung (28) sind die Schmieglinien (§ 61). E. Bour 1862; G. Darboux, Surfaces, Bd. 3 (1872), Nr. 698/708.

In unserer Schreibweise von (41,14) kommt die Aufgabe von Gauß und Bour darauf hinaus, bei gegebenen $\sigma_1, \sigma_2, \omega_3$ die Pfaffschen Formen ω_1, ω_2 zu ermitteln aus den Gleichungen

$$\begin{aligned} [\sigma_1\omega_2] + [\omega_1\sigma_2] &= 0, \\ d\omega_1 = [\omega_3\omega_2], \qquad d\omega_2 &= [\omega_1\omega_3]. \end{aligned} \tag{29}$$

Diese Aufgabe stellt den Zusammenhang her zwischen der „inneren" Flächenlehre, die wir in IV, V behandelt haben, und der „äußeren", der wir uns jetzt zuwenden.

VI. Äußere Flächenlehre.

§ 61. Hauptkrümmungen.

Die Teile IV und V waren im wesentlichen den *inneren* Eigenschaften der Flächen gewidmet, die bei „längentreuen Abbildungen" oder „*Biegungen*" der Flächen erhalten bleiben. Jetzt wenden wir uns der Untersuchung *äußerer* Eigenschaften zu, die dadurch bestimmt sind, wie unsere Fläche im Euklidischen Raum $\Re_3$ verwirklicht ist, und die nur bei *Bewegungen* der Flächen in diesem Raum erhalten bleiben. In den zugehörigen Formeln treten dann außer den Grundformen σ_1, σ_2 (und damit ω_3) auch noch die weiteren ω_1, ω_2 auf. Bei der Fülle des Stoffes, der auf diesem Gebiet seit Euler, Monge und Gauß erarbeitet wurde, ist natürlich eine enge und oft willkürliche Auswahl nötig. Als Rosine in diesem Teil bringen wir in § 67 den Starrheitsbeweis von Herglotz.

Für das „begleitende Dreibein" $\{\mathfrak{x}; \mathfrak{a}_1, \mathfrak{a}_2, \mathfrak{a}_3\}$ des Punktes $\mathfrak{x}$ einer Fläche $\mathfrak{f}$ mit dem Normalenvektor $\mathfrak{a}_3$ hatten wir in § 41 die *Ableitungsgleichungen*

$$d\mathfrak{x} = \mathfrak{a}_1\sigma_1 + \mathfrak{a}_2\sigma_2,$$

$$d\mathfrak{a}_1 = \mathfrak{a}_2\omega_3 - \mathfrak{a}_3\omega_2, \quad d\mathfrak{a}_2 = \mathfrak{a}_3\omega_1 - \mathfrak{a}_1\omega_3, \quad d\mathfrak{a}_3 = \mathfrak{a}_1\omega_2 - \mathfrak{a}_2\omega_1. \tag{1}$$

Dazu kamen die *Integrierbarkeitsbedingungen*

$$d\sigma_1 = [\omega_3\sigma_2], \qquad d\sigma_2 = [\sigma_1\omega_3], \qquad 0 = [\sigma_1\omega_2] + [\omega_1\sigma_2];$$

$$d\omega_1 = [\omega_3\omega_2], \qquad d\omega_2 = [\omega_1\omega_3], \qquad d\omega_3 = -[\omega_1\omega_2]. \tag{2}$$

In (1), (2) steckt wie gesagt die ganze Flächenlehre.

Trägt man den Vektor $\mathfrak{a}_3 = \mathfrak{a}(u, v)$ von einem festen Punkt $\mathfrak{o}$ aus ab, so beschreibt sein Endpunkt $\mathfrak{a}(u, v)$ ein Flächenstück $\mathfrak{k}$ der Einheitskugel um $\mathfrak{o}$, da $\langle \mathfrak{a}, \mathfrak{a} \rangle = 1$ ist. Diese Abbildung $\mathfrak{f} \to \mathfrak{k}$ nannten wir die *Kugelabbildung* oder *sphärische Abbildung* nach Gauß.

Betrachten wir jetzt „auf $\mathfrak{f}$" einen *Streifen*, d. h. einen Streifen, dessen Punkte $\mathfrak{x}$ auf $\mathfrak{f}$ liegen und dessen Normalen $\mathfrak{a}_3$ gleichzeitig Flächennormalen sind! Das begleitende Dreibein des Streifens sei das der $\mathfrak{a}_j^*$ mit

$$\mathfrak{a}_1^* = + \mathfrak{a}_1\cos\tau + \mathfrak{a}_2\sin\tau,$$

$$\mathfrak{a}_2^* = - \mathfrak{a}_1\sin\tau + \mathfrak{a}_2\cos\tau, \tag{3}$$

$$\mathfrak{a}_3^* = + \mathfrak{a}_3.$$

Insbesondere soll $\mathfrak{a}_1^*$ Tangentenvektor des Streifens sein. Dann finden wir für die nach § 21 zu unserem Streifen gehörigen Pfaffschen Formen σ, ω_j^* zunächst

$$\sigma_1 = \sigma\cos\tau, \qquad \sigma_2 = \sigma\sin\tau \tag{4}$$

und dann für

$$\omega_1^* = \langle \mathfrak{a}_3 d\mathfrak{a}_2^* \rangle, \qquad \omega_2^* = \langle \mathfrak{a}_1^* d\mathfrak{a}_3 \rangle, \qquad \omega_3^* = \langle \mathfrak{a}_2^* d\mathfrak{a}_1^* \rangle \tag{5}$$

die Werte
$$\omega_1^* = + \omega_1 \cos\tau + \omega_2 \sin\tau,$$
$$\omega_2^* = - \omega_1 \sin\tau + \omega_2 \cos\tau, \tag{6}$$
$$\omega_3^* = + \omega_3 + d\tau.$$

Ist der Streifen insbesondere ein Schmiegstreifen, so nennt man seine Trägerlinie eine *Schmieglinie* (= Asymptotenlinie = Wendelinie) auf $\mathfrak{f}$. Ihre Schmiegebenen sind Tangentenebenen von $\mathfrak{f}$. Nach § 22 ist dann

$$\omega_2^* = \mathfrak{a}_1^* \, d\mathfrak{a}_3 = 0. \tag{7}$$

Kennzeichnend für Schmieglinien ist somit das Verschwinden der zweiten quadratischen Grundform unserer Fläche auf diesen Linien

$$\langle d\mathfrak{x}, d\mathfrak{a}_3 \rangle = \sigma_1 \omega_2 - \sigma_2 \omega_1. \tag{8}$$

Die Schmieglinien unserer Fläche sind also auf ihre Kugelbilder durch rechtwinklige Tangenten bezogen.

Wegen $[\sigma_1 \sigma_2] \neq 0$ können wir setzen

$$+ \omega_2 = c_{11}\sigma_1 + c_{12}\sigma_2, \qquad - \omega_1 = c_{21}\sigma_1 + c_{22}\sigma_2. \tag{9}$$

Dann folgt aus der dritten Gl. (2)

$$c_{12} = c_{21}, \tag{10}$$

also aus (8)
$$\langle d\mathfrak{x}, d\mathfrak{a}_3 \rangle = c_{11}\sigma_1^2 + 2c_{12}\sigma_1\sigma_2 + c_{22}\sigma_2^2. \tag{11}$$

Für das reelle Vorhandensein der Schmieglinien ist deshalb

$$c_{11}c_{22} - c_{12}^2 = \frac{[\omega_1\omega_2]}{[\sigma_1\sigma_2]} = K \leqq 0 \tag{12}$$

notwendig und hinreichend. Der Ausdruck (11) verschwindet an einer Flächenstelle genau dann für alle $\sigma_1 : \sigma_2$, wenn dort alle $c_{jk} = 0$ sind. Man spricht in diesem Fall von einem *Flachpunkt* auf $\mathfrak{f}$.

Zweitens betrachten wir die *Krümmungslinien* auf $\mathfrak{f}$, die zu Krümmungsstreifen auf $\mathfrak{f}$ gehören, deren Flächennormalen also Torsen bilden. Für sie ist $\omega_1^* = 0$ oder nach (4), (6)

$$\sigma_1 \omega_1 + \sigma_2 \omega_2 = 0 \tag{13}$$

oder wegen (9), (10)

$$c_{12}(\sigma_2^2 - \sigma_1^2) + (c_{11} - c_{22})\sigma_1\sigma_2 = 0. \tag{14}$$

Sind $\sigma_1' : \sigma_2'$; $\sigma_1'' : \sigma_2''$ zwei Lösungen, so unterscheidet sich die linke Seite von (14) nur um einen Faktor von

$$(\sigma_2'\sigma_1 - \sigma_1'\sigma_2)(\sigma_2''\sigma_1 - \sigma_1''\sigma_2) = \sigma_2'\sigma_2''\sigma_1^2 - (\sigma_1'\sigma_2'' + \sigma_2'\sigma_1'')\sigma_1\sigma_2 + \; + \sigma_1'\sigma_1''\sigma_2^2. \tag{15}$$

Somit ergibt sich durch Vergleich von (14), (15)

$$\sigma_1'\sigma_1'' + \sigma_2'\sigma_2'' = 0. \tag{16}$$

Das heißt: In einem Flächenpunkt treffen sich im allgemeinen genau zwei Krümmungslinien, und zwar rechtwinklig. Eine Ausnahme kann nur eintreten, wenn in einem Flächenpunkt die Bedingung (14) für alle $\sigma_1 : \sigma_2$ gilt, wenn also

$$c_{11} = c_{22} = c, \quad c_{12} = 0 \tag{17}$$

ist. Dann haben wir dort nach (1), (9), (17) bei festem c

$$c \, d\mathfrak{x} = d\mathfrak{a}_3 \tag{18}$$

für alle $\sigma_1 : \sigma_2$. Die durch (17) oder (18) gekennzeichneten Punkte von $\mathfrak{f}$ nennt man *Nabel*.

In (16) liegt auch, daß die Krümmungslinien stets reell sind. Hätte nämlich die Gl.(14) zwei konjugiert imaginäre Lösungen $\sigma_1' : \sigma_2'$, $\sigma_1'' : \sigma_2''$, so könnten wir

$$\sigma_1'' = \bar\sigma_1', \quad \sigma_2'' = \bar\sigma_2'$$

(konjugiert komplex) annehmen und hätten

entgegen (16). $\sigma_1' \sigma_1'' + \sigma_2' \sigma_2'' = \sigma_1' \bar\sigma_1' + \sigma_2' \bar\sigma_2' > 0$

Merken wir drittens noch an, daß wir aus (6) die *Differentialgleichung der Geodätischen* wiederfinden, nämlich $\omega_3^* = 0$ oder

$$\omega_3 + d\tau = 0. \tag{19}$$

Kehren wir zu den Krümmungslinien zurück! Betrachten wir den zu einem Flächenpunkt $\mathfrak{x}$ gehörigen „*Hauptkrümmungsmittelpunkt*"

$$\mathfrak{y} = \mathfrak{x} + r\mathfrak{a}_3, \tag{20}$$

in dem die Flächennormalen längs einer Krümmungslinie durch $\mathfrak{x}$ ihre Einhüllende berühren. Dann ist nach (22,16) für die Fortschreitung $d\mathfrak{x}$ längs der Krümmungslinie

also nach (1) $d\mathfrak{x} = - r \, d\mathfrak{a}_3,$ (21)

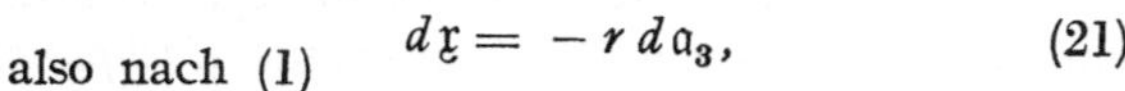

$$\sigma_1 + r\omega_2 = 0, \quad \sigma_2 - r\omega_1 = 0. \tag{22}$$

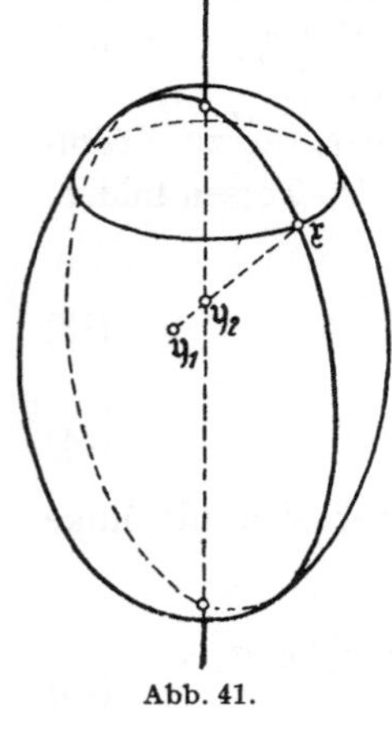

Abb. 41.

Die Krümmungslinien haben nach (21) die Eigenschaft, auf ihre Kugelbilder durch parallele Tangenten bezogen zu sein.

Auf einer *Drehfläche* kann man sofort die Krümmungslinien ermitteln. Die „Parallelkreise" und „Meridiane" der Fläche (d. h. die Linien auf der Fläche in Ebenen rechtwinklig zur Drehachse und durch sie) haben nämlich die geforderte Eigenschaft, daß die zugehörigen Normalen Torsen bilden, nämlich Drehkegel und Ebenen. Ein Hauptkrümmungsmittelpunkt fällt somit mit dem Krümmungsmittelpunkt $\mathfrak{y}_1$ des Meridians durch den betrachteten Flächenpunkt $\mathfrak{x}$ zusammen und der andere $\mathfrak{y}_2$ liegt auf der Drehachse (Abb. 41).

Durch Entfernung von r folgt aus (22) wieder die Bedingung (13). Setzen wir andererseits für die ω_j die Werte aus (9), so entstehen die Gleichungen

$$\left(c_{11} + \frac{1}{r}\right)\sigma_1 + c_{12}\,\sigma_2 = 0,$$
$$c_{21}\,\sigma_1 + \left(c_{22} + \frac{1}{r}\right)\sigma_2 = 0. \tag{23}$$

Hieraus folgt für die „*Hauptkrümmungen*" $1:r_j$ die quadratische Gleichung

$$\begin{vmatrix} c_{11} + \dfrac{1}{r} & c_{12} \\ c_{21} & c_{22} + \dfrac{1}{r} \end{vmatrix} = 0 \tag{24}$$

oder

$$(c_{11}\,c_{22} - c_{12}^2) + (c_{11} + c_{22})\frac{1}{r} + \frac{1}{r^2} = 0. \tag{25}$$

Daraus folgt

$$\frac{1}{r_1} \cdot \frac{1}{r_2} = c_{11}\,c_{22} - c_{12}^2 = \frac{[\omega_1\omega_2]}{[\sigma_1\sigma_2]} = K,$$
$$\frac{1}{r_1} + \frac{1}{r_2} = -(c_{11} + c_{22}) = 2H. \tag{26}$$

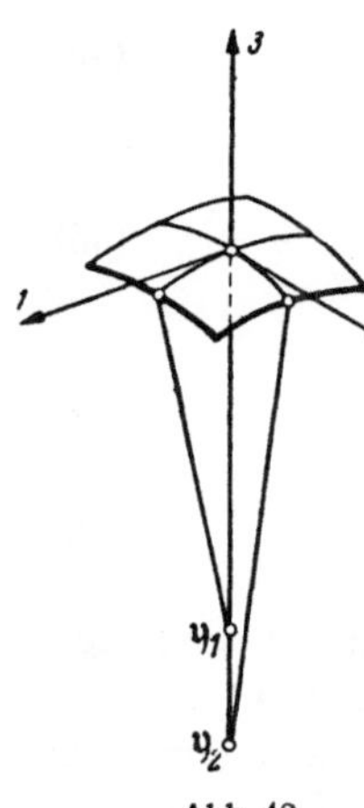

Abb. 42.

In der ersten Formel (26) nebst (9) ist die „*äußere*" *geometrische Deutung des Krümmungsmaßes K* enthalten. H nennt man die *mittlere Krümmung* von $\mathfrak{f}$ in $\mathfrak{x}$. Für H folgt aus (9), (26) noch

$$[\sigma_1\,\omega_1] + [\sigma_2\,\omega_2] = 2H[\sigma_1\sigma_2]. \tag{27}$$

Lassen wir die Krümmungslinien mit dem Netz $\mathfrak{N}$ unserer Linien $\sigma_2 = 0$, $\sigma_1 = 0$ zusammenfallen und nennen wir $1:r_1$ die Krümmung von $\sigma_2 = 0$, so wird nach (22), (9), (26), (11)

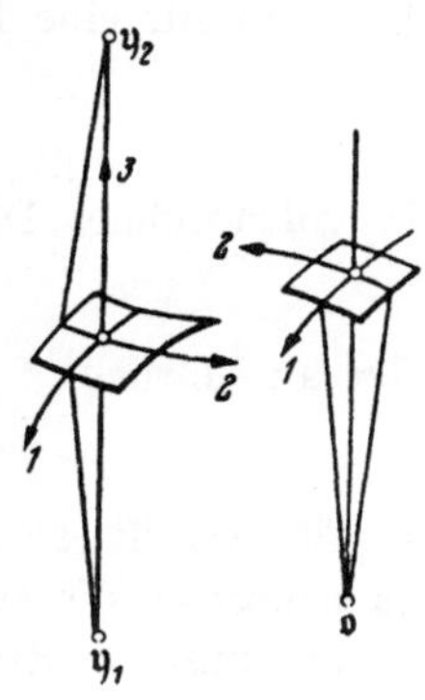

Abb. 43.

$$\sigma_1 + r_1\omega_2 = 0, \qquad \sigma_2 - r_2\omega_1 = 0;$$
$$c_{11} = -\frac{1}{r_1}, \qquad c_{12} = 0, \qquad c_{22} = -\frac{1}{r_2}; \tag{28}$$
$$-\langle d\mathfrak{x}, d\mathfrak{a}_3 \rangle = \frac{\sigma_1^2}{r_1} + \frac{\sigma_2^2}{r_2}.$$

Aus der letzten Gleichung folgt: Die Krümmungslinien halbieren die Winkel der Schmieglinien. In Abb. 42 ist das Verhalten der Krümmungslinien in der Nähe eines Punktes mit $K > 0$ angedeutet, und in Abb. 43 bei $K < 0$ zusammen mit dem Kugelabbild.

Aus (1) folgt wie auf S. 45:

$$[\omega_1\,\omega_2] = K[\sigma_1\sigma_2] \tag{29}$$

ist das Flächenelement des Kugelabbilds $\mathfrak{k}$ unserer Fläche $\mathfrak{f}$. *Die Gesamtkrümmung von $\mathfrak{f}$ ist also das mit geeignetem Vorzeichen genommene Flächenmaß von $\mathfrak{k}$.* Schließlich war nach (28)

$$\langle d\mathfrak{a}, d\mathfrak{a} \rangle = \omega_1^2 + \omega_2^2 = \frac{\sigma_1^2}{r_1^2} + \frac{\sigma_2^2}{r_2^2} \tag{30}$$

das (quadrierte) *Bogenelement von $\mathfrak{k}$.*

Das Kugelabbild $\mathfrak{k}$ einer Fläche $\mathfrak{f}$ überdeckt die Einheitskugel nicht notwendig schlicht, sondern mehrfach in der Art der Flächen Riemanns, die man in der Funktionentheorie betrachtet. Nur können im Kugelbild auch „Falten“ auftreten, die im allgemeinen den „*parabolischen Linien*“ auf $\mathfrak{f}$ entsprechen, d. h. den Linien, auf denen $K = 0$ ist.

Eine zweigliedrige Geradenschar können wir so darstellen:

$$\mathfrak{x} = \mathfrak{p}(u, v) + w\,\mathfrak{a}(u, v); \quad \langle \mathfrak{a}\mathfrak{a} \rangle = 1. \tag{31}$$

Es wird dann eine Schargerade durch feste u, v-Werte bestimmt sein. Versuchen wir jetzt $w(u, v)$ so zu ermitteln, daß die Geraden der Schar die entstehende Fläche $\mathfrak{x}(u, v)$ rechtwinklig schneiden! Dann wird

$$\langle \mathfrak{a}, d\mathfrak{x} \rangle = \langle \mathfrak{a}, d\mathfrak{p} \rangle + dw = 0; \tag{32}$$

also muß für eine Normalenschar

$$-dw = \langle \mathfrak{a}, d\mathfrak{p} \rangle \tag{33}$$

ein vollständiges Differential sein, also

$$d\langle \mathfrak{a}, d\mathfrak{p} \rangle = \langle d\mathfrak{a}, d\mathfrak{p} \rangle = 0 \tag{34}$$

oder ausführlich

$$\langle \mathfrak{a}_u \mathfrak{p}_v \rangle - \langle \mathfrak{a}_v \mathfrak{p}_u \rangle = 0. \tag{35}$$

Ist (35) erfüllt, so gibt es zu unserer Geradenschar eine eingliedrige Flächenschar, die sie rechtwinklig durchsetzt (*Parallelflächen*).

Aus unseren Ergebnissen über Krümmungslinien wissen wir: *Die in der zweigliedrigen Geradenschar der Normalen einer Fläche enthaltenen Torsen schneiden sich jeweils rechtwinklig.* Wir wollen jetzt zeigen: *Diese Eigenschaft kennzeichnet die Normalenscharen.* Hat nämlich die Schar (31) die Eigenschaft der Rechtwinkligkeit der Torsen, so können wir die Zeiger u, v so wählen, daß die Torsen, die im allgemeinen durch die Bedingung

$$[\mathfrak{a}, d\mathfrak{a}, d\mathfrak{x}] = 0 \tag{36}$$

gegeben sind, durch $u =$ fest und $v =$ fest dargestellt werden. Dann werden einerseits $\mathfrak{a}, \mathfrak{a}_u, \mathfrak{p}_u$ und anderseits $\mathfrak{a}, \mathfrak{a}_v, \mathfrak{p}_v$ linear abhängig, und da $\mathfrak{a}, \mathfrak{a}_u, \mathfrak{a}_v$ ein rechtwinkliges Dreibein bilden, wird somit $\langle \mathfrak{a}_u \mathfrak{p}_v \rangle = 0$ und $\langle \mathfrak{a}_v \mathfrak{p}_u \rangle = 0$. Damit ist aber tatsächlich die Bedingung (35) für Normalenscharen erfüllt.

§ 62. Krümmung der Flächenlinien.

Ziehen wir auf unserer Fläche $\mathfrak{f}$ durch ihren Punkt $\mathfrak{x}$ eine Linie $\mathfrak{L}$ mit dem Tangentenvektor (61,3)

$$\mathfrak{a}_1^* = \mathfrak{a}_1 \cos \tau + \mathfrak{a}_2 \sin \tau \tag{1}$$

und dem Hauptnormalenvektor (Normale in der Schmiegebene)

$$\mathfrak{h} = \mathfrak{a}_2^* \cos \vartheta + \mathfrak{a}_3 \sin \vartheta, \quad \mathfrak{a}_2^* = -\mathfrak{a}_1 \sin \tau + \mathfrak{a}_2 \cos \tau. \tag{2}$$

ϑ ist dann der Winkel der Schmiegebene von $\mathfrak{L}$ in $\mathfrak{x}$ mit der Tangentenebene von $\mathfrak{f}$ in $\mathfrak{x}$. Diese beiden Ebenen seien verschieden. Bedeutet $1 : r$ die Krümmung von $\mathfrak{L}$ in $\mathfrak{x}$, so gilt nach (24,1) in unserer jetzigen Schreibweise

$$\frac{d\mathfrak{a}_1^*}{ds} = \frac{\mathfrak{h}}{r} = \frac{\mathfrak{a}_2^* \cos \vartheta + \mathfrak{a}_3 \sin \vartheta}{r} \tag{3}$$

und andererseits nach (61,1)

$$\frac{d\mathfrak{a}_1^*}{ds} = \frac{\mathfrak{a}_2^* \omega_3^* - \mathfrak{a}_3 \omega_2^*}{\sigma}. \tag{4}$$

Durch Vergleich von (3), (4) und nach (61,6) folgt

$$\frac{\sin \vartheta}{r} = -\frac{\omega_2^*}{\sigma} = \frac{\omega_1 \sin \tau - \omega_2 \cos \tau}{\sigma}. \tag{5}$$

Führt man darin für ω_1, ω_2 die Werte aus (61,28) ein und setzt man schließlich $\sigma_1 = \sigma \cos \tau$, $\sigma_2 = \sigma \sin \tau$, so entsteht

$$\frac{\sin \vartheta}{r} = \frac{\cos^2 \tau}{r_1} + \frac{\sin^2 \tau}{r_2} = -\frac{\langle d\mathfrak{x}, d\mathfrak{a}_3 \rangle}{\langle d\mathfrak{x}, d\mathfrak{x} \rangle}. \tag{6}$$

Hierin liegt: *Flächenlinien, die sich in $\mathfrak{x}$ berühren und dort auch die gleiche Schmiegebene besitzen, haben in $\mathfrak{x}$ auch die gleiche Krümmung $1 : r$. Geht die Schmiegebene durch die Flächennormale, so ist, wie* L. Euler 1760 *gefunden hat,*

$$\frac{1}{r_0} = \frac{\cos^2 \tau}{r_1} + \frac{\sin^2 \tau}{r_2}. \tag{7}$$

Die Krümmungen der einander in $\mathfrak{x}$ berührenden Flächenlinien hängen so zusammen:

$$\frac{\sin \vartheta}{r} = \frac{1}{r_0}. \tag{8}$$

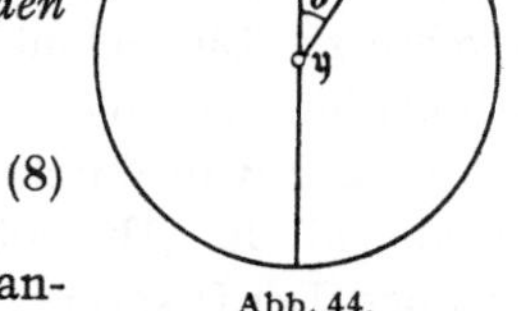

Abb. 44.

Dies hat M. Ch. Meusnier (1754/1793) 1776 angegeben.

(8) läßt sich so aussprechen: *Für die Flächenlinien, die sich in $\mathfrak{x}$ berühren, gehen die zugehörigen Krümmungsachsen (§ 25) alle durch den Punkt*

$$\mathfrak{y} = \mathfrak{x} + r_0 \mathfrak{a}_3.$$

Die zugehörigen Krümmungskreise liegen demnach alle auf der Kugel mit dem Mittelpunkt $\mathfrak{y}$ und dem Halbmesser r_0 (Abb. 44).

Nehmen wir für den Augenblick die naheliegende Darstellung für
unsere Fläche $\mathfrak{f}$
$$x_1 = u, \qquad x_2 = v, \qquad x_3 = F(u, v), \tag{9}$$
und es gehe $\mathfrak{f}$ durch den Ursprung $\mathfrak{o}$ und habe dort die Ebene $x_3 = 0$
zur Tangentenebene. Dann beginnt die Entwicklung von F nach
Potenzen von u, v mit den quadratischen Gliedern:
$$x_2 = \tfrac{1}{2}(F_{11}u^2 + 2F_{12}uv + F_{22}v^2) + \cdots. \tag{10}$$
Für die Tangentenvektoren $\mathfrak{x}_u, \mathfrak{x}_v$ folgen hieraus
$$\mathfrak{x}_u = (1, 0, F_{11}u + F_{12}v + \cdots), \qquad \mathfrak{x}_v = (0, 1, F_{12}u + F_{22}v + \cdots) \tag{11}$$
und für den Einheitsvektor der Normalen
$$\mathfrak{a}_3 = (-F_{11}u - F_{12}v + \cdots, \; -F_{12}u - F_{22}v + \cdots, \; 1). \tag{12}$$
Die quadratischen Grundformen haben deshalb in $\mathfrak{o}$ die Ausdrücke
$$\begin{aligned}
\langle d\mathfrak{x}, d\mathfrak{x}\rangle &= du^2 + dv^2,\\
-\langle d\mathfrak{x}, d\mathfrak{a}_3\rangle &= F_{11}du^2 + 2F_{12}dudv + F_{22}dv^2.
\end{aligned} \tag{13}$$

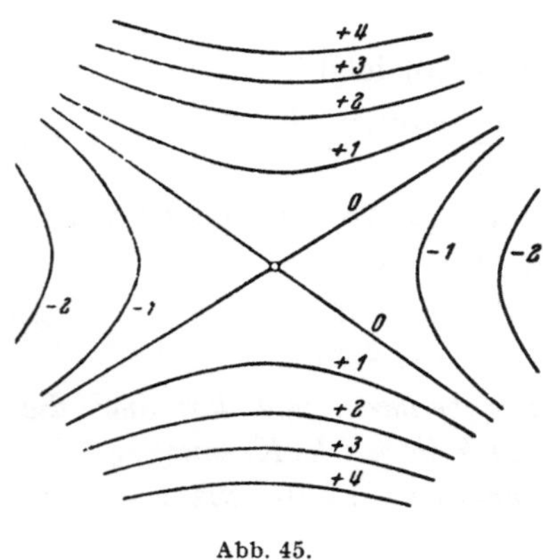

Abb. 45.

Nehmen wir in $\mathfrak{o}$
$$\sigma_1 = du, \qquad \sigma_2 = dv, \tag{14}$$
so wird nach (13), (61,28)
$$F_{11}\sigma_1^2 + 2F_{12}\sigma_1\sigma_2 + F_{22}\sigma_2^2 = \frac{\sigma_1^2}{r_1} + \frac{\sigma_2^2}{r_2}.$$
Die Reihenentwicklung in $\mathfrak{o}$ für
unsere Fläche $\mathfrak{f}$ bei der besonderen
Wahl unseres Achsenkreuzes be-
ginnt also so:
$$x_3 = \frac{1}{2}\left(\frac{x_1^2}{r_1} + \frac{x_2^2}{r_2}\right) + \cdots. \tag{15}$$
Für
$$K = \frac{1}{r_1}\cdot\frac{1}{r_2} > 0$$

liegt also $\mathfrak{f}$ in der Nachbarschaft von $\mathfrak{o}$ ganz auf einer Seite der Tangentenebene, während für $K < 0$ die Fläche $\mathfrak{f}$ ihre Tangentenebene in $\mathfrak{o}$
durchsetzt. Die Schmiegtangenten in $\mathfrak{o}$ berühren im zweiten Fall die
Schnittlinie. Das Verhalten einer Fläche in der Umgebung einer Stelle
mit $K < 0$ wird durch die Abb. 45 veranschaulicht. Darin sind zur
Fläche (15) die „Höhenlinien" $x_3 = 0, \pm 1, \pm 2, \ldots$ im „Grundriß" gezeichnet. Der Ursprung spielt die Rolle eines „Passes" (oder „Sattels")[1].

Bringen wir die Fläche (15) mit der Ebene $x_3 = c$ für kleine $|c|$
zum Schnitt und „strecken" wir diese Höhenlinien im Längenverhältnis
$$1 : \sqrt{2|c|},$$
indem wir setzen
$$\xi_1 = \frac{x_1}{\sqrt{2|c|}}, \qquad \xi_2 = \frac{x_2}{\sqrt{2|c|}},$$

---

[1] Vgl. Abb. 57, S. 138.

dann erhält man durch den Grenzübergang $c \to 0$ aus der Schnittlinie

$$\frac{\xi_1{}^2}{r_1} + \frac{\xi_2{}^2}{r_2} = \pm 1 \, .$$

Man nennt diesen Kegelschnitt oder dies Paar von Kegelschnitten die „*Indikatrix*" des betrachteten Flächenpunkts nach Ch. Dupin 1813.

Bringen wir die Fläche mit einer Normalebene $x_1 \sin\tau - x_2 \cos\tau = 0$ zum Schnitt, so gibt der zugehörige Fahrstrahl der Indikatrix nach (7) die Wurzel aus dem Krümmungshalbmesser $|r|$ wie in Abb. 46.

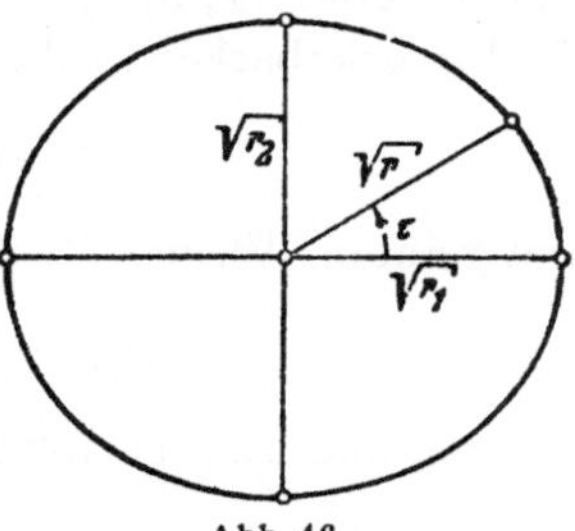

Abb. 46.

Lassen wir die besondere Achsenwahl wieder fallen und betrachten wir die 3 quadratischen Grundformen

$$\begin{aligned}
\langle d\mathfrak{x}, d\mathfrak{x}\rangle &= \sigma_1^2 + \sigma_2^2, \\
\langle d\mathfrak{x}, d\mathfrak{a}_3\rangle &= \sigma_1 \omega_2 - \sigma_2 \omega_1, \\
\langle d\mathfrak{a}_3, d\mathfrak{a}_3\rangle &= \omega_1^2 + \omega_2^2.
\end{aligned} \tag{16}$$

Wählen wir für $\mathfrak{N}$ insbesondere das Netz der Krümmungslinien, so wird nach (61,28), (61,30)

$$\begin{aligned}
- \langle d\mathfrak{x}, d\mathfrak{a}_3\rangle &= \frac{\sigma_1{}^2}{r_1} + \frac{\sigma_2{}^2}{r_2}, \\
\langle d\mathfrak{a}_3, d\mathfrak{a}_3\rangle &= \frac{\sigma_1{}^2}{r_1{}^2} + \frac{\sigma_2{}^2}{r_2{}^2}.
\end{aligned} \tag{17}$$

Dann folgt daraus für alle $\sigma_1 : \sigma_2$

$$\frac{1}{r_1 r_2}\langle d\mathfrak{x}, d\mathfrak{x}\rangle + \left(\frac{1}{r_1} + \frac{1}{r_2}\right)\langle d\mathfrak{x}, d\mathfrak{a}_3\rangle + \langle d\mathfrak{a}_3, d\mathfrak{a}_3\rangle = 0. \tag{18}$$

Zwischen den drei quadratischen Grundformen besteht die lineare Abhängigkeit

$$K\langle d\mathfrak{x}, d\mathfrak{x}\rangle + 2H\langle d\mathfrak{x}, d\mathfrak{a}_3\rangle + \langle d\mathfrak{a}_3, d\mathfrak{a}_3\rangle = 0. \tag{19}$$

§ 63. Der Satz von Dupin über rechtwinklige Flächennetze.

Nehmen wir ein rechtwinkliges Achsenkreuz $\{\mathfrak{x}; \mathfrak{a}_1, \mathfrak{a}_2, \mathfrak{a}_3\}$, das von 3 Zeigern u_1, u_2, u_3 abhängt. Setzen wir

$$d\mathfrak{x} = \mathfrak{a}_1 \sigma_1 + \mathfrak{a}_2 \sigma_2 + \mathfrak{a}_3 \sigma_3 \tag{1}$$

und nehmen wir an, die σ_j seien bis auf Skalarfaktoren c_j vollständige Differentiale:

$$\sigma_j = c_j dv_j; \qquad [\sigma_1 \sigma_2 \sigma_3] \neq 0. \tag{2}$$

Dann durchschneiden sich die 3 Flächenscharen ($v_j = $ fest) rechtwinklig, und wir haben ein „*dreifach rechtwinkliges Flächennetz*" (= „dreifaches Orthogonalsystem") vor uns. Die v_1, v_2, v_3 sind „krummlinige" rechtwinklige Punktzeiger. Aus (2) folgt durch äußere Ableitung

$$d\sigma_j = [dc_j, dv_j], \tag{3}$$

und somit ist

$$[\sigma_j, d\sigma_j] = c_j[dv_j, dc_j, dv_j] = 0. \tag{4}$$

Setzen wir andererseits wie in (61,1)

$$d\mathfrak{a}_1 = \mathfrak{a}_2\,\omega_3 - \mathfrak{a}_3\,\omega_2 \tag{5}$$

und reihum in 1, 2, 3, so finden wir durch Ableitung von (1) wegen (5) als Integrierbarkeitsbedingung

$$d\sigma_1 = [\omega_3\,\sigma_2] - [\omega_2\,\sigma_3] \tag{6}$$

und reihum. Wegen (4) ist somit

$$-[\sigma_1, d\sigma_1] = [\sigma_1\,\sigma_2\,\omega_3] + [\sigma_3\,\sigma_1\,\omega_2] = 0 \tag{7}$$

und reihum. Daraus folgt aber

$$[\sigma_1\,\sigma_2\,\omega_3] = [\sigma_2\,\sigma_3\,\omega_1] = [\sigma_3\,\sigma_1\,\omega_2] = 0. \tag{8}$$

Betrachten wir jetzt z. B. eine Schnittlinie v_2, $v_3 = $ fest oder σ_2, $\sigma_3 = 0$, so ist nach (8) auf ihr auch $\omega_1 = 0$, also ist sie auf ihrer Fläche $v_3 = $ fest oder $\sigma_3 = 0$ nach (61,13) Krümmungslinie.

Damit ist der von Ch. Dupin in seinem Werk ,,Développements de géométrie'' von 1813 veröffentlichte Lehrsatz bewiesen: *Flächen eines dreifachen rechtwinkligen Netzes $v_j = $ fest, $v_k = $ fest $(j \neq k)$ durchschneiden sich in Linien, die auf beiden Krümmungslinien sind.* Nebenbei: Dies ließe sich nach Darboux in gewisser Weise umkehren.

Ein *erstes Beispiel* für ein solches rechtwinkliges Flächennetz bekommen wir, ausgehend von einer Fläche $\mathfrak{f}_0$ mit dem Netz $\mathfrak{N}$ ihrer Krümmungslinien, wenn wir dazu die ,,*Parallelflächen*'' aufsuchen:

$$\mathfrak{x}(u, v, w) = \mathfrak{x}_0(u, v) + w\,\mathfrak{a}_3(u, v). \tag{9}$$

Dann bilden die Parallelflächen $w = $ fest zusammen mit den Torsen aus den Normalen $\sigma_1 = 0$, $\sigma_2 = 0$ längs der Krümmungslinien ein rechtwinkliges Flächennetz. Wir haben nämlich aus (8), (61,28)

$$d\mathfrak{x} = \mathfrak{a}_1\left(1 - \frac{w}{r_1}\right)\sigma_1 + \mathfrak{a}_2\left(1 - \frac{w}{r_2}\right)\sigma_2 + \mathfrak{a}_3\,dw. \tag{10}$$

Ein *zweites Beispiel* ist das Netz der ,,*konfokalen Quadriken*'' (Flächen zweiter Ordnung). Nehmen wir eine Gleichung von der Gestalt

$$f(t) = \frac{x_1{}^2}{t - a_1} + \frac{x_2{}^2}{t - a_2} + \frac{x_3{}^2}{t - a_3} = 1 \tag{11}$$

etwa mit $a_1 > a_2 > a_3 > 0$. Sie stellt für festes t eine Quadrik dar. Gibt man die $x_j > 0$ vor, so wird (10) eine kubische Gleichung für t. Sie hat aus Stetigkeitsgründen drei reelle Lösungen in t, und zwar auf folgenden Teilstrecken:

$$t_1 > a_1 > t_2 > a_2 > t_3 > a_3. \tag{12}$$

t_1 entspricht dem Ellipsoid, t_2 dem einschaligen und t_3 dem zweischaligen Hyperboloid durch den gegebenen Punkt $\mathfrak{x}$. Die Flächennormale hat die Richtung

$$\left\{ \frac{x_1}{t_j - a_1}, \quad \frac{x_2}{t_j - a_2}, \quad \frac{x_3}{t_j - a_3} \right\}.$$

Zwei solche Normalen sind aber tatsächlich rechtwinklig, denn aus $f(t_j) - f(t_k) = 0$ ergibt sich

$$\frac{x_1^2}{(t_j - a_1)(t_k - a_1)} + \frac{x_2^2}{(t_j - a_2)(t_k - a_2)} + \frac{x_3^2}{(t_j - a_3)(t_k - a_3)} = 0. \tag{13}$$

Ähnliches gilt auch im Grenzfall der Paraboloide. Damit folgt nach Dupins Satz:

Die Krümmungslinien einer Quadrik sind im allgemeinen Raumkurven vierter Ordnung, die auf ihr durch die konfokalen Quadriken ausgeschnitten werden.

Wir wollen uns etwa auf dem Ellipsoid ($t_1 = $ fest) über den Verlauf seiner Krümmungslinien unterrichten! Dazu berechnen wir aus (11) die rechtwinkligen Zeiger durch die „elliptischen" t_1, t_2, t_3:

$$\begin{aligned}
x_1^2 &= \frac{(t_1 - a_1)(t_2 - a_1)(t_3 - a_1)}{(a_1 - a_2)(a_1 - a_3)}, \\
x_2^2 &= \frac{(t_1 - a_2)(t_2 - a_2)(t_3 - a_2)}{(a_2 - a_3)(a_2 - a_1)}, \\
x_3^2 &= \frac{(t_1 - a_3)(t_2 - a_3)(t_3 - a_3)}{(a_3 - a_1)(a_3 - a_2)}.
\end{aligned} \tag{14}$$

Für den Normalriß der Krümmungslinien auf dem Ellipsoid $t_1 = $ fest auf die Ebene $x_1 = 0$ ergibt sich somit mit festen positiven c_2, c_3

$$x_2^2 = c_2 \xi_2^2, \quad x_3^2 = c_3 \xi_3^2. \tag{15}$$

Die zweiten Faktoren in (15), nämlich

$$\xi_2^2 = \frac{(t_2 - a_2)(t_3 - a_2)}{a_3 - a_2}, \quad \xi_3^2 = \frac{(t_2 - a_3)(t_3 - a_3)}{a_2 - a_3} \tag{16}$$

stellen aber entsprechend zu (14) in der ξ_2, ξ_3-Ebene die konfokalen Kegelschnitte dar

$$\frac{\xi_2^2}{t - a_2} + \frac{\xi_3^2}{t - a_3} = 1. \tag{17}$$

Die positiven ersten Faktoren (15) sind aber auf unserem Ellipsoid t_1 fest. Es entstehen also die gesuchten Normalrisse der Krümmungslinien durch die „affine Abbildung" $x_2 = \sqrt{c_2}\, \xi_2$, $x_3 = \sqrt{c_3}\, \xi_3$ aus den konfokalen Kegelschnitten (Abb. 47). Somit gibt es auf unserem Ellipsoid genau vier Nabelpunkte in $x_2 = 0$, und in ihrer Umgebung verhalten sich die Krümmungslinien so wie die konfokalen Kegelschnitte um ihre gemeinsamen Brennpunkte. Dazu vergleiche man § 49, Nr. 11. Die Nabelpunkte der Ellipsoide hängen mit den „*Fokalkegelschnitten*" der Schar (11) zusammen. Durch den Grenzübergang $t_1 \to a_1$ erhalten wir

nämlich aus den Ellipsoiden der Schar das doppelt bedeckte Innere
der Ellipse

$$x_1 = 0, \qquad \frac{x_2^2}{A_2^2} + \frac{x_3^2}{A_3^2} = 1; \tag{18}$$

$$A_2^2 = a_1 - a_2, \qquad A_3^2 = a_1 - a_3,$$

deren Brennpunkte auf der 3-Achse liegen im Abstand E vom Ursprung
mit

$$E^2 = A_3^2 - A_2^2 = a_2 - a_3. \tag{19}$$

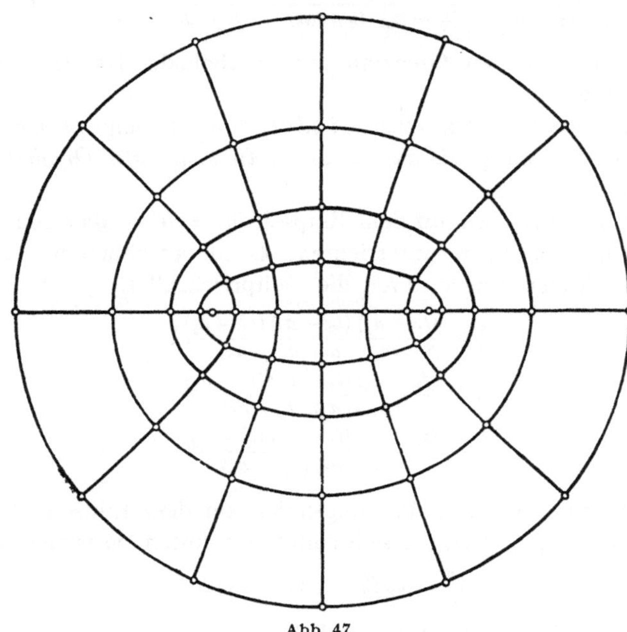

Abb. 47.

Durch den Grenzübergang $t_2 \to a_2$ entsteht das doppelt bedeckte Äußere
der Hyperbel

$$x_2 = 0, \qquad -\frac{x_1^2}{B_1^2} + \frac{x_3^2}{B_3^2} = 1; \tag{20}$$

$$B_1^2 = a_1 - a_2, \qquad B_3^2 = a_2 - a_3.$$

Ihre Brennpunkte liegen auf der 3-Achse im Abstand H mit

$$H^2 = a_1 - a_3 \tag{21}$$

vom Ursprung. Diese beiden Fokalkegelschnitte sind also eine Ellipse
und eine Hyperbel in zueinander rechtwinkligen Ebenen, und wegen
$E = B_3$ und $H = A_3$ sind die Brennpunkte jedes der beiden Kegelschnitte Scheitel des anderen. Es liegen aber die Nabel der Ellipsoide
($t_1 =$ fest) auf der Fokalhyperbel[1].

---

[1] Jeder Kegel, der seine Spitze auf einem der Fokalkegelschnitte hat und
durch den anderen geht, ist ein Drehkegel.

Für das Bogenelement

$$ds^2 = dx_1^2 + dx_2^2 + dx_3^2$$

folgt aus (14)

$$4\,ds^2 = \frac{(t_1 - t_2)\,(t_1 - t_3)}{(t_1 - a_1)\,(t_1 - a_2)\,(t_1 - a_3)}\,dt_1^2 + \cdots,\tag{22}$$

worin die fehlenden 2 Glieder dadurch entstehen, daß man die Marken 1, 2, 3 reihum vertauscht. In (22) gibt es nur die rein quadratischen Glieder; das bedeutet die Rechtwinkligkeit unseres Flächennetzes. Beschränken wir unser Augenmerk etwa wieder auf das Ellipsoid $t_1 = $ fest, so wird aus (22)

$$ds^2 = \frac{t_2 - t_3}{4}\left\{\frac{t_2 - t_1}{(t_2 - a_1)\,(t_2 - a_2)\,(t_2 - a_3)}\,dt_2^2 - \frac{t_3 - t_1}{(t_3 - a_1)\,(t_3 - a_2)\,(t_3 - a_3)}\,dt_3^2\right\}$$
$$= (t_2 - t_3)\,\{f(t_2)\,dt_2^2 + g(t_3)\,dt_3^2\}.\tag{23}$$

Das ist aber nach § 56 ein Bogenelement von Liouville. Die Krümmungslinien auf t_1 bilden also ein Netz von Liouville. Die *Ermittlung der Geodätischen* auf dem Ellipsoid gelingt deshalb nach (56, 21), wie C. G. J. Jacobi 1839 bemerkt hat. Dabei treten ,,hyperelliptische Integrale" auf.

Die konfokalen Quadriken sind von P. S. Laplace 1799, J. Ivory (1765/1842) 1809 und K. F. Gauß 1813 (Werke, Bd. V, S. 19) zu Zwecken der Himmelsmechanik eingeführt worden. Die Krümmungslinien auf den Quadriken hat G. Monge 1795 gefunden. Die Bestimmung aller rechtwinkligen Flächennetze im Euklidischen $\Re_3$ ist eine schwierige Aufgabe, mit der sich viele Geometer befaßt haben, z. B. G. Darboux in dem Werk: Leçons sur les systèmes orthogonaux ..., Paris 1910[1]. Einen guten Einblick in diese Fragen erhielte man von der Geometrie Riemanns aus[2].

§ 64. Die winkeltreuen Abbildungen des Raumes.

Betrachten wir folgende Zuordnung zwischen Punkten $\mathfrak{x}$, $\mathfrak{x}^*$ des Raumes:

$$\mathfrak{x}^* = \frac{\mathfrak{x}}{\langle\mathfrak{x}\mathfrak{x}\rangle}.\tag{1}$$

Man nennt sie ,,*Spiegelung*" oder ,,Inversion" an der Einheitskugel $\langle\mathfrak{x}\mathfrak{x}\rangle = 1$. Jedes Paar $\mathfrak{x}$, $\mathfrak{x}^*$ liegt nämlich so auf demselben Halbstrahl durch den Ursprung $\mathfrak{o}$, daß das Produkt ihrer Abstände von $\mathfrak{o}$ gleich Eins wird. Rückt $\mathfrak{x}$ in den Ursprung $\mathfrak{o}$, so läuft bei (1) $\mathfrak{x}^*$,,ins Unendliche". Man kann also die Abbildung (1) dadurch künstlich ohne Ausnahme eineindeutig machen, daß man einen einzigen *uneigentlichen Punkt* als Abbild $\mathfrak{o}^*$ von $\mathfrak{o}$ bei (1) einführt. Die Spiegelung (1) verwandelt

---

[1] Weitere Schriften bei E. Salkowski, Enzyklopädie III D 9.

[2] Vergleiche dazu auch W. Blaschke, Analytische Geometrie, S. 84/105, Wolfenbüttel 1948.

Kugeln immer wieder in Kugeln, wenn wir die Ebenen (Kugeln durch $\mathfrak{o}^*$) als Grenzfall mit zu den Kugeln rechnen. Eine Kugelgleichung

$$A_0 + A_1 x_1 + A_2 x_2 + A_3 x_3 + A_4 \langle \mathfrak{x} \mathfrak{x} \rangle = 0 \tag{2}$$

geht nämlich wieder in eine solche über:

$$A_0 \langle \mathfrak{x}^* \mathfrak{x}^* \rangle + A_1 x_1^* + A_2 x_2^* + A_3 x_3^* + A_4 = 0. \tag{3}$$

Die Bogenelemente vertauschen sich bei (1) so:

$$d s^{*2} = \langle d\mathfrak{x}^*, d\mathfrak{x}^* \rangle = \frac{\langle d\mathfrak{x}, d\mathfrak{x} \rangle}{\langle \mathfrak{x}\mathfrak{x} \rangle^2} = \frac{d s^2}{\langle \mathfrak{x}\mathfrak{x} \rangle^2}. \tag{4}$$

Sie ändern sich also um einen von der Richtung unabhängigen Faktor, und damit bleiben die durch

$$\cos \vartheta = \frac{\langle d\mathfrak{x}, \delta\mathfrak{x} \rangle}{d s \cdot \delta s} \tag{5}$$

erklärten Winkel erhalten. Eine Spiegelung (1) ist also ein nicht selbstverständliches Beispiel einer *winkeltreuen* Abbildung des Raumes, wenn wir die *ähnlichen Abbildungen* als selbstverständliche Beispiele winkeltreuer Abbildungen ansehen.

Die Gruppe der Punktabbildungen des Raumes, die durch Spiegelungen an Kugeln erzeugt werden und die die kennzeichnende Eigenschaft haben, die Kugeln untereinander zu vertauschen, hat A. F. Möbius unter dem Namen „Kreisverwandtschaften" 1855 eingeführt.

Wir wollen jetzt unter geeigneten Stetigkeitsannahmen nach J. Liouville 1850 zeigen:

Jede winkeltreue Abbildung des Raumes führt Kugeln wieder in Kugeln über.

Nach (63,9), (63,10) kann jede Fläche im Kleinen in ein dreifach rechtwinkliges Flächennetz eingebettet werden, und da die Rechtwinkligkeit eines solchen Netzes bei winkeltreuer Abbildung erhalten bleibt, erhalten diese Abbildungen die Krümmungslinien. Unsere Behauptung wird damit auf die folgende zurückgeführt: Die Kugeln sind die einzigen Flächen, auf denen jede Linie Krümmungslinie ist, oder:

Die Kugeln (mit Einschluß der Ebenen) sind die einzigen Flächen, die nur Nabelpunkte enthalten.

Für eine solche „Nabelfläche" ist nach (61,18) kennzeichnend, daß es auf $\mathfrak{f}$ eine Ortsfunktion c gibt, so daß

$$d\mathfrak{a}_3 = c\,d\mathfrak{x} \tag{6}$$

wird. Hieraus folgt durch äußere Ableitung

$$[dc, d\mathfrak{x}] = 0 \tag{7}$$

oder ausführlich

$$[dc, dx_j] = 0; \quad j = 1, 2, 3. \tag{8}$$

Unter den $d x_j$ gibt es zwei linear unabhängige, also ergibt sich aus (8)

$$dc = 0, \quad c = \text{fest.} \tag{9}$$

Für $c = 0$ folgt aus (6) $\mathfrak{a}_3 = $ fest und aus $\langle \mathfrak{a}_3, d\mathfrak{x}\rangle = 0$ durch Integrieren $\langle \mathfrak{a}_3 \mathfrak{x}\rangle = $ fest, also die Gleichung einer Ebene. Für festes $c \neq 0$ und $c = 1 : r$ setzen wir

$$\mathfrak{y} = \mathfrak{x} - r\mathfrak{a}_3 \tag{10}$$

und finden $d\mathfrak{y} = 0$, also $\mathfrak{y} = $ fest, d. h. $\mathfrak{x}$ liegt auf der Kugel um den Mittelpunkt $\mathfrak{y}$ mit dem festen Halbmesser r, wie behauptet.

§ 65. Schmieglinien.

Die Schmieglinien einer Fläche $\mathfrak{f}$ waren in § 61 durch

$$\langle d\mathfrak{x}, d\mathfrak{a}_3\rangle = \sigma_1 \omega_2 - \sigma_2 \omega_1 = \sum c_{jk}\sigma_j\sigma_k = 0 \tag{1}$$

erklärt. Eine Flächenlinie, die an einer Stelle $\mathfrak{x}$ eine Schmieglinie berührt, ohne mit ihr die Schmiegebene gemein zu haben, hat nach (62,6) in $\mathfrak{x}$ verschwindende Krümmung. Man nennt deshalb die Linien (1) auch *Wendelinien*. Jede Tangente an eine Schmieglinie hat im Berührungspunkt nach (62,15) eine Berührung mindestens zweiter Ordnung mit $\mathfrak{f}$, ist also „*Schmiegtangente*" der Fläche und umgekehrt; daher die Benennung. Die Schmiegebene in einem Punkt $\mathfrak{x}$ einer Schmieglinie, in dem ihre Krümmung nicht verschwindet, berührt in $\mathfrak{x}$ die Fläche $\mathfrak{f}$. Enthält eine Fläche gerade Linien, so sind sie Schmieglinien der Fläche. Somit sind auf einer geradlinigen Quadrik die geradlinigen Erzeugenden ihre Schmieglinien.

Mit dem Begriff der Schmiegtangenten eng verbunden ist der der *konjugierten Tangenten* in einem Flächenpunkt $\mathfrak{x}$ nach Ch. Dupin 1813. Beschreibe der Punkt $\mathfrak{x}$ eine Linie $\mathfrak{w}$ auf $\mathfrak{f}$ und suchen wir die Hüllfläche der Tangentenebenen in $\mathfrak{x}$:

$$\langle \mathfrak{y} - \mathfrak{x}, \mathfrak{a}_3\rangle = 0. \tag{2}$$

Durch Ableitung längs $\mathfrak{w}$ bei festem $\mathfrak{y}$ folgt wegen $\langle \mathfrak{a}_3 d\mathfrak{x}\rangle = 0$

$$\langle \mathfrak{y} - \mathfrak{x}, d\mathfrak{a}_3\rangle = 0 \tag{3}$$

oder, wenn wir den Richtungsvektor $\mathfrak{y} - \mathfrak{x}$ der Berührungsgeraden mit $\delta\mathfrak{x}$ bezeichnen:

$$\langle \delta\mathfrak{x}, d\mathfrak{a}_3\rangle = 0. \tag{4}$$

Zwei Tangentenrichtungen $d\mathfrak{x}$, $\delta\mathfrak{x}$ in $\mathfrak{x}$, die dieser Bedingung genügen, nennt man „*konjugiert*". Diese Beziehung (4) ist aber symmetrisch. Setzen wir nämlich mittels (61,9)

$$\delta\mathfrak{x} = \mathfrak{a}_1 \sigma_1' + \mathfrak{a}_2 \sigma_2',$$
$$d\mathfrak{a}_3 = \mathfrak{a}_1 \omega_2 - \mathfrak{a}_2 \omega_1 = \mathfrak{a}_1(c_{21}\sigma_1 + c_{22}\sigma_2) + \mathfrak{a}_2(c_{11}\sigma_1 + c_{12}\sigma_2), \tag{5}$$

so wird

$$\langle \delta\mathfrak{x}, d\mathfrak{a}_3\rangle = \sigma_1' \omega_2 - \sigma_2' \omega_1 = \sum c_{jk}\sigma_j'\sigma_k \tag{6}$$

Nach (61, 10) war aber $c_{12} = c_{21}$, und hierin liegt die behauptete Symmetrie von (6):

$$\langle \delta \mathfrak{x}, d\mathfrak{a}_3 \rangle = \langle d\mathfrak{x}, \delta \mathfrak{a}_3 \rangle \tag{7}$$

oder

$$\sigma_1' \omega_2 - \sigma_2' \omega_1 = \sigma_1 \omega_2' - \sigma_2 \omega_1'. \tag{8}$$

Da (6) die Polarenbildung der quadratischen Differentialform $\langle d\mathfrak{x}, d\mathfrak{a}_3 \rangle$ ist, trennen die Schmiegtangenten konjugierte Tangenten harmonisch.

Suchen wir die Bedingung dafür, daß die beiden Linienscharen $u = $ konst. und $v = $ konst. auf $\mathfrak{f}$ „konjugiert" sind, d. h. daß in jedem Flächenpunkt $\mathfrak{x}$ die Kurventangenten mit den Richtungen $\mathfrak{x}_u$ und $\mathfrak{x}_v$ konjugiert ausfallen! Aus (4) folgt die Bedingung

$$\langle \mathfrak{x}_u, (\mathfrak{x}_u \times \mathfrak{x}_v)_v \rangle = 0. \tag{9}$$

Sie gibt vereinfacht das Verschwinden der Determinante

$$[\mathfrak{x}_u \mathfrak{x}_v \mathfrak{x}_{uv}] = 0. \tag{10}$$

Auch hieraus ist die vorhin behauptete Symmetrie offenkundig.

Betrachten wir insbesondere Flächen $\mathfrak{f}$, die eine Parameterdarstellung folgender Art zulassen:

$$\mathfrak{x} = \mathfrak{y}(u) + \mathfrak{z}(v). \tag{11}$$

Sie sind unter dem Namen *Schiebflächen* (= Schubflächen) oder *Translationsflächen* vielfach untersucht worden, zuerst von G. Monge und dann insbesondere von dem Norweger S. Lie 1892. Da für Schiebflächen $\mathfrak{x}_{uv} = 0$ ist, sind ihre „Schieblinien" $u, v = $ konst. nach (10) konjugiert. Die „*Sehnenmittenfläche*"

$$\mathfrak{x} = \tfrac{1}{2}\{\mathfrak{p}(u) + \mathfrak{p}(v)\} \tag{12}$$

einer Linie $\mathfrak{p}(t)$ gehört zu den Schiebflächen.

Die Krümmungslinien einer Fläche sind dadurch gekennzeichnet, ein rechtwinkliges und konjugiertes Kurvennetz zu bilden.

Betrachten wir auf $\mathfrak{f}$ eine Schmieglinie, dann ist auf ihr $\langle d\mathfrak{x}, d\mathfrak{a}_3 \rangle = 0$, und somit nach (62, 19)

$$\frac{\langle d\mathfrak{a}_3, d\mathfrak{a}_3 \rangle}{\langle d\mathfrak{x}, d\mathfrak{x} \rangle} = -K. \tag{13}$$

Da aber $\mathfrak{a}_3$ für eine Schmieglinie zu ihrer Schmiegebene rechtwinklig ist, folgt aus (13), (24, 1)

$$w^2 = \frac{\langle d\mathfrak{a}_3, d\mathfrak{a}_3 \rangle}{\langle d\mathfrak{x}, d\mathfrak{x} \rangle} = -K, \tag{14}$$

wenn w die Windung der Schmieglinien bedeutet. Dies haben E. Beltrami 1866 und A. Enneper 1870 bemerkt. Auf einer Fläche festen Krümmungsmaßes haben nach (14) die Schmieglinien feste Windung.

Man kann weiter einsehen, daß die Windungen der beiden Schmieglinien durch einen Punkt $\mathfrak{x}$ entgegengesetzte Vorzeichen haben. Spiegelt man nämlich die Fläche $\mathfrak{f}$ an einer Normalebene in $\mathfrak{x}$, die eine Krümmungslinie durch $\mathfrak{x}$ berührt, so entsteht eine Fläche $\mathfrak{f}^*$, die $\mathfrak{f}$ in $\mathfrak{x}$ mindestens in zweiter Ordnung berührt. Die Windung der Schmieglinien in $\mathfrak{x}$ hängt aber nur von den Ableitungen bis zu zweiter Ordnung ab. Also haben die Flächen $\mathfrak{f}$ und $\mathfrak{f}^*$ Schmieglinien, die sich paarweis in $\mathfrak{x}$ berühren und dort gleiche Windung besitzen. Da aber bei der Spiegelung die Windung ihr Zeichen wechselt, folgt die Richtigkeit unserer Behauptung.

Untersuchen wir noch die Schmieglinien auf den Flächen „parabolischer Krümmung", also mit $K = 0$ oder $c_{11}c_{22} - c_{12}^2 = 0$. Die Diskriminante der Gleichung der Schmiegtangenten

$$\sum c_{jk}\sigma_j\sigma_k = 0$$

verschwindet. Somit gibt es nur *eine* Schar von Schmieglinien. Wir legen unser Netz $\mathfrak{N}$ auf $\mathfrak{f}$ so, daß sie mit $\sigma_2 = 0$ zusammenfällt. Dann ist $c_{11} = 0$ und auch $c_{12} = 0$, also nach (61,9)

$$\omega_1 = -c_{22}\sigma_2, \qquad \omega_2 = 0.$$

Somit ist nach der Gl. (61,2) für $d\omega_2$

$$[\omega_1\omega_3] = c_{22}[\omega_3\sigma_2] = 0.$$

Es verschwindet also auf den Linien $\sigma_2 = 0$ außer ω_1, ω_2 auch ω_3 und somit nach (61,1) auch

$$d\mathfrak{a}_j = \mathfrak{c}_k\omega_l - \mathfrak{a}_l\omega_k.$$

Somit sind die Linien $\sigma_2 = 0$ Gerade und längs solchen Geraden von $\mathfrak{f}$ ist die Tangentenebene fest. Demnach sind die Flächen mit $K = 0$ Einhüllende einer eingliedrigen Ebenenschar, also Torsen[1].

Damit ist unter geeigneten Stetigkeitsannahmen nach § 43 gezeigt: *Die einzigen im Kleinen auf die Ebene verbiegbaren Flächen sind die Torsen.*

Daß die Torsen im Kleinen wirklich zur Ebene längentreu sind (Euler, Monge 1771), sieht man so. Beschränken wir uns auf den „allgemeinen Fall", daß die Torse aus den Tangenten einer Linie $\mathfrak{p}(u)$ besteht·

$$\mathfrak{x}(u, v) = \mathfrak{p}(u) + (v - u)\,\mathfrak{p}'(u).$$

Wir können u als Bogenlänge auf $\mathfrak{p}(u)$ annehmen, also $\langle \mathfrak{p}'\mathfrak{p}'\rangle = 1$, $\langle \mathfrak{p}'\mathfrak{p}''\rangle = 0$ setzen. Dann wird

$$d\mathfrak{x} = (v - u)\,\mathfrak{p}''du + \mathfrak{p}'dv,$$

$$\langle d\mathfrak{x}, d\mathfrak{x}\rangle = (v - u)^2\langle \mathfrak{p}''\mathfrak{p}''\rangle du^2 + dv^2 = k^2(v - u)^2du^2 + dv^2,$$

---

[1] Ein wenig anders ausgedrückt läßt sich der Beweis mehr geometrisch so fassen. Aus $K = 0$ oder $[\omega_1\omega_2] = 0$ folgt: Das Kugelbild unserer Fläche schrumpft auf eine Linie (oder einen Punkt) zusammen. Haben aber alle Punkte einer Linie unserer Fläche dasselbe Kugelbild, so wird die Fläche längs dieser Linie von einer Ebene berührt. Die gesuchten Flächen sind also Einhüllende einer eingliedrigen Ebenenschar (oder eben).

wenn k die Krümmung von $\mathfrak{p}(u)$ bedeutet. Nehmen wir anderseits die ebene Linie, für die die Krümmung k dieselbe Funktion $k(u)$ ihrer Bogenlänge ist, so entsteht dasselbe Bogenelement $\langle d\mathfrak{x}, d\mathfrak{x}\rangle$. Damit ist die Verbiegbarkeit im Kleinen bewiesen.

Jede Linie auf einer Fläche, die aus Flachpunkten besteht, ist eben. In einem Flachpunkt ist nämlich $d\mathfrak{a}_3 = 0$. Somit ist längs der Linie $\mathfrak{a}_3$ fest, und damit folgt durch Integrieren aus $\mathfrak{a}_3 d\mathfrak{x} = 0$ die Richtigkeit unserer Behauptung $\mathfrak{a}_3\mathfrak{x} = $ konst.

Lies Frage nach den Bedingungen für eine Fläche, damit es auf ihr Schiebzeiger u, v mit einer Darstellung (11) gibt, wurde zuerst von K. Reidemeister (1922) gelöst. Ferner hat Lie mittels des „Theorems“ seines Landsmannes Abel alle Flächen bestimmt, die auf mehrfache Art Schiebflächen sind. Vgl. W. Wirtinger (1865/1945), Monatshefte Bd. 46 (1938).

§ 66. Schmieglinien auf geradlinigen Flächen.

Eine Fläche, die eine eingliedrige Schar von Geraden trägt, nennt man „*geradlinig*“ oder (mit einem Sprachunglück) eine „Regelfläche“. Auf ihr bilden die geradlinigen „Erzeugenden“ eine Schar von Schmieglinien. Suchen wir die andere! Wir stellen die Fläche $\mathfrak{f}$ dar, ausgehend von einer krummen Linie $\mathfrak{y}(v)$ und der Richtung $\mathfrak{z}(v)$ der Erzeugenden durch den Punkt $\mathfrak{y}(v)$. Dann wird $\mathfrak{f}$ gegeben sein durch

$$\mathfrak{x} = \mathfrak{y}(v) + u\mathfrak{z}(v), \tag{1}$$

wobei $\langle\mathfrak{z}\mathfrak{z}\rangle = 1$ genommen werden kann. Ist $\mathfrak{x}(t)$ eine Schmieglinie auf $\mathfrak{f}$, so muß ihre Schmiegebene in $\mathfrak{x}$ gleichzeitig Tangentenebene in $\mathfrak{x}$ sein, d. h. der „Beschleunigungsvektor“ $d^2\mathfrak{x} : dt^2$ muß von $\mathfrak{x}_u, \mathfrak{x}_v$ linear abhängen. Das gibt das Verschwinden der Determinante

$$[\mathfrak{x}_{uu}du^2 + 2\mathfrak{x}_{uv}dudv + \mathfrak{x}_{vv}dv^2, \mathfrak{x}_u, \mathfrak{x}_v] = 0. \tag{2}$$

Setzt man aus (1) die Werte ein und läßt man die Lösung $dv = 0$ weg, die den Erzeugenden entspricht, so ergibt sich aus (2)

$$[\mathfrak{z}'\mathfrak{z}\mathfrak{y}']du + [\mathfrak{y}'' + u\mathfrak{z}'', \mathfrak{z}, \mathfrak{y}' + u\mathfrak{z}']dv = 0. \tag{3}$$

Durch

$$[\mathfrak{z}\mathfrak{z}'\mathfrak{y}'] \neq 0 \tag{4}$$

schließen wir die Torsen aus, bei denen die Tangentenebene längs der Erzeugenden fest bleibt. Dann nennt man $\mathfrak{f}$ „*windschief*“, und wir haben in (3) eine Differentialgleichung von der Gestalt

$$\frac{du}{dv} = Pu^2 + 2Qu + R, \tag{5}$$

worin P, Q, R nur von v abhängen. Man pflegt sie nach dem italienischen Jesuiten J. Riccati (1676/1754) zu benennen. Aus (5) folgt: *Vier*

Schmieglinien $u = u_j$ schneiden auf den geraden Erzeugenden $v = $ fest Vierlinge mit festem „Doppelverhältnis" aus:

$$D = \frac{u_1 - u_3}{u_2 - u_3} : \frac{u_1 - u_4}{u_2 - u_4} = \text{fest}. \tag{6}$$

Dazu ist aus (5) herzuleiten, daß

$$\frac{d}{dv} \lg D = \frac{u_1' - u_3'}{u_1 - u_3} - \frac{u_2' - u_3'}{u_2 - u_3} - \frac{u_1' - u_4'}{u_1 - u_4} + \frac{u_2' - u_4'}{u_2 - u_4} \tag{7}$$

verschwindet. Tatsächlich folgt aber aus (5) z. B.

$$\frac{u_1' - u_3'}{u_1 - u_3} = P(u_1 + u_3) + 2Q \tag{8}$$

und hieraus die Richtigkeit unserer Behauptung.

Insbesondere ist hierin die bekannte Tatsache der projektiven Geometrie enthalten, daß bei einer geradlinigen Quadrik vier Erzeugende einer Schar auf zwei Erzeugenden der andern gleiche Doppelverhältnisse ausschneiden.

§ 67. Starrheit der Eiflächen.

Seit Gauß haben sich viele Geometer mit den Fragen der Verbiegung von Flächen beschäftigt, z. B. mit der Verwirklichung einer Fläche in unserem Euklidischen Raum, wenn ihre quadratische Grundform ds^2 bekannt ist. Aber es gibt auf diesem Gebiet nur wenig Ergebnisse *im Großen*. Das schönste stammt von G. Herglotz (* 1881) aus dem Jahre 1942. Wir wollen es jetzt auseinandersetzen:

Man nennt ein Gebiet $\mathfrak{g}$ in unserem Raum $\mathfrak{R}_3$ *konvex*, wenn es mit zweien seiner Punkte immer auch ihre Verbindungsstrecke enthält. Wir wollen $\mathfrak{g}$ auch noch *beschränkt* annehmen, also innerhalb einer genügend großen Kugel gelegen. Der Rand von $\mathfrak{g}$ soll dann eine *Eifläche* heißen, wenn er örtlich durch dreimal stetig ableitbare Funktionen $x_j(u, v)$ mit $\mathfrak{x}_u \times \mathfrak{x}_v \neq 0$ dargestellt werden kann und wenn sein Krümmungsmaß K überall > 0 ist. Dann gilt der Satz:

Sind zwei Eiflächen aufeinander punktweise längentreu und gleichsinnig abgebildet, so ist diese Abbildung trivial, d. h. es gibt eine Bewegung, die die erste Eifläche so in die zweite überführt, daß dabei jeder Punkt in seinen Bildpunkt übergeht.

Verzichtete man auf die Forderung der „Gleichsinnigkeit", so kämen zu den Bewegungen noch die „Umlegungen" hinzu.

Wir beginnen zum Beweise mit der Herleitung einer Integralformel. Ist $\{\mathfrak{x}; \mathfrak{a}_1, \mathfrak{a}_2, \mathfrak{a}_3\}$ das begleitende Dreibein einer Fläche $\mathfrak{f}$, so betrachten wir die Skalarprodukte

$$\langle \mathfrak{x} \mathfrak{a}_j \rangle = p_j. \tag{1}$$

von denen insbesondere p_3 den Abstand der Tangentenebene in $\mathfrak{x}$ an $\mathfrak{f}$ vom Ursprung mißt. Mittels (61,1) folgt aus (1) durch Ableitung

$$
\begin{aligned}
d p_1 &= p_2\,\omega_3 - p_3\,\omega_2 + \sigma_1,\\
d p_2 &= p_3\,\omega_1 - p_1\,\omega_3 + \sigma_2,\\
d p_3 &= p_1\,\omega_2 - p_2\,\omega_1.
\end{aligned}
\tag{2}
$$

Nehmen wir jetzt zwei längentreu aufeinander bezogene, einfach zusammenhängende Flächen $\mathfrak{f}, \mathfrak{f}'$ mit $\sigma_1 = \sigma_1'$, $\sigma_2 = \sigma_2'$, und danach (§ 43) $\omega_3 = \omega_3'$. Dann erhalten wir mittels (2) und (61,2)

$$
d\,(p_1\,\omega_1' + p_2\,\omega_2') = p_3\,([\omega_1'\,\omega_2] + [\omega_1\,\omega_2']) + [\sigma_1\,\omega_1'] + [\sigma_2\,\omega_2'].
\tag{3}
$$

Es seien nun $\mathfrak{E}$ und $\mathfrak{E}'$ zwei aufeinander gleichsinnig längentreu bezogene Eiflächen. Wir zerschneiden $\mathfrak{E}$ in zwei einfach zusammenhängende Flächenstücke $\mathfrak{f}_1, \mathfrak{f}_2$. Wir bemerken, daß nach (61,3), (61,6) die 3 in (3) vorkommenden Formen

$$
p_1\,\omega_1' + p_2\,\omega_2', \quad [\omega_1'\,\omega_2] + [\omega_1\,\omega_2'], \quad [\sigma_1\,\omega_1'] + [\sigma_2\,\omega_2']
$$

nicht von der Wahl der Flächenzeiger u, v und der Achsen $\mathfrak{a}_1, \mathfrak{a}_2$ abhängen, wenn wir die Normalvektoren $\mathfrak{a}_3, \mathfrak{a}_3'$ ins Äußere von $\mathfrak{E}, \mathfrak{E}'$ weisen lassen und die u, v auf $\mathfrak{E}$ und ebenso auf $\mathfrak{E}'$ so wählen, daß die Determinanten

$$
[\mathfrak{x}_u\,\mathfrak{x}_v\,\mathfrak{a}_3] = [\mathfrak{x}_u'\,\mathfrak{x}_v'\,\mathfrak{a}_3] > 0
\tag{4}
$$

ausfallen. In (4) äußert sich die vorausgesetzte Gleichsinnigkeit der Abbildung $\mathfrak{x} \to \mathfrak{x}'$. Wenden wir (3) auf $\mathfrak{f}_1$ und auf $\mathfrak{f}_2$ an, so folgt durch Addieren, da sich die Randintegrale wegheben, die Integralformel von Herglotz:

$$
-\int_\mathfrak{E} p_3\,([\omega_1'\,\omega_2] + [\omega_1\,\omega_2']) = \int_\mathfrak{E} ([\sigma_1\,\omega_1'] + [\sigma_2\,\omega_2']) = 2\int_\mathfrak{E} H'[\sigma_1\sigma_2].
\tag{5}
$$

Betrachten wir den Sonderfall, daß $\mathfrak{E}$ und $\mathfrak{E}'$ entsprechend zusammenfallen, so wird insbesondere

$$
-\int_\mathfrak{E} p_3[\omega_1\,\omega_2] = \tfrac{1}{2}\int_\mathfrak{E} ([\sigma_1\,\omega_1] + [\sigma_2\,\omega_2]) = \int_\mathfrak{E} H[\sigma_1\sigma_2].
\tag{6}
$$

Diese Formel hat schon der hervorragende jüdische Zahlentheoretiker und Geometer H. Minkowski (1864/1909) um 1900 gefunden. Sie besagt: *Das Integral*

$$
M = \int_\mathfrak{E} H[\sigma_1\sigma_2]
\tag{7}
$$

der mittleren Krümmung einer Eifläche, das im wesentlichen J. Steiner (1796/1863) 1840 eingeführt hat, *ist bis auf einen Zahlenfaktor gleich dem Mittelwert des Abstandes der Tangentenebenen vom Ursprung:*

$$
-\frac{1}{4\pi} M = \frac{1}{4\pi}\int_\mathfrak{E} p_3[\omega_1\,\omega_2] = \frac{1}{4\pi}\int_\mathfrak{E} p_3 K[\sigma_1\sigma_2].
\tag{8}
$$

Kehren wir wieder zum allgemeinen Fall zweier Eiflächen $\mathfrak{E}$, $\mathfrak{E}'$ zurück! Dann ergibt sich aus (5), (6), (7)

$$-\int_{\mathfrak{E}} p_3[\omega_1 - \omega_1', \, \alpha_2 - \omega_2'] = 2\,(M - M')\,, \tag{9}$$

wenn man beachtet, daß nach Gauß (§ 43)

$$[\omega_1\,\omega_2] = [\omega_1'\,\omega_2'] = K[c_1\sigma_2] \tag{10}$$

ist. Man kann nun über das Vorzeichen der linken Seite von (9) eine Aussage machen. Wählen wir den Ursprung $\mathfrak{o}$ innerhalb $\mathfrak{E}$, so wird zunächst

$$p_3 = \langle \mathfrak{x}\mathfrak{a}_3\rangle > 0\,, \tag{11}$$

da $\mathfrak{a}_3$ die *äußere* Normale sein sollte. Ferner sind nach der Voraussetzung $K > 0$ die quadratischen Formen in σ_1, σ_2

$$\langle d\mathfrak{x}, d\mathfrak{a}_3\rangle = \sigma_1\alpha_2 - \sigma_2\alpha_1\,, \quad \langle d\mathfrak{x}', d\mathfrak{a}_3'\rangle = \sigma_1\omega_2' - \sigma_2\omega_1' \tag{12}$$

positiv definit. Somit ist auch die Form

$$\langle d\mathfrak{x}, d\mathfrak{a}_3\rangle - h\langle d\mathfrak{x}', d\mathfrak{a}_3'\rangle = \sigma_1(\sigma_2 - h\,\omega_2') - \sigma_2(\omega_1 - h\,\omega_1') \tag{13}$$

für $h = 0$ positiv definit, während sie für wachsende h schließlich diese Eigenschaft verliert[1].

Also hat ihre Diskriminante

$$D(h) = \frac{[\omega_1 - h\,\omega_1',\ \omega_2 - h\,\omega_2']}{[\sigma_1\sigma_2]} \tag{14}$$

eine Nullstelle $c > 0$. Da nach Gauß

$$[\omega_1\,\omega_2] = [\omega_1'\,\omega_2'] = K[c_1\sigma_2] \tag{15}$$

ist, wird die andere Nullstelle $1:c$ und wir haben also identisch in h

$$D(h) = \frac{[\omega_1 - h\,\omega_1',\ \omega_2 - h\,\omega_2']}{[\sigma_1\sigma_2]} = K(h - c)\left(h - \frac{1}{c}\right) \tag{16}$$

und somit für $h = 1$ wegen $c > 0,\, K > 0$

$$[\omega_1 - \omega_1',\ \alpha_2 - \omega_2'] = -\frac{(1 - c)^2}{c}\,K\,[\sigma_1\sigma_2] \leqq 0\,. \tag{17}$$

Dabei kann nur dann $D(1) = 0$ sein, wenn $c = 1$ ist, was

$$\omega_1 = \omega_1'\,, \quad \omega_2 = \omega_2' \tag{18}$$

nach sich zieht. Aus (9), (11), (17) folgt nun

$$M - M' \geqq 0\,. \tag{19}$$

---

[1] Wir haben für $\sigma_1{}^2 + \sigma_2{}^2 = 1$

$$\langle d\mathfrak{x}, d\mathfrak{a}_3\rangle = -\frac{1}{r}\,, \quad \langle d\mathfrak{x}', d\mathfrak{a}_3'\rangle = -\frac{1}{r'}\,,$$

wenn $\mathfrak{y} = \mathfrak{x} + r\mathfrak{a}_3$, $\mathfrak{y}' = \mathfrak{x}' + r'\mathfrak{a}_3'$ Krümmungsmittelpunkte entsprechender Normalschnitte sind.

Da aber die Eiflächen $\mathfrak{E}$, $\mathfrak{E}'$ gleichberechtigt sind, zeigt man ebenso $\leqq 0$, und somit muß

$$M = M' \tag{20}$$

sein. Daraus folgt schließlich wegen (9), (11), (17), (18) die Richtigkeit unserer Behauptung, nämlich das Vorhandensein einer Bewegung, die $\mathfrak{E}$ so nach $\mathfrak{E}'$ bringt, daß entsprechende Punkte $\mathfrak{x}$, $\mathfrak{x}'$ zur Deckung kommen.

Dieser Beweis bleibt auch noch in dem Grenzfall brauchbar, daß die Eiflächen $\mathfrak{E}$, $\mathfrak{E}$ einander „unendlich nahe" rücken. Wir besprechen diesen Fall am Ende von § 68.

Auf die Frage, ob eine geschlossene Fläche mit $K > 0$ mit vorgeschriebener Metrik im Euklidischen Raum $\mathfrak{R}_3$ stets verwirklicht werden kann, also die Frage des *Vorhandenseins* (H. Weyl, G. Herglotz, W. Blaschke und insbesondere R. Caccioppoli) zu der eben behandelten einfachen der *Einzigkeit*, soll hier nicht eingegangen werden.

§ 68. Formänderungen einer Fläche.

Betrachten wir jetzt eine Schar von Flächen $\mathfrak{f}_w$, die von einer Veränderlichen w abhängen. Dann können wir den Flächenpunkt $\mathfrak{x}$ von $\mathfrak{f}_w$ als Vektorfunktion von 3 Zeigern darstellen:

$$\mathfrak{x} = \mathfrak{x}(u, v, w), \tag{1}$$

wobei auf $\mathfrak{f}_w$ nur u, v veränderlich sind. Teilableitungen nach w sollen durch einen übergesetzten Punkt angedeutet werden. Ist also z. B.

$$\omega = p(u, v, w)\,du + q(u, v, w)\,dv \tag{2}$$

eine Pfaffsche Form auf $\mathfrak{f}_w$, so sei

$$\dot\omega = \frac{\partial p}{\partial w}\,du + \frac{\partial q}{\partial w}\,dv. \tag{3}$$

Ferner soll unter

$$d f(u, v, w) = \frac{\partial f}{\partial u}\,du + \frac{\partial f}{\partial v}\,dv \tag{4}$$

das Differential der Funktion f auf der Fläche $\mathfrak{f}_w$ verstanden werden.

Dann gelten für jede Fläche $\mathfrak{f}_w$ die Formeln (61,1), (61,2), und wir setzen

$$\dot{\mathfrak{x}} = \mathfrak{a}_1 r_1 + \mathfrak{a}_2 r_2 + \mathfrak{a}_3 r_3,$$
$$\dot{\mathfrak{a}}_1 = \mathfrak{a}_2 q_3 - \mathfrak{a}_3 q_2, \qquad \dot{\mathfrak{a}}_2 = \mathfrak{a}_3 q_1 - \mathfrak{a}_1 q_3, \qquad \dot{\mathfrak{a}}_3 = \mathfrak{a}_1 q_2 - \mathfrak{a}_2 q_1. \tag{5}$$

Aus (61,1) und (5) folgt dann

$$d\dot{\mathfrak{x}} = \mathfrak{a}_1(\dot\sigma_1 - q_3\sigma_2) + \mathfrak{a}_2(\dot\sigma_2 + q_3\sigma_1) + \mathfrak{a}_3(q_1\sigma_2 - q_2\sigma_1)$$
$$= \mathfrak{a}_1(dr_1 + r_3\omega_2 - r_2\omega_3) + \cdots . \tag{6}$$

Die hier benutzte Vertauschbarkeit der beiden Ableitungen sieht man dabei so ein, daß man $u = u(t)$, $v = v(t)$ setzt. Dann ist

$$\frac{\partial^2 \mathfrak{x}}{\partial t\,\partial w} = \frac{\partial^2 \mathfrak{x}}{\partial w\,\partial t}.$$

Aus (6) folgt

$$\dot{\sigma}_1 - q_3\sigma_2 = dr_1 + r_3\omega_2 - r_2\omega_3,$$
$$\dot{\sigma}_2 + q_3\sigma_1 = dr_2 + r_1\omega_3 - r_3\omega_1, \tag{7}$$
$$q_1\sigma_2 - q_2\sigma_1 = dr_3 + r_2\omega_1 - r_1\omega_2.$$

Ebenso folgen durch doppelte Berechnung der $d\dot{a}_j$ und Vergleich der Ergebnisse

$$\dot{\omega}_1 = dq_1 + q_3\omega_2 - q_2\omega_3,$$
$$\dot{\omega}_2 = dq_2 + q_1\omega_3 - q_3\omega_1, \tag{8}$$
$$\dot{\omega}_3 = dq_3 + q_2\omega_1 - q_1\omega_2.$$

Setzen wir

$$\mathfrak{v} = q_1\mathfrak{a}_1 + q_2\mathfrak{a}_2 + q_3\mathfrak{a}_3, \tag{9}$$

so ergibt sich aus (61,1), (8)

$$d\mathfrak{v} = \mathfrak{a}_1\dot{\omega}_1 + \mathfrak{a}_2\dot{\omega}_2 + \mathfrak{a}_3\dot{\omega}_3. \tag{10}$$

Für das Flächenelement φ von $\mathfrak{f}_w$ ist

$$\varphi = [\sigma_1\sigma_2], \tag{11}$$

und daraus folgt durch Teilableitung nach w

$$\dot{\varphi} = [\dot{\sigma}_1\sigma_2] + [\sigma_1\dot{\sigma}_2]. \tag{12}$$

Führen wir darin für die $\dot{\sigma}_j$ aus (7) ihre Werte ein und rechnen wir mittels der Integrierbarkeitsbedingungen (61,2) um, so folgt

$$\dot{\varphi} = d(r_1\sigma_2 - r_2\sigma_1) - r_3([\sigma_1\omega_1] + [\sigma_2\omega_2]). \tag{13}$$

Daraus folgt für die *Variation des Flächenmaßes* von $\mathfrak{f}$

$$\dot{A} = \int\limits_{\mathfrak{f}} \dot{\varphi} = \int\limits_{\mathfrak{r}(\mathfrak{f})} (r_1\sigma_2 - r_2\sigma_1) - \int\limits_{\mathfrak{f}} r_3([\sigma_1\omega_1] + [\sigma_2\omega_2]) \tag{14}$$

oder wegen (61,27)

$$\dot{A} = \int\limits_{\mathfrak{r}(\mathfrak{f})} (r_1\sigma_2 - r_2\sigma_1) - 2\int\limits_{\mathfrak{f}} r_3 H\varphi. \tag{15}$$

Diese Formel stammt von Gauß 1830 (Werke Bd. 5, S. 65). Unter geeigneter Ausdehnung der Schreibweise der Pfaffschen Formen auf 3 Veränderliche ließe sich ihre Herleitung noch vereinfachen[1].

---

[1] Machen wir denselben Ansatz wie in § 26[1], wo die σ, τ jetzt Pfaffsche Formen in u, v, w bedeuten, und nehmen wir 3 Ableitungen mit $d_1w = d_2w = 0$, $d_3u = d_3v = 0$, so ergibt

ausführlich
$$[d\ \sigma_1\ \sigma_2] = [\sigma_3\ \tau_{31}\ \sigma_2] - [\sigma_3\ \tau_{32}\ \sigma_1]$$

$$\begin{vmatrix} d_1\ \sigma_1(d_1)\ \sigma_2(d_1) \\ d_2\ \sigma_1(d_2)\ \sigma_2(d_2) \\ d_3\ \sigma_1(d_3)\ \sigma_2(d_3) \end{vmatrix} = \begin{vmatrix} 0 & \tau_{31}(d_1) & \sigma_2(d_1) \\ 0 & \tau_{31}(d_2) & \sigma_2(d_2) \\ \sigma_3(d_3) & \tau_{31}(d_3) & \sigma_2(d_3) \end{vmatrix} - \begin{vmatrix} 0 & \tau_{32}(d_1) & \sigma_1(d_1) \\ 0 & \tau_{32}(d_2) & \sigma_1(d_2) \\ \sigma_3(d_3) & \tau_{32}(d_3) & \sigma_1(d_3) \end{vmatrix}$$

wegen $\sigma_1(d_1) = \sigma_3(d_2) = 0$. Daraus folgt

$$d_3[\sigma_1\sigma_2] - [d\{\sigma_1(d_3)\sigma_2 - \sigma_2(d_3)\sigma_1\}] = -2H\sigma_3(d_3)[\sigma_1\sigma_2]$$

oder integriert nach Gauß

$$d_3\iint[\sigma_1\sigma_2] = \oint\{\sigma_1(d_3)\sigma_2 - \sigma_2(d_3)\sigma_1\} - 2\iint H\sigma_3(d_3)[\sigma_1\sigma_2].$$

Wegen (5) und $d\mathfrak{x} = \sigma_1\mathfrak{a}_1 + \sigma_2\mathfrak{a}_2$ kann man das Randintegral in (15) auch so schreiben:

$$\int\limits_{\mathfrak{r}(\mathfrak{f})} (r_1\sigma_2 - r_2\sigma_1) = \int\limits_{\mathfrak{r}(\mathfrak{f})} [\dot{\mathfrak{x}}, d\mathfrak{x}, \mathfrak{a}_3]. \tag{16}$$

Führen wir nun die Rechnung weiter unter der Annahme, daß die Flächen $\mathfrak{f}_w$ durch gleiche u, v-Werte *längentreu* aufeinander bezogen seien! Es handelt sich also dann um einen *Verbiegungsvorgang* von $\mathfrak{f}_w$.

Dann wird

$$\dot{\sigma}_1 = \dot{\sigma}_2 = \dot{\omega}_3 = 0. \tag{17}$$

Aus (8) folgt weiter

$$dq_3 = q_1\omega_2 - q_2\omega_1, \tag{18}$$

und aus der dritten Integrierbarkeitsbedingung (61,2) ergibt sich wegen (17)

$$[\sigma_1\dot{\omega}_2] + [\dot{\omega}_1\sigma_2] = 0. \tag{19}$$

Darin setzen wir aus (8) die $\dot{\omega}_j$ ein und finden so

$$d(q_1\sigma_2 - q_2\sigma_1) = 2Hq_3\varphi. \tag{20}$$

Aus (18), (20) folgt für q_3 die partielle Differentialgleichung zweiter Ordnung

$$d\left\{ \frac{[dq_3, \omega_2]}{[\omega_1\omega_2]}\sigma_1 + \frac{[\omega_1, dq_3]}{[\omega_1\omega_2]}\sigma_2 \right\} = 2Hq_3\varphi. \tag{21}$$

Berechnen wir uns noch das äußere Differential der Determinante $[\mathfrak{x}, \mathfrak{v}, d\mathfrak{v}]$. Wir finden in leichtverständlicher Schreibweise

$$d[\mathfrak{x}, \mathfrak{v}, d\mathfrak{v}] = [d\mathfrak{x}, \mathfrak{v}, d\mathfrak{v}] + [\mathfrak{x}, d\mathfrak{v}, d\mathfrak{v}]. \tag{22}$$

Darin setzen wir die Werte ein

$$\begin{aligned}
d\mathfrak{x} &= \mathfrak{a}_1\sigma_1 + \mathfrak{a}_2\sigma_2, & \mathfrak{x} &= \mathfrak{a}_1 p_1 + \mathfrak{a}_2 p_2 + \mathfrak{a}_3 p_3, \\
d\mathfrak{v} &= \mathfrak{a}_1\dot{\omega}_1 + \mathfrak{a}_2\dot{\omega}_2, & \mathfrak{v} &= \mathfrak{a}_1 q_1 + \mathfrak{a}_2 q_2 + \mathfrak{a}_3 q_3
\end{aligned} \tag{23}$$

und finden so unter Beachtung von (19) das einfache Ergebnis

$$d[\mathfrak{x}, \mathfrak{v}, d\mathfrak{v}] = 2p_3[\dot{\omega}_1\dot{\omega}_2]. \tag{24}$$

Ist $\mathfrak{f}_w$ einfach zusammenhängend, so folgt

$$\int\limits_{\mathfrak{r}(\mathfrak{f}_w)} [\mathfrak{x}, \mathfrak{v}, d\mathfrak{v}] = 2\int\limits_{\mathfrak{f}_w} p_3[\dot{\omega}_1\dot{\omega}_2]. \tag{25}$$

Für eine Eifläche $\mathfrak{E}$ ist somit

$$\int\limits_{\mathfrak{E}} p_3[\dot{\omega}_1\dot{\omega}_2] = 0, \tag{26}$$

wie auch aus (67,9), (67,20) folgt. Hieraus folgt die *„Unmöglichkeit unendlich kleiner Biegungen"* einer Eifläche. Denn aus

$$[\omega_1\omega_2] > 0, \quad [\omega_1\dot{\omega}_2] + [\dot{\omega}_1\omega_2] = 0 \tag{27}$$

schließt man

$$[\dot{\omega}_1\dot{\omega}_2] \le 0 \tag{28}$$

und nur $=$ für $\dot{\omega}_1$, $\dot{\omega}_2 = 0$. Somit folgt aus (26) für $p_3 > 0$ die Starrheit: $\dot{\omega}_1 = \dot{\omega}_2 = 0$.

Diese „Starrheit im unendlich Kleinen" ist in der in § 67 behandelten Starrheit im Großen nicht ohne weiteres enthalten. Man kann sich das an zwei Stäben $\mathfrak{A}\mathfrak{B}$ und $\mathfrak{B}\mathfrak{C}$ deutlich machen, die in $\mathfrak{A}, \mathfrak{C}$ gelenkig befestigt und in $\mathfrak{B}$ gelenkig miteinander verbunden sind (Abb. 48). Dieses „Stabwerk" läßt sicher keine endlichen Bewegungen zu, wohl aber „unendlich kleine". Es ist „wackelig".

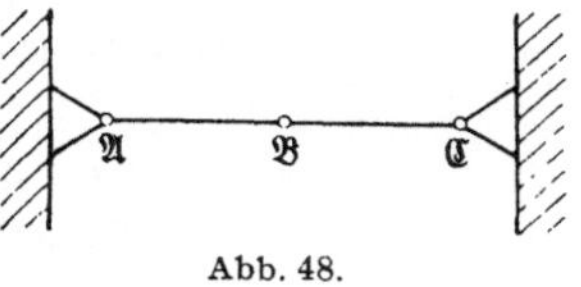

Abb. 48.

Der hier vorgetragene Beweis für die Starrheit der Eiflächen „im unendlich Kleinen" stammt von H. Weyl und mir aus den Jahren 1912, 1917, 1921.

§ 69. Aufgaben, Lehrsätze.

Wir beginnen mit einigen Formeln, die den Zusammenhang vermitteln sollen mit anderen Darstellungen der Flächenlehre.

1. Die Grundformeln von Gauß. Geht man etwa wie bei Gauß von den quadratischen Differentialformen einer Fläche $\mathfrak{f}$ aus

$$+ \langle d\mathfrak{x}, d\mathfrak{x} \rangle = E\,du^2 + 2F\,du\,dv + G\,dv^2,$$
$$- \langle d\mathfrak{a}, d\mathfrak{x} \rangle = L\,du^2 + 2M\,du\,dv + N\,dv^2, \tag{1}$$

so findet man zunächst für das Krümmungsmaß

$$K = \frac{LN - M^2}{EG - F^2}. \tag{2}$$

Dazu kommen folgende „Ableitungsgleichungen" $(\mathfrak{a} = \mathfrak{a}_3)$:

$$\mathfrak{a}_u = \frac{(FM - GL)\mathfrak{x}_u + (FL - EM)\mathfrak{x}_v}{EG - F^2},$$
$$\mathfrak{a}_v = \frac{(FN - GM)\mathfrak{x}_u + (FM - EN)\mathfrak{x}_v}{EG - F^2} \tag{3}$$

(J. Weingarten 1861) und

$$\mathfrak{x}_{uu} = \Gamma^1_{11}\,\mathfrak{x}_u + \Gamma^2_{11}\,\mathfrak{x}_v + L\mathfrak{a},$$
$$\mathfrak{x}_{uv} = \Gamma^1_{12}\,\mathfrak{x}_u + \Gamma^2_{12}\,\mathfrak{x}_v + M\mathfrak{a}, \tag{4}$$
$$\mathfrak{x}_{vv} = \Gamma^1_{22}\,\mathfrak{x}_u + \Gamma^2_{22}\,\mathfrak{x}_v + N\mathfrak{a}.$$

Die darin auftretenden Beiwerte Γ nennt man „Christoffel-Symbole zweiter Art" (vgl. im folgenden 4). Sie drücken sich durch die E, F, G so aus:

$$\Gamma^1_{11} = \frac{+GE_u - 2FF_u + FE_v}{2W^2}, \qquad \Gamma^2_{11} = \frac{-FE_u + 2EF_u - EE_v}{2W^2},$$

$$\Gamma^1_{12} = \frac{GE_v - FG_u}{2W^2}, \qquad \Gamma^2_{12} = \frac{EG_u - FE_v}{2W^2}, \tag{5}$$

$$\Gamma^1_{22} = \frac{-FG_v + 2GF_v - GG_u}{2W^2}, \qquad \Gamma^2_{22} = \frac{+EG_v - 2FF_v + FG_u}{2W^2}.$$

mit

$$EG - F^2 = W^2 > 0. \tag{6}$$

Als Integrierbarkeitsbedingungen erhält man aus (3), (4) zunächst die Gl. (2) zusammengenommen mit (49,2) und dann die üblicherweise nach G. Mainardi (1800/1879) 1857 und D. Codazzi (1824/1873) 1868 benannten Gleichungen, die man in Anlehnung an (49,4) übersichtlich so schreiben kann (E. Study):

$$
\begin{aligned}
(EG - 2FF + GE)\,(L_v - M_u) \\
- (EN - 2FM + GL)\,(E_v - F_u)
\end{aligned}
+ \begin{vmatrix} E & E_u & L \\ F & F_u & M \\ G & G_u & N \end{vmatrix} = 0,
$$

$$
\begin{aligned}
(EG - 2FF + GE)\,(M_v - N_u) \\
- (EN - 2FM + GL)\,(F_v - G_u)
\end{aligned}
+ \begin{vmatrix} E & E_v & L \\ F & F_v & M \\ G & G_v & N \end{vmatrix} = 0.
$$

$$(7)$$

Diese Formeln bilden seit den „Disquisitiones" von Gauß den meist üblichen Ausgangspunkt der Flächenlehre.

2. Grundformeln für Krümmungslinien. Für den Sonderfall der u, v-Linien als Krümmungslinien ergeben sich für $F = M = 0$ insbesondere die folgenden Gleichungen:

$$(d\mathfrak{x}, d\mathfrak{x}) = E\,du^2 + G\,dv^2, \quad - (d\mathfrak{a}, d\mathfrak{x}) = L\,du^2 + N\,dv^2;$$

$$K = \frac{LN}{EG} = -\frac{L}{2W}\left\{\frac{\partial}{\partial v}\frac{E_v}{W} + \frac{\partial}{\partial u}\frac{G_u}{W}\right\}, \quad W^2 = EG;$$

$$2L_v = \frac{EN + GL}{EG}\,E_v,$$

$$2N_u = \frac{EN + GL}{EG}\,G_u.$$

$$(8)$$

3. Tensorschreibweise. Wir setzen statt u, v jetzt u^1, u^2 (wobei die oberen Marken keine Potenzen andeuten) und führen zunächst das Bogenelement ein

$$ds^2 = (d\mathfrak{x}, d\mathfrak{x}) = g_{jk}\,du^j du^k. \tag{9}$$

Darin ist hier und später nach Marken wie j, die oben und unten auftreten, von 1 bis 2 zu summieren. Ferner sei $g_{jk} = g_{kj}$. Der Zusammenhang mit (1) wäre also

$$g_{11} = E, \qquad g_{12} = g_{21} = F, \qquad g_{22} = G. \tag{10}$$

Dann führt man die „Christoffel-Symbole erster Art" ein:

$$\Gamma_{jk,l} = \frac{1}{2}\left\{\frac{\partial g_{jl}}{\partial u^k} - \frac{\partial g_{jk}}{\partial u^l} + \frac{\partial g_{kl}}{\partial u^j}\right\} = \Gamma_{kj,l}. \tag{11}$$

Es sollen ferner die g^{jk} die zu g_{jk} reziproke Matrix bilden, so daß

$$g^{js}g_{sk} = g_k^j = 0 \text{ oder } 1 \tag{12}$$

wird, je nachdem $j \neq k$ oder $j = k$ ist. Daraus leiten wir „Christoffels Symbole zweiter Art" her:

$$\Gamma_{jk}^r = g^{rs}\Gamma_{jk,s}; \qquad \Gamma_{jk}^r = \Gamma_{kj}^r. \tag{13}$$

Dann lauten die Differentialgleichungen der Geodätischen auf $\mathfrak{f}$ so:

$$\frac{d^2u^r}{ds^2} + \Gamma_{jk}^r\frac{du^j}{ds}\frac{du^k}{ds} = 0; \qquad g_{jk}\frac{du^j}{ds}\frac{du^k}{ds} = 1. \tag{14}$$

Ein Größensystem v^j, das sich bei der Einführung neuer Flächenzeiger u^j so umsetzt wie die du^j, heiße *kontravarianter Vektor*. Seine Fortschreitungsrichtung auf $\mathfrak{f}$ und seine Länge v seien durch

$$\lambda v^j = du^j, \quad v^2 = g_{jk}v^j v^k \tag{15}$$

erklärt, und

$$v_j = g_{jk}v^k \tag{16}$$

sollen die „kovarianten Zeiger" desselben Vektors heißen. Aus den v_j bildet man nach E. B. Christoffel 1869 die *zur Grundform (9) kovarianten Ableitungen*

$$v_{jk} = \frac{\partial v_j}{\partial u^k} - \Gamma^s_{jk} v_s. \tag{17}$$

v_{jk} ist dabei ein „*Tensor*" 2. Stufe, d. h. der Ausdruck

$$v_{jk} w^j r^k$$

st bei Einführung neuer Flächenzeiger invariant, wenn w, r zwei beliebige Vektoren bedeuten. Dann kann man die „*Übertragung*" des Vektors v in Richtung du^j erklären durch

$$dv_j - \Gamma^s_{jk} v_s du^k = 0 \tag{18}$$

oder

$$v_{jk} du^k = 0. \tag{19}$$

Für kontravariante Zeiger gibt das

$$dv^j + \Gamma^j_{sk} v^s du^k = 0. \tag{20}$$

Ist h_{jk} ein Tensor, so ist die Änderung von $h_{jk} v^j w^k$

$$d(h_{jk} v^j w^k) = h_{jks} v^j w^k du^s \tag{21}$$

mit

$$h_{jks} = \frac{\partial h_{jk}}{\partial u^s} - \Gamma^r_{js} h_{rk} - \Gamma^r_{sk} h_{jr}, \tag{22}$$

wenn v, w dabei übertragen werden. Man nennt h_{jks} die kovariante Ableitung des Tensors h_{jk}. Auch h_{jks} ist ein Tensor, d. h.

$$h_{jks} p^j q^k r^s \tag{23}$$

ist ein Skalar für beliebige Vektoren p, q, r. Insbesondere ergibt sich für die kovariante Ableitung des Grundtensors

$$g_{jks} = 0. \tag{24}$$

Ist f ein Skalar und

$$df = f_j du^j \tag{25}$$

sein vollständiges Differential, so nennt man die

$$f_j = \frac{\partial f}{\partial u^j} \tag{26}$$

die kovarianten Ableitungen erster Ordnung von f. Daraus gewinnt man nach (17) die kovarianten zweiten Ableitungen und stellt ihre Symmetrie fest: $f_{jk} = f_{kj}$. Die hieraus nach (22) hergeleiteten kovarianten dritten Ableitungen von f sind aber im allgemeinen nicht mehr symmetrisch, sondern es ist

$$f_{jkr} - f_{jrk} = (g_{jr} f_k - g_{jk} f_r) K, \tag{27}$$

worin K das Krümmungsmaß der Grundform (9) bedeutet. Alles hier Vorgetragene außer (27) gilt auch für n Veränderliche $u^1, u^2, \ldots, u^n$. Um die Ausbildung dieser „Tensorrechnung" haben sich viele Geometer verdient gemacht, wie E. B. Christoffel 1869 und G. Ricci-Curbastro 1887.

4. Die Differentiatoren in Tensorschreibart. Durch diese Ableitungen drücken sich Beltramis Differentiatoren so aus:

$$\begin{aligned} \nabla f &= g^{jk} f_j f_k, \\ \nabla(f, f') &= g^{jk} f_j f_k', \\ \Delta f &= g^{jk} f_{jk}. \end{aligned} \tag{28}$$

5. Grundgleichungen für Flächen in Tensoren. Ist $\mathfrak{x}$ der Vektor des Flächenpunkts, $\mathfrak{a}$ der zugehörige Einheitsvektor der Flächennormalen, so sehen die Ableitungsgleichungen so aus:

$$\begin{aligned} \mathfrak{x}_{jk} &= - h_{jk} \mathfrak{a}, \\ \mathfrak{a}_j &= - h^s_j \mathfrak{x}_s, \end{aligned} \tag{29}$$

wenn

$$\langle d\mathfrak{x}, d\mathfrak{x}\rangle = g_{jk}du^j du^k, \qquad -\langle d\mathfrak{a}, d\mathfrak{x}\rangle = h_{jk}du^j du^k,$$
$$h_{jk} = g_{js}h_k^s; \qquad g_{ik} = g_{ki}, \qquad h_{jk} = h_{kj} \tag{30}$$

gesetzt wird. Die Integrierbarkeitsbedingungen für (29) sind:

$$\frac{h_{11}h_{22} - h_{12}h_{21}}{g_{11}g_{22} - g_{12}g_{21}} = K; \tag{31}$$
$$h_{jkr} = h_{jrk}.$$

Die erste Gleichung vertritt (2), und die in der letzten zusammengefaßten zwei Gleichungen ergeben umgeschrieben (7).

Diese Gestalt der Grundgleichungen der Flächenlehre in gemischter Vektor-Tensor-Schreibart ist wohl noch etwas kürzer als die Gl. (41,13), (41,14) mittels der Pfaffschen Formen, aber vielleicht weniger handgreiflich in ihrer geometrischen Deutung und begrifflich ein wenig schwieriger, da hier zwei verschiedene Vektorschreibungen gleichzeitig zur Anwendung kommen. Ich weiß nicht, wo dieses Verfahren zuerst auftritt. Verwendet wurde es z. B. in meiner Differentialgeometrie II von 1923 und in dem im selben Jahr erschienenen Enzyklopädieartikel von L. Berwald.

Es folgen einige **Sätze über Eiflächen.** Es sind das geschlossene Flächen, die ein konvexes Gebiet unseres Raumes umschließen, Flächen, von denen wir annehmen wollen, daß sie durchweg glatt sind und sich im Kleinen durch Flächenzeiger so darstellen lassen, daß die Einschränkungen von § 41 gelten.

6. Formel von Steiner für den Inhalt von Parallelflächen. Es sei ϱ_0 eine Eifläche und ϱ_h eine Parallelfläche nach außen im Abstand h. Sie ist wieder Eifläche. Für den Rauminhalt von ϱ_h gilt dann nach J. Steiner, Werke Bd. 2 (1840), S. 171/176, folgende Formel:

$$J_h = J_0 + A_0 h + M_0 h^2 + \tfrac{1}{3} S_0 h^3. \tag{32}$$

Darin ist A_0 das Flächenmaß von ϱ_0, M_0 das Integral der mittleren Krümmung von ϱ_0, nämlich

$$M_0 = \int \frac{1}{2}\left(\frac{1}{r_1} + \frac{1}{r_2}\right) dA = \int p\, dS. \tag{33}$$

Darin bedeutet

$$dA = [\sigma_1\sigma_2], \qquad dS = [\omega_1\omega_2] \tag{34}$$

und $p > 0$ den Abstand der Tangentenebene von dem (etwa im Innern von ϱ_0 gelegenen) Ursprung. $S_0 = 4\pi$ ist die Gesamtkrümmung von ϱ_0. Steiner hat diese Formel für konvexe Vielflache anschaulich hergeleitet. Sie hat den Anlaß zu vielen Untersuchungen gegeben, so zur Lehre von H. Brunn (1862/1939) und H. Minkowski, die in den Ungleichheiten gipfelt:

$$M^2 \geqq 4\pi A, \qquad A^2 \geqq 3JM, \tag{35}$$

die die isoperimetrische Ungleichheit von H. A. Schwarz enthalten:

$$A^3 \geqq 36\pi J^2. \tag{36}$$

Über diesen Gegenstand ist berichtet in W. Blaschke, Kreis und Kugel, Leipzig 1916, und T. Bonnesen, W. Fenchel, Theorie der konvexen Körper, 1934. 1941 hat G. Bol festgestellt, wann in der zweiten Beziehung (35) die Gleichheit gilt, Hamburg. Abh. Bd. 15 (1943), S. 37/56. Ausdehnungen von (32) auch auf nicht konvexe Gebiete von L. A. Santaló und mir in W. Blaschke, Vorlesungen über Integralgeometrie Bd. 2 (1937). Ausdehnungen auf nichteuklidische Räume bei G. Herglotz, Hamburg. Abh. Bd. 15 (1943), S. 165/177.

7. Nochmals die Wiedersehensflächen. Jede Wiedersehensfläche (§ 59, 7) mit $K > 0$ ist eine Eifläche mit Mittelpunkt. Dazu zeige man, daß die Abbildung $\mathfrak{x} \to \mathfrak{x}'$ längentreu ist, und verwerte dann § 67.

8. Ein Satz von P. Funk. Es gibt keine stetige Formänderung einer Kugel, bei der sie Wiedersehensfläche bleibt. P. Funk, Math. Z. Bd. 16 (1923), S. 159/162.

9. Satz von Christoffel über Eiflächen. Ist für eine Eifläche ϱ in ihrem sphärischen Bilde $\mathfrak{k}$ die Summe der Hauptkrümmungshalbmesser $r_1 + r_2$ als Funktion des Ortes auf $\mathfrak{k}$ bekannt, so ist dadurch ϱ bis auf Schiebungen eindeutig bestimmt. $r_1 + r_2$ kann auf $\mathfrak{k}$ beliebig vorgeschrieben werden bis auf die Bedingungen

$$\int_{\mathfrak{k}} (r_1 + r_2)\, a_j\, dS = 0; \quad j = 1, 2, 3. \tag{37}$$

Darin bedeutet dS das Flächenelement der Einheitskugel $\mathfrak{k}$ im Punkt mit den Zeigern a_j. Beweis etwa mittels Kugelflächenfunktionen. E. B. Christoffel, Werke Bd. 1 (1865), S. 162/177.

10. Ein Satz von H. Minkowski über Eiflächen. Ähnlich, aber schwieriger ist folgendes Ergebnis von H. Minkowski zu begründen, das mit **6** zusammenhängt: Schreibt man von ϱ im sphärischen Bild $\mathfrak{k}$ die Krümmung K von ϱ vor, so ist ϱ dadurch bis auf Schiebungen eindeutig bestimmt. Dabei genügt $K(\mathfrak{a})$ nur den Einschränkungen

$$\int_{\mathfrak{k}} a_j \frac{dS}{K} = 0; \quad j = 1, 2, 3, \tag{38}$$

d. h. unter den Bedingungen (38) gibt es zu vorgegebenem $K(\mathfrak{a}) > 0$ einen Eikörper (Vorhandensein und Eindeutigkeit). Dies enthält die Unverbiegbarkeit der Kugel. H. Minkowski, Werke Bd. 2, § 10 (1903), S. 230/276. D. Hilbert, Integralgleichungen, 1912, Kap. 19. Weitere Untersuchungen von P. Alexandroff. Entsprechende Fragen für geschlossene, richtbare, aber nicht konvexe Flächen scheinen noch nicht behandelt worden zu sein.

11. Eiflächen fester Breite. Es sei p für eine Eifläche ϱ der Abstand ihrer Tangentenebene vom Ursprung im Punkt mit der äußeren Normalen $\mathfrak{a}$. Dann ist

$$p(+\mathfrak{a}) + p(-\mathfrak{a}) = 2c = \text{fest} \tag{39}$$

Bedingung für „konstante Breite". Für sie ist nach (33)

$$M = 4\pi c. \tag{40}$$

Umschreibt man ϱ einen Zylinder, so ist sein Querschnittsumfang $2\pi c$ von der Richtung der Erzeugenden unabhängig. Diese Eigenschaft kennzeichnet nach Minkowski die Eiflächen fester Breite, Werke Bd. 2 (1904), S. 277/279.

12. Ein Satz von G. Herglotz. Man kann zu jeder Eifläche ϱ eine andere ϱ^* so bestimmen, daß der Querschnittsumfang des ϱ in Richtung $\mathfrak{a}$ umschriebenen Zylinders gleich der Querschnittsfläche des ϱ^* in derselben Richtung $\mathfrak{a}$ umschriebenen Zylinders wird.

13. Satz von O. Bonnet über den Durchmesser einer Eifläche. Genügt das Krümmungsmaß K auf einer Eifläche der Beschränkung

$$K \geqq \frac{1}{a^2}, \tag{41}$$

so ist ihr Durchmesser (größte Entfernung zweier ihrer Punkte)

$$D < \pi a. \tag{42}$$

Diese Schranke kann nicht verbessert werden. Setzt man das Vorhandensein kürzester Wege auf der Eifläche voraus, so folgt (42) leicht aus den Sätzen von Sturm (§ 59, **6**). O. Bonnet 1855. Ist r der „Inkugelhalbmesser" unserer Eifläche (größter Halbmesser der in ihr enthaltenen Kugeln), so gilt

$$D < 2 \int\limits_{0 \atop +}^{\pi/2} \sqrt{a^2 - r^2 \sin^2 \sigma}\, ds. \tag{43}$$

Auch diese Schranke kann nicht verbessert werden. W. Blaschke, Kreis und Kugel, 1916, § 25, 26.

14. Querschnittflächen der einer Eifläche umschriebenen Zylinder. Legt man rechtwinklig zu der Erzeugenden jedes einer Eifläche umschriebenen Zylinders zwei parallele Ebenen, deren Abstand von einem Festpunkt gleich der Querschnittfläche des Zylinders ist, so umhüllen diese Ebenen wieder eine Eifläche. Sie hat den Festpunkt als Mittelpunkt. W. Blaschke, Kreis und Kugel, 1916, S. 148.

15. Eidrehflächen mit geschlossenen Geodätischen. In einer Ebene liege eine Eilinie e, die an einer Geraden g ihr eigenes Spiegelbild ist, und ein Kreis f derart, daß zwischen irgend zwei Geraden parallel zu g auf e immer die gleiche Gesamtbogenlänge liegt wie auf f. Dann entsteht durch Umdrehung von e um g eine Eifläche, die nur geschlossene Geodätische enthält. G. Darboux, Surfaces Bd. 3, Nr. 580.

16. Umkehrung eines Satzes von Archimedes. Eine Eifläche e teile mit der Kugelfläche folgende Eigenschaft: Betrachtet man die Schicht von e zwischen zwei parallelen Ebenen (die e treffen), so ist das Flächenmaß dieser Schicht bis auf einen festen Faktor k gleich dem Abstand h dieser Ebenen. (Dabei kann k von der Ebenenstellung abhängen.) Dann ist e eine Kugel; W. Blaschke, O. Stamm.

Dann ein Ausblick auf zwei wichtige Gegenstände.

17. Geschlossene Geodätische. Auf einer Eifläche e liege eine geschlossene doppelpunktfreie Linie r, deren sphärisches Bild r^* die Einheitskugel in zwei flächengleiche Stücke zerschneidet. Ist die Länge von r möglichst klein, so ist r eine geschlossene Geodätische auf e; H. Poincaré 1905. Über die Weiterentwicklung solcher Gedanken zwischen Topologie und Variationsrechnung durch G. D. Birkhoff (1884/1944) und Marston Morse vgl. man Marston Morse, The calculus of variations in the large, New York 1934, und H. Seifert, W. Threlfall (1888/1949), Variationsrechnung im Großen, Leipzig 1938. Neuere Untersuchungen von Lusternik.

18. Nabel einer Fläche. Eine der anziehendsten Fragen der Differentialgeometrie, die zwar schon viel, aber nicht erschöpfend behandelt ist, ist die Frage nach dem (topologischen) Verhalten der Krümmungslinien in der Nähe eines alleinstehenden Nabels (§ 61) auf einer analytischen Fläche f etwa positiven Krümmungsmaßes. Eine Darstellung der älteren Untersuchungen bei G. Darboux, Surfaces Bd. 4 (1896), S. 448/465. Besonders wichtig sind die von der Optik ausgehenden Schriften von A. Gullstrand, Allgemeine Theorie der monochromatischen Aberrationen und ihre nächsten Ergebnisse für die Ophthalmologie, Nova Acta Upsala Bd. 20 (1900), S. 1/204, und: Zur Kenntnis der Kreispunkte, Acta math., Stockh., Bd. 29 (1904), S. 59/100. Neuerdings (1943) hat G. Bol in der Ausdrucksweise von 49, 8 bewiesen, daß für einen solchen Nabel der Drall $D \geq -2\pi$ ist, so daß also nach der dortigen Überlegung die Anzahl der getrennten Nabel einer Eifläche mindestens 2 ist, wie C. Carathéodory (* 1873) vermutet hatte. Mit dieser Frage hat sich auch H. Hamburger in drei größeren Schriften 1940/41 beschäftigt. Wie ich in einem Vortrag in Rom 1942 angedeutet habe, scheint mir eine vollständige topologische Einteilung dieser Nabelpunkte möglich und damit eine reelle Anwendung der Untersuchungen der komplexen algebraischen Geometrie über die Klassifizierung der Singularitäten der ebenen algebraischen Linien. Kürzlich hat G. Bol das Verhalten der Krümmungslinien in der Nähe eines Nabels weitgehend geklärt.

Schließlich noch einige klassische Ergebnisse.

19. Drehflächen fester mittlerer Krümmung. Soll die Linie $\mathfrak{L}$ in der Ebene $\mathfrak{M}$ bei der Drehung von $\mathfrak{M}$ um die Achse $\mathfrak{A}$ in $\mathfrak{M}$ eine Fläche fester mittlerer Krümmung beschreiben, so hat $\mathfrak{L}$ folgende Eigenschaft. Ist $\mathfrak{x}$ ein Punkt von $\mathfrak{L}$, $\mathfrak{y}$ sein Krümmungsmittelpunkt und $\mathfrak{z}$ der Schnittpunkt der Normalen $\mathfrak{x}\mathfrak{y}$ von $\mathfrak{L}$ in $\mathfrak{x}$

mit $\mathfrak{A}$, so gilt für die Längen $\overline{\mathfrak{x}\mathfrak{y}} = r_1$, $\overline{\mathfrak{x}\mathfrak{z}} = r_2$ die Beziehung

$$\frac{1}{r_1} + \frac{1}{r_2} = 2H = \text{fest.} \tag{44}$$

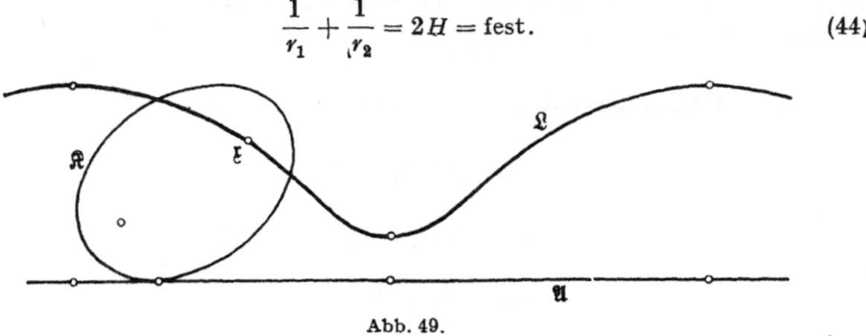

Abb. 49.

Jede solche Linie $\mathfrak{L}$ kann nach Ch. Delaunay (1816/1872) 1841 so erhalten werden. Ein starrer Kegelschnitt $\mathfrak{K}$ rolle in seiner Ebene $\mathfrak{M}$ auf der Geraden $\mathfrak{A}$, dann beschreibt jeder Brennpunkt $\mathfrak{x}$ von $\mathfrak{K}$ eine Linie $\mathfrak{L}$. In den Abb. 49, 50, 51 sind die

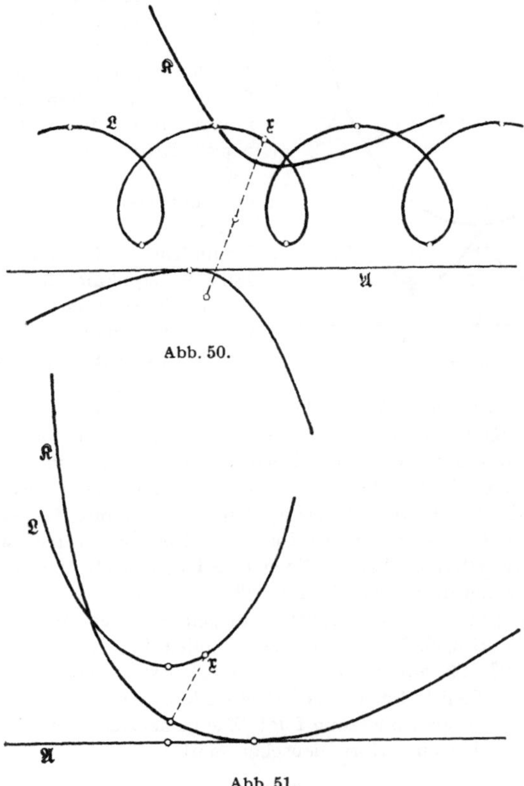

Abb. 50.

Abb. 51.

Fälle gezeichnet, daß $\mathfrak{K}$ eine Ellipse, Hyperbel oder Parabel ist. Will man sich das Rollen im zweiten Fall deutlich machen, so kann man sich die Hyperbel $\mathfrak{K}$ zweckmäßig auf Pauspapier aufzeichnen. Ist $\mathfrak{K}$ eine Parabel, so wird $\mathfrak{L}$ eine Kettenlinie.

20. Zusammenhang zwischen Flächen mit festem H und solchen mit festem K. Beschreibt $\mathfrak{x}$ die Fläche $\mathfrak{f}$ mit dem Normalenvektor $\mathfrak{a} = \mathfrak{a}_3$, so durchläuft $\overline{\mathfrak{x}} = \mathfrak{x} + h\,\mathfrak{a}$

8*

die *Parallelfläche* $\bar{\mathfrak{f}}$ von $\mathfrak{f}$ im festen Abstand h. Aus $d\chi \cdot \mathfrak{a} = 0$ folgt: Es entsprechen sich auf $\mathfrak{f}, \bar{\mathfrak{f}}$ die Krümmungslinien, und es besteht folgende Beziehung zwischen den Hauptkrümmungen:

$$\bar{r}_j = r_j - h.$$

Hat $\bar{\mathfrak{f}}$ festes **Krümmungsmaß** und setzen wir insbesondere

$$\frac{1}{\bar{K}} = \bar{r}_1 \bar{r}_2 = h^2,$$

so wird

$$(r_1 - h)(r_2 - h) = h^2$$

oder

$$2H = \frac{1}{r_1} + \frac{1}{r_2} = \frac{1}{h}.$$

d. h. $\mathfrak{f}$ hat feste mittlere Krümmung. O. Bonnet 1853.

21. Drehfläche der Schlepplinie. Eine ebene Linie $\mathfrak{S}$, auf deren Tangenten vom Berührungspunkt χ bis zum Schnitt mit einer festen Geraden $\mathfrak{A}$ eine feste

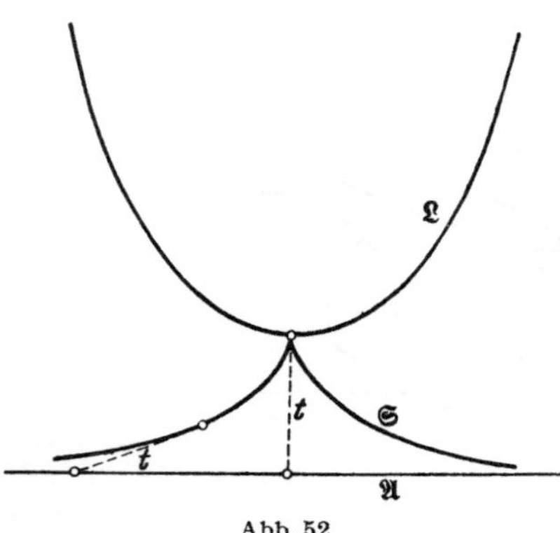

Abb. 52.

Strecke t liegt (Abb. 52), nennt man eine *Schlepplinie, Zuglinie* oder *Trak-trix*. Ihre Evolute ist eine Kettenlinie. Bei der Drehung von $\mathfrak{S}$ um $\mathfrak{A}$ erzeugt $\mathfrak{S}$ eine Fläche festen negativen Krümmungsmaßes, die man *Pseudosphäre* nennt (Liouville). E. Beltrami hat 1868 diese Flächen zur Verwirklichung der hyperbolischen nichteuklidischen Geometrie benutzt. Die Ermittlung der Drehflächen mit festem K bei U. Dini 1865. Schlepplinien haben schon Leibniz und Huygens betrachtet. Schrifttum Enzyklopädie III D 1, 2, Nr. 20.

22. Zykliden. Eine gerichtete Kugel, die drei feste gerichtete Kugeln berührt, umhüllt eine „*Zyklide*" (Ch. Dupin 1822). Sie ist auch Einhüllende einer zweiten Kugelschar. Jede Kugel der beiden Scharen berührt die Zyklide längs eines Kreises, der Krümmungslinie auf ihr ist. Die Mittelpunkte der Kugeln der beiden Hüllscharen liegen auf zwei „*Fokalkegelschnitten*". Im allgemeinen bestehen diese aus einer Ellipse und einer Hyperbel derart, daß die Brennpunkte jedes der beiden Kegelschnitte Scheitel des anderen sind und ihre Ebenen sich rechtwinklig schneiden. (Vgl. § 63.) Schrifttum über Zykliden Enzyklopädie III D 5, Nr. 10.

23. Fokalkegelschnitte. Jeder Normalriß eines Paars von Fokalkegelschnitten auf eine Ebene ergibt zwei Kegelschnitte mit gemeinsamen Brennpunkten[1] (oder Grenzfälle davon). Umgekehrt: Haben zwei Linien $\mathfrak{L}_1$, $\mathfrak{L}_2$ die Eigenschaft, daß ihre Normalrisse $\mathfrak{L}_1^*$, $\mathfrak{L}_2^*$ auf irgendeine Ebene sich stets rechtwinklig schneiden, so sind die $\mathfrak{L}_j$ Fokalkegelschnitte oder Grenzfälle davon. Man benutze dazu die Tatsache, daß aus der Voraussetzung folgt: Die gemeinsamen Schnittgeraden der Leitlinien $\mathfrak{L}_1$, $\mathfrak{L}_2$ bilden eine Normalenschar (§ 61).

---

[1] Man nehme in einer Ebene $\mathfrak{E}$: 1. eine Ellipse $\mathfrak{e}$, die kein Kreis ist; 2. eine Hyperbel $\mathfrak{h}$, die mit $\mathfrak{e}$ ihre Brennpunkte gemein hat; 3. eine Gerade $\mathfrak{g}$ durch den Mittelpunkt von $\mathfrak{e}$ und $\mathfrak{h}$, die $\mathfrak{h}$ im Innern von $\mathfrak{e}$ schneidet. Dann gibt es stets ein Paar $\mathfrak{P}$ von Fokalkegelschnitten, dessen Normalriß auf $\mathfrak{E}$ nach $\mathfrak{e}$, $\mathfrak{h}$ fällt, so daß $\mathfrak{g}$ Normalriß der Schnittebene der Fokalkegelschnitte wird. $\mathfrak{P}$ ist bis auf die Spiegelung an $\mathfrak{E}$ und bis auf Schiebungen rechtwinklig zu $\mathfrak{E}$ eindeutig bestimmt.

24. Isotroper Riß. Einer gerichteten Kugel des $\Re_3$ mit dem Mittelpunkt x_1, x_2, x_3 und dem Halbmesser r ordnen wir im $\Re_4$ den Punkt mit den Zeigern x_1, x_2, x_3, $x_4 = r$ zu. Die „Entfernung" t zweier Punkte im $\Re_4$ führen wir so ein:

$$t^2 = (x_1 - x_1')^2 + (x_2 - x_2')^2 + (x_3 - x_3')^2 - (x_4 - x_4')^2.$$

Den „Kreisen" dieses $\mathfrak{L}_3$ entsprechen dann im $\Re_3$ die Zykliden, den „winkeltreuen" Abbildungen des $\Re_4$ im $\Re_3$ die „Berührungstransformationen" der Kugeln, die S. Lie eingeführt hat. Diese erhalten auf Flächen (als Hüllflächen von zweigliedrigen Kugelscharen) deren Krümmungslinien. Vgl. dazu W. Blaschke und G. Thomsen, Differentialgeometrie Bd. 3, Berlin 1929.

VII. Minimalflächen.

§ 71. Minimalflächen als Schiebflächen.

Aus der Fülle besonderer Flächenfamilien greifen wir hier im Teil VII die mit $H = 0$ heraus, da sie seit 1760 am meisten die Aufmerksamkeit der Geometer auf sich gezogen haben und sich überdies mechanisch leicht verwirklichen lassen.

Bei der Frage nach dem Gleichgewicht dünner Seifenhäutchen kommt man naturgemäß zur „Aufgabe von J. Plateau" (1801/1883) von 1866: *Gegeben eine geschlossene Linie* $\mathfrak{r}$. *Man soll über* $\mathfrak{r}$ *eine Fläche* $\mathfrak{f}$ *mit dem Rand* $\mathfrak{r}$ *so ausspannen, daß ihr Flächenmaß* $A(\mathfrak{f})$ *möglichst klein ausfällt.*

Nach (68, 15) gilt für die Variation von A, wenn die Verrückungen r_j auf dem Rande $\mathfrak{r}$ verschwinden,

$$A = -2 \int_{\mathfrak{f}} r_{\cdot} H \, \varphi. \tag{1}$$

Soll also diese Variation bei im übrigen freier Wahl von r_3 stets verschwinden, so muß, wie Lagrange 1760 gefunden hat (Werke Bd. 1, S. 335), auf $\mathfrak{f}$ überall die mittlere Krümmung $H = 0$ sein. Diesen Tatbestand drückt man so aus:

Die „Extremalen" unserer Minimumforderung sind die Flächen verschwindender mittlerer Krümmung.

Man nennt sie dann *Minimalflächen*. Sie hängen, wie wir gleich zeigen werden, eng mit den Funktionen einer komplexen Veränderlichen zusammen und bilden deshalb einen Lieblingsgegenstand der Geometer von Lagrange bis heute.

So haben sich insbesondere G. Monge, B. Riemann, K. Weierstraß, H. A. Schwarz, E. Beltrami, S. Lie und A. Ribaucour eingehend mit ihnen beschäftigt. Zusammenfassende Darstellungen über Minimalflächen findet man in einer Schrift von Beltrami von 1868 (Opere Bd. 2, S. 1/54), im ersten Band der Abhandlungen von Schwarz von 1890, in dem Schriften aus den Jahren 1865/1887 gesammelt sind, in einer Preisschrift von Ribaucour von 1881, in Darboux' großem Werk, Bd. 1, Buch 3 von 1887, bei L. Bianchi, Bd. 1, 3. Aufl. (1922),

S. 531/606. Das neuere Schrifttum findet man sorgsam zusammengetragen in dem Buch von T. Radó, „On the problem of Plateau", von 1933. Wenn man etwa die erste und die letzte dieser Darstellungen vergleicht, so kann man die stürmische Jugend einer geometrischen Frage ihrem müden Alter gegenüberstellen. Neuerdings hat R. Courant die alten Fragen erfolgreich wiederaufgenommen.

Hier soll einiges aus der Lehre der Funktionen einer komplexen Veränderlichen als bekannt angenommen werden. Zunächst wollen wir einsehen: *Eine Minimalfläche ist notwendig analytisch.* Das heißt genauer folgendes: Denken wir uns ein Flächenstück $\mathfrak{f}$ mit $H = 0$ durch Flächenzeiger u, v so dargestellt, daß $\mathfrak{x}_u \times \mathfrak{x}_v \neq 0$ wird und die Funktionen $x_j(u, v)$ etwa bis zur dritten Ordnung stetige Ableitungen haben (es würden auch schon schwächere Annahmen ausreichen): Dann kann man die u, v so wählen, daß die Funktionen $x_j(u, v)$ im Kleinen in konvergente Potenzreihen entwickelbar sind.

Dazu wollen wir zeigen: Man kann auf $\mathfrak{f}$ „isotherme Zeiger" a, b (§ 58) einführen, nämlich solche, daß das Bogenelement von $\mathfrak{f}$ die Gestalt

$$\sigma^2 = ds^2 = f(da^2 + db^2) \tag{2}$$

annimmt[1]. Mit anderen Worten: Man kann $\mathfrak{f}$ im Kleinen „winkeltreu" auf die a, b-Ebene abbilden. Das gelingt etwa durch Betrachtung des sphärischen Bildes. Zum Beispiel aus $(61, 30)$ ergibt sich nämlich: *Das sphärische Bild einer Fläche $\mathfrak{f}$ ist genau dann gleichsinnig $(K > 0)$ winkeltreu, wenn $r_1 - r_2 = 0$, also nach § 64, wenn $\mathfrak{f}$ eine Kugel ist, genau dann gegensinnig $(K < 0)$ winkeltreu, wenn $\mathfrak{f}$ eine (unebene) Minimalfläche $(r_1 + r_2 = 0)$ ist.* Für unsere Zwecke genügt auch schon $(62, 18)$, um festzustellen, daß für $H = 0$

$$\langle d\mathfrak{x}, d\mathfrak{x} \rangle = -\frac{1}{K} \langle d\mathfrak{a}_3, d\mathfrak{a}_3 \rangle \tag{3}$$

ist. Somit brauchen wir nur Zeiger a, b einzuführen, für die das Bogenelement des Kugelbildes $\langle d\mathfrak{a}_3, d\mathfrak{a}_3 \rangle$ die isotherme Gestalt (2) annimmt. Das leistet aber schon des Ptolemaios „Stereoriß der Kugel". Dabei schließen wir die Ebenen, die natürlich auch Minimalflächen sind, von unserer Betrachtung aus, da für sie alles klar liegt.

Wir bilden zur Herstellung des Stereorisses (wie in Abb. 53) die Punkte $\mathfrak{a}_3 = \mathfrak{a} = (a_1, a_2, a_3)$ der Einheitskugel $a_1^2 + a_2^2 + a_3^2 = 1$ ab auf die Punkte $\mathfrak{a}^* = (a, b, 0)$ ihrer „Äquatorebene" durch die Forderung: Zwei solche entsprechende Punkte sollen mit dem „Südpol" $\mathfrak{s} = (0, 0, -1)$ in gerader Linie liegen. Dann wird

$$a_1 = \frac{2a}{1 + a^2 + b^2}, \qquad a_2 = \frac{2b}{1 + a^2 + b^2}, \qquad a_3 = \frac{1 - a^2 - b^2}{1 + a^2 + b^2};$$

$$s = a + ib = \frac{a_1 + ia_2}{1 + a_3} = \frac{1 - a_3}{a_1 - ia_2}, \qquad i^2 = -1. \tag{4}$$

---

[1] In (2) bedeutet f einen Skalarfaktor und kein Funktionszeichen.

Daraus folgt
$$\langle d\mathfrak{a}_3, d\mathfrak{a}_3 \rangle = 4 \frac{da^2 + db^2}{(1 + a^2 + b^2)^2}. \tag{5}$$

Somit sind tatsächlich a, b nach (5) im Kugelbild und nach (3) deshalb auch auf unserer Minimalfläche $\mathfrak{f}$ isotherm.

Auf der anderen Seite soll Beltramis Differentiator Δ von § 55 auf den Vektor $\mathfrak{x}$ eines Flächenpunktes angewandt werden:

$$\Delta \mathfrak{x} = \frac{d(\mathfrak{x}_1 \sigma_2 - \mathfrak{x}_2 \sigma_1)}{[\sigma_1 \sigma_2]}, \tag{6}$$

worin $d\mathfrak{x} = \mathfrak{x}_1 \sigma_1 + \mathfrak{x}_2 \sigma_2$ gesetzt ist. Nach (41,13) haben wir also $\mathfrak{x}_1 = \mathfrak{a}_1$, $\mathfrak{x}_2 = \mathfrak{a}_2$. Damit folgt aus (6), (41,13), (41,14), (61,27) die Formel von Beltrami 1868:

$$\Delta \mathfrak{x} = \frac{[\sigma_1 \omega_1] + [\sigma_2 \omega_2]}{[\sigma_1 \sigma_2]} \mathfrak{a}_3 = 2H\mathfrak{a}_3. \tag{7}$$

Im Fall $H = 0$ der Minimalflächen ist also
$$\Delta \mathfrak{x} = 0 \tag{8}$$

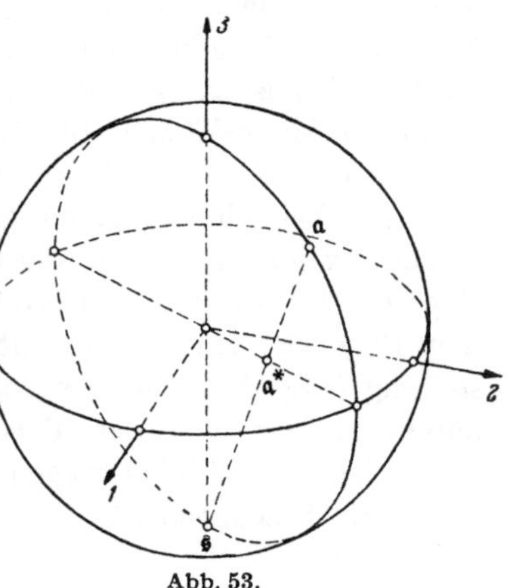

Abb. 53.

oder ausführlich $\Delta x_j = 0$; $j = 1, 2, 3$. Somit ist also jeder rechtwinklige Zeiger x_j auf einer Minimalfläche isotherm. Mit anderen Worten: *Die Höhenlinien (für irgendeine Lotrichtung) bilden zusammen mit ihren rechtwinkligen Querlinien (Fallinien) auf einer Minimalfläche im Kleinen stets ein isothermes Netz, und diese Eigenschaft kennzeichnet die Minimalflächen* (Riemann, Beltrami).

In isothermen Zeigern a, b auf unserer Minimalfläche $\mathfrak{f}$ gilt (8) oder

$$\left(\frac{\partial^2}{\partial a^2} + \frac{\partial^2}{\partial b^2} \right) \mathfrak{x} = 0. \tag{9}$$

Das heißt: Die x_j sind in a, b „harmonische Funktionen", also Realteile analytischer Funktionen y_j in $s = a + ib$:

$$x_j = \Re y_j(s). \tag{10}$$

Darin liegt die Richtigkeit der Behauptung, daß Minimalflächen notwendig analytisch sind.

Dieses Ergebnis hat zur Folge, daß man auch komplexe Werte der Flächenzeiger a, b zulassen kann, daß man also auf unserer Minimalfläche auch Punkte mit komplexen Zeigern x_j betrachten darf.

Gehen wir von der isothermen Gestalt $ds^2 = f(da^2 + db^2)$ des Bogenelements einer Minimalfläche aus und von der zugehörigen Differentialgleichung (9), der die rechtwinkligen Zeiger $x_j(a, b)$ eines Flächenpunktes genügen. Setzen wir dann

$$a + ib = p, \quad a - ib = q, \tag{11}$$

so ergibt (2) umgerechnet auf die neuen Flächenzeiger p, q

$$d s^2 = f\, d p\, d q \tag{12}$$

und (9)

$$\frac{\partial^2 \mathfrak{x}}{\partial p\, \partial q} = 0. \tag{13}$$

Nach (13) können wir also eine Minimalfläche als „*Schiebfläche*" (§ 65) darstellen:

$$\mathfrak{x}(p, q) = \tfrac{1}{2}\{\mathfrak{y}(p) + \mathfrak{z}(q)\}, \tag{14}$$

und darin genügen nach (12) die Zeigerlinien $p, q = $ fest den Bedingungen

$$\langle \mathfrak{y}' \mathfrak{y}' \rangle = 0, \quad \langle \mathfrak{z}' \mathfrak{z}' \rangle = 0. \tag{15}$$

Das heißt: Die Linien $\mathfrak{y}(p)$, $\mathfrak{z}(q)$ haben verschwindende Bogenlängen. Man nennt solche imaginäre Linien *isotrop*. Bei S. Lie heißen sie „Minimallinien" aus wenig einleuchtendem Grunde. Fassen wir zusammen:

Die Minimalflächen sind Schiebflächen mit isotropen Linien als Erzeugenden.

Nebenbei: Dieses Ergebnis gilt auch für *komplexe* analytische Minimalflächen, wenn man sie durch $H = 0$ erklärt. Gehen wir nämlich von einer Fläche $\mathfrak{x}(p, q)$ aus mit dem Netz isotroper Linien $p, q = $ fest, also dem Bogenelement (12), so gilt für sie die Gl. (13) und damit die Darstellung (14), (15). Dabei werden allerdings von vornherein die imaginären Flächen von der Betrachtung ausgeschlossen, die nur *eine* Schar isotroper Linien tragen, nämlich die Torsen mit isotropen Geraden als Erzeugenden[1].

---

[1] Merken wir kurz an, wie man für Flächen $\mathfrak{f}$, die nur eine Schar isotroper Linien tragen, zweckmäßig Ableitungsgleichungen aufstellen kann! Wir führen im Punkt $\mathfrak{x}$, der $\mathfrak{f}$ beschreibt, ein neues Dreibein $\mathfrak{a}_1, \mathfrak{a}_2, \mathfrak{a}_3$ ein mit folgenden Skalarprodukten:

	$\mathfrak{a}_1$	$\mathfrak{a}_2$	$\mathfrak{a}_3$
$\mathfrak{a}_1$	0	0	1
$\mathfrak{a}_2$	0	1	0
$\mathfrak{a}_3$	1	0	0

(P)

Dann sehen die Ableitungsgleichungen so aus:

$$d\mathfrak{x} = \mathfrak{a}_1 \sigma_1 + \mathfrak{a}_2 \sigma_2;$$
$$d\mathfrak{a}_1 = \mathfrak{a}_1 \omega_1 + \mathfrak{a}_2 \omega_2, \quad d\mathfrak{a}_2 = + \mathfrak{a}_1 \omega_3 - \mathfrak{a}_3 \omega_2, \quad d\mathfrak{a}_3 = - \mathfrak{a}_2 \omega_3 - \mathfrak{a}_3 \omega_1. \tag{A}$$

Hieraus folgen die Integrierbarkeitsbedingungen

$$d\sigma_1 = [\sigma_1 \omega_1] + [\sigma_2 \omega_3], \quad d\sigma_2 = [\sigma_1 \omega_2], \quad 0 = [\sigma_2 \omega_2];$$
$$d\omega_1 = [\omega_2 \omega_3], \quad d\omega_2 = [\omega_1 \omega_2], \quad d\omega_3 = [\omega_3 \omega_1]. \tag{J}$$

Wegen $\langle d\mathfrak{x}, d\mathfrak{x} \rangle = \sigma_2{}^2$

trägt $\mathfrak{f}$ nur die Schar $\sigma_2 = 0$ isotroper Linien. Für deren Tangentenvektor $\mathfrak{a}_1$ gilt aber, da aus $\sigma_2 = 0$ wegen (J_3) folgt $\omega_2 = 0$, nach (A_2) die Beziehung $d\mathfrak{a}_1 = \mathfrak{a}_1 \omega_1$, also $\mathfrak{a}_1 \times d\mathfrak{a}_1 = 0$. Somit sind diese isotropen Linien *gerade*. Da außerdem $\mathfrak{a}_1$ der Stellungsvektor der Tangentenebene in $\mathfrak{x}$ ist, so bleiben diese Ebenen längs der Linien $\sigma_2 = 0$ fest. Somit ist $\mathfrak{f}$ Hüllfläche einer Schar isotroper Ebenen, die von einem komplexen Parameter abhängt, wie behauptet.

Das gefundene Ergebnis (14), (15) stammt von G. Monge von 1784, wobei bei ihm allerdings Unklarheiten dadurch unterlaufen, daß damals die Lehre von den Funktionen einer komplexen Veränderlichen noch wenig entwickelt war. Die Ausdrucksweise in unserem Ergebnis rührt von dem Norweger S. Lie von 1879 her.

Hier zeigt es sich: Manchmal ist es auch für die *reelle* Geometrie wertvoll, *komplexe* Elemente (Punkte, Geraden, Ebenen) mit heranzuziehen, wie das in Frankreich z. B. von E. Laguerre (1834/1886) und G. Darboux, in Deutschland z. B. von S. Lie und seinen Schülern, wie G. Scheffers und E. Study (1862/1930), durchgeführt wurde. Dabei treten gegenüber der reellen Geometrie Ausnahmefälle auf. So entziehen sich z. B. die isotropen Linien den Ableitungsgleichungen (24, 1). Ebenso erfordern die Linien, die in einer festen „*isotropen Ebene*"

$$c_1 x_1 + c_2 x_2 + c_3 x_3 = c,$$
$$c_1^2 + c_2^2 + c_3^2 = 0 \tag{16}$$

liegen, gesonderte Behandlung.

§ 72. Ermittlung der Schmieglinien und Krümmungslinien.

Auf einer isotropen Linie $\mathfrak{y}\,(p)$ verschwindet wegen $\langle \mathfrak{y}'\,\mathfrak{y}' \rangle = 0$ die Bogenlänge. Man muß sich also nach einem anderen „*natürlichen Parameter*" auf ihr umsehen, von dem man Bewegungsinvarianz fordern wird. Aus $\langle \mathfrak{y}'\,\mathfrak{y}' \rangle = 0$ folgt $\langle \mathfrak{y}'\,\mathfrak{y}'' \rangle = 0$ und damit

$$\mathfrak{y}' \times \mathfrak{y}'' = - g\,\mathfrak{y}', \tag{1}$$

worin g skalar und das $-$ unwesentlich ist. Der Skalar $g\,(p)$ verschwindet nur dann identisch, wenn die isotrope Linie *gerade* ist. Schließen wir dies aus, so gehen in (71,14) bei reellen Minimalflächen nur die Ebenen verloren. Führen wir an Stelle von p einen anderen Parameter p_0 auf $\mathfrak{y}\,(p)$ ein, so folgt aus (1)

$$\sqrt{g}\,dp = \sqrt{g_0}\,dp_0. \tag{2}$$

Somit haben wir in

$$p_0 = \int \sqrt{g}\,dp \tag{3}$$

den gewünschten natürlichen Parameter für eine krumme Minimallinie gefunden. Das komplexe Integral (3) ist über die Linie $\mathfrak{y}\,(p)$ erstreckt auf der „zweiblättrigen Riemannschen Fläche" der Funktion $\sqrt{g}$, die in den „Wendepunkten" ($g = 0$) verzweigt ist. Dieser natürliche Parameter ist 1905 von E. Vessiot (* 1865) und genauer 1909 von E. Study eingeführt worden.

Benutzen wir auch für die isotrope Linie $\mathfrak{z}\,(q)$ den zugehörigen natürlichen Parameter q_0 und zeigen wir Ableitungen nach p_0, q_0 durch

Punkte an, so geht aus (71,14) folgende genormte Darstellung der Minimalflächen hervor:

$$\mathfrak{x}(p_0, q_0) = \tfrac{1}{2}\{\mathfrak{y}(p_0) + \mathfrak{z}(q_0)\},$$
$$\langle \dot{\mathfrak{y}}\,\dot{\mathfrak{y}}\rangle = 0, \qquad \dot{\mathfrak{y}} \times \ddot{\mathfrak{y}} = -\dot{\mathfrak{y}}, \tag{4}$$
$$\langle \dot{\mathfrak{z}}\,\dot{\mathfrak{z}}\rangle = 0, \qquad \dot{\mathfrak{z}} \times \ddot{\mathfrak{z}} = -\dot{\mathfrak{z}}.$$

Setzen wir abkürzend für das Skalarprodukt

$$\langle \dot{\mathfrak{y}}, \dot{\mathfrak{z}}\rangle = 2f, \tag{5}$$

so finden wir für den Einheitsvektor der Flächennormalen, den wir statt mit $\mathfrak{a}_3$ auch kurz mit $\mathfrak{a}$ bezeichnen wollen, nach Entscheid über ein Vorzeichen

$$\mathfrak{a} = i\,\frac{\mathfrak{y}' \times \mathfrak{z}'}{\langle \mathfrak{y}'\,\mathfrak{z}'\rangle} = i\,\frac{\dot{\mathfrak{y}} \times \dot{\mathfrak{z}}}{2f}. \tag{6}$$

Für den Augenblick seien die Ableitungen von $\mathfrak{a}$ nach p_0, q_0

$$\mathfrak{a}_p = A\dot{\mathfrak{y}} + B\dot{\mathfrak{z}}, \qquad \mathfrak{a}_q = C\dot{\mathfrak{y}} + D\dot{\mathfrak{z}}. \tag{7}$$

Aus

$$\mathfrak{a}\,\dot{\mathfrak{y}} = 0, \qquad \mathfrak{a}\,\dot{\mathfrak{z}} = 0 \tag{8}$$

folgt durch Ableitung nach p_0, q_0

$$\mathfrak{a}_p\dot{\mathfrak{y}} + \mathfrak{a}\,\ddot{\mathfrak{y}} = 0, \qquad \mathfrak{a}_q\dot{\mathfrak{y}} = 0,$$
$$\mathfrak{a}_p\dot{\mathfrak{z}} = 0, \qquad \mathfrak{a}_q\dot{\mathfrak{z}} + \mathfrak{a}\,\ddot{\mathfrak{z}} = 0. \tag{9}$$

Daraus folgt durch Vergleich mit (7) zunächst $A = D = 0$. Ferner ist nach der ersten und letzten Gleichung (9) wegen (7), (5)

$$2fB + i\,\frac{[\dot{\mathfrak{y}}\,\dot{\mathfrak{z}}\,\ddot{\mathfrak{y}}]}{2f} = 0, \qquad 2fC + i\,\frac{[\dot{\mathfrak{y}}\,\dot{\mathfrak{z}}\,\ddot{\mathfrak{z}}]}{2f} = 0.$$

Hierin führen wir (4) ein und finden

$$B = -\frac{i}{2f}, \qquad C = +\frac{i}{2f}.$$

Somit haben wir

$$2d\mathfrak{x} = \dot{\mathfrak{y}}\,dp_0 + \dot{\mathfrak{z}}\,dq_0,$$
$$2if\,d\mathfrak{a} = \dot{\mathfrak{z}}\,dp_0 - \dot{\mathfrak{y}}\,dq_0. \tag{10}$$

Hieraus ergeben sich folgende Werte für die drei quadratischen Grundformen einer Minimalfläche:

$$\langle d\mathfrak{x}, d\mathfrak{x}\rangle = f\,dp_0\,dq_0,$$
$$\langle d\mathfrak{x}, d\mathfrak{a}\rangle = \frac{1}{2i}(dp_0^2 - dq_0^2), \tag{11}$$
$$\langle d\mathfrak{a}, d\mathfrak{a}\rangle = \frac{1}{f}\,dp_0\,dq_0.$$

Neben unserem genormten Zeigerpaar p_0, q_0 auf $\mathfrak{f}$ führen wir noch zwei weitere ein, nämlich u, v und u', v' durch

$$p_0 = u + iv = \frac{u' + iv'}{1 + i} = \frac{(u' + v') + i(v' - u')}{2},$$

$$q_0 = u - iv = \frac{u' - iv'}{1 - i} = \frac{(u' + v') - i(v' - u')}{2},$$

$$u = \frac{p_0 + q_0}{2} = \frac{u' + v'}{2}, \qquad u' = \frac{p_0 - iq_0}{1 - i} = u - v,$$

$$v = \frac{p_0 - q_0}{2i} = \frac{v' - u'}{2}, \qquad v' = \frac{p_0 + iq_0}{1 + i} = u + v. \tag{12}$$

Dann ergeben sich für die quadratischen Grundformen noch folgende Ausdrücke:

$$\langle d\mathfrak{x}, d\mathfrak{x} \rangle = f(du^2 + dv^2) = \frac{f}{2}(du'^2 + dv'^2),$$

$$\langle d\mathfrak{x}, d\mathfrak{a} \rangle = 2\,du\,dv = \tfrac{1}{2}(dv'^2 - du'^2), \tag{13}$$

$$\langle d\mathfrak{a}, d\mathfrak{a} \rangle = \frac{1}{f}(du^2 + dv^2) = \frac{1}{2f}(du'^2 + dv'^2).$$

Damit ist gezeigt: *Die Linien $u, v = $ fest sind Schmieglinien und $u', v' = $ fest sind Krümmungslinien auf unserer Minimalfläche.*

Kehren wir zu beliebigen Parametern p, q auf unseren isotropen Linien $\mathfrak{y}(p)$, $\mathfrak{z}(q)$ zurück und setzen wir

$$\mathfrak{y}' \times \mathfrak{y}'' = -g\,\mathfrak{y}', \qquad \mathfrak{z}' \times \mathfrak{z}'' = -h\,\mathfrak{z}', \tag{14}$$

so haben wir also als Gleichung der *Schmieglinien*

$$\int \sqrt{g}\,dp \pm \int \sqrt{h}\,dq = \text{fest}, \tag{15}$$

als Gleichung der *Krümmungslinien*

$$\int \sqrt{+ig}\,dp \pm \int \sqrt{-ih}\,dq = \text{fest}. \tag{16}$$

Insbesondere haben wir danach für reelle Flächen, wenn $\Re$ den Realteil heraushebt, für Schmieglinien

$$\Re \int \sqrt{g}\,dp = \text{fest}, \qquad \Re i \int \sqrt{g}\,dp = \text{fest} \tag{17}$$

und für Krümmungslinien

$$\Re \int \sqrt{+ig}\,dp = \text{fest}, \qquad \Re \int \sqrt{-ig}\,dp = \text{fest}. \tag{18}$$

Es genügt also im reellen Fall die Berechnung eines komplexen Integrals zur Ermittlung dieser beiden Liniennetze.

Merken wir noch die geometrische Deutung der in (5), (11), (13) auftretenden Größe f an! Etwa aus (11) und (71,3) folgt

$$K = -\frac{1}{f^2}. \tag{19}$$

Somit sind wegen $H = 0$ oder $r_1 + r_2 = 0$ die beiden Hauptkrümmungshalbmesser unserer Minimalfläche gleich $\pm f$.

Der erste, der Krümmungslinien auf einer Minimalfläche ermittelt hat, scheint M. Roberts (1817/1882) 1846 gewesen zu sein.

Aus den Formeln (11), (19) kann man folgenden Schluß ziehen: Ist ds^2 das Bogenelement einer Minimalfläche und K ihr Krümmungsmaß, so hat die quadratische Differentialform

$$\sqrt{-K}\, ds^2 \tag{20}$$

verschwindendes Krümmungsmaß. Damit ergibt sich eine notwendige Bedingung dafür, daß ein ds^2 zu einer Minimalfläche gehört. Diese Bedingung ist auch hinreichend (G. Ricci-Curbastro), wie wir hier nicht bestätigen wollen.

§ 73. Adjungierte Minimalflächen.

Die Formeln (68, 15), (68, 16) von Gauß für die erste Variation des Flächenmaßes A geben im Fall einer Minimalfläche $(H = 0)$

$$\dot{A} = \int_{\mathfrak{r}(\mathfrak{f})} [\dot{\mathfrak{x}}, d\mathfrak{x}, \mathfrak{a}_3]. \tag{1}$$

Wir betrachten insbesondere die Schar von ähnlich liegenden Minimalflächen

$$w \cdot \mathfrak{x}(u, v), \quad 0 < w \leqq 1. \tag{2}$$

Dann folgt aus (1)

$$A = \int_0^1 \left\{ w\, dw \int_{\mathfrak{r}(\mathfrak{f})} [\mathfrak{x}, d\mathfrak{x}, \mathfrak{a}_3] \right\} \tag{3}$$

oder

$$A = \tfrac{1}{2} \int_{\mathfrak{r}(\mathfrak{f})} [\mathfrak{x}, d\mathfrak{x}, \mathfrak{a}_3]. \tag{4}$$

Diesen Ausdruck und diese Herleitung für das Flächenmaß einer Minimalfläche durch ein Randintegral hat H. A. Schwarz 1874 angegeben (Werke Bd. 1, S. 178, 179) im Zusammenhang mit Untersuchungen von B. Riemann.

Verschiebt man unsere Fläche um den Vektor $\mathfrak{v}$:

$$\mathfrak{x}^* = \mathfrak{x} + \mathfrak{v},$$

so muß $A = A^*$ sein und somit

$$\int_{\mathfrak{r}(\mathfrak{f})} \mathfrak{a}_3 \times d\mathfrak{x} = 0. \tag{5}$$

Also ist auf einer Minimalfläche $\mathfrak{a}_3 \times d\mathfrak{x}$ ein vollständiges Differential, d. h. es verschwindet die äußere Ableitung:

$$d(\mathfrak{a}_3 \times d\mathfrak{x}) = 0. \tag{6}$$

Diese Bedingung kennzeichnet, wie Lagrange (Œuvres Bd. 1, S. 356) schon 1760 bemerkt hat, unsere Minimalflächen. Es ergibt sich nämlich mittels (61, 1), (61, 27)

$$\begin{aligned}
d(\mathfrak{a}_3 \times d\mathfrak{x}) &= [(\mathfrak{a}_1\, \omega_2 - \mathfrak{a}_2\, \omega_1) \times (\mathfrak{a}_1\, \sigma_1 + \mathfrak{a}_2\, \sigma_2)] \\
&= -\mathfrak{a}_3([\sigma_1\, \omega_1] + [\sigma_2\, \omega_2]) = -2H[\sigma_1\, \sigma_2]\mathfrak{a}_3.
\end{aligned} \tag{7}$$

Liegt unsere Minimalfläche in der Darstellung (72,4) vor, so kann man das zugehörige Integral

$$\mathfrak{x}^* = \int\limits_{\mathfrak{x}_0}^{\mathfrak{x}} \mathfrak{a} \times d\mathfrak{x} \tag{8}$$

leicht berechnen. Setzen wir für den Augenblick

$$\mathfrak{a} \times \dot{\mathfrak{y}} = A\,\dot{\mathfrak{y}} + B\,\dot{\mathfrak{z}}, \qquad \mathfrak{a} \times \dot{\mathfrak{z}} = C\,\dot{\mathfrak{y}} + D\,\dot{\mathfrak{z}}, \tag{9}$$

so folgt durch skalare Multiplikation mit $\dot{\mathfrak{y}}$, $\dot{\mathfrak{z}}$ unter Beachtung von (72,4), (72,6) $A = -i$, $B = 0$, $C = 0$, $D = +i$. Damit ist

$$d\mathfrak{x}^* = \frac{1}{2i}\,(\dot{\mathfrak{y}}\,dp_0 - \dot{\mathfrak{z}}\,dq_0), \tag{10}$$

und daraus ergibt sich durch Integrieren bis auf eine Schiebung

$$\mathfrak{x}^*(p,q) = \frac{1}{2i}\{\mathfrak{y}(p) - \mathfrak{z}(q)\}. \tag{11}$$

Danach beschreibt $\mathfrak{x}^*$ ebenfalls eine Minimalfläche, die 1853 O. Bonnet als zu $\mathfrak{x}$ „*adjungiert*" eingeführt hat.

Übergehen wir ihre naheliegende mechanische Deutung und zeigen wir einige Eigenschaften! Aus

$$2\,d\mathfrak{x} = \mathfrak{y}'\,dp + \mathfrak{z}'\,dq, \qquad 2i\,d\mathfrak{x}^* = \mathfrak{y}'\,dp - \mathfrak{z}'\,dq \tag{12}$$

folgt:

I. *In entsprechenden Punkten* $\mathfrak{x}$, $\mathfrak{x}^*$ *laufen die Tangentenebenen unserer Minimalflächen parallel.*

II. Aus (12) folgt

$$\langle d\mathfrak{x}, d\mathfrak{x} \rangle = \langle d\mathfrak{x}^*, d\mathfrak{x}^* \rangle, \tag{13}$$

d. h. *die beiden Minimalflächen sind längentreu aufeinander bezogen.*

III. Aus (12) folgt

$$\langle d\mathfrak{x}, d\mathfrak{x}^* \rangle = 0, \tag{14}$$

d. h. *entsprechende Fortschreitungsrichtungen sind rechtwinklig.*

IV. Es sei $\mathfrak{a}_1$, $\mathfrak{a}_2$, $\mathfrak{a}_3$ das begleitende Dreibein (§ 21) eines Streifens auf der Fläche $\mathfrak{x}(p,q)$ und $\mathfrak{a}_1^*$, $\mathfrak{a}_2^*$, $\mathfrak{a}_3^*$ das begleitende Dreibein des entsprechenden Streifens auf $\mathfrak{x}^*(p,q)$. Dann folgt aus I, II, III: Bei geeigneter Vorzeichenwahl gilt

$$\mathfrak{a}_1^* = +\,\mathfrak{a}_2, \qquad \mathfrak{a}_2^* = -\,\mathfrak{a}_1, \qquad \mathfrak{a}_3^* = +\,\mathfrak{a}_3.$$

Nun haben wir nach (22,6) die drei Differentialinvarianten des Streifens

$$k_1 = \mathfrak{a}_3\frac{d\mathfrak{a}_2}{ds} = -\mathfrak{a}_2\frac{d\mathfrak{a}_3}{ds} = \frac{\omega_1}{\sigma},$$

$$k_2 = \mathfrak{a}_1\frac{d\mathfrak{a}_3}{ds} = -\mathfrak{a}_3\frac{d\mathfrak{a}_1}{ds} = \frac{\omega_2}{\sigma}, \tag{15}$$

$$k_3 = \mathfrak{a}_2\frac{d\mathfrak{a}_1}{ds} = -\mathfrak{a}_1\frac{d\mathfrak{a}_2}{ds} = \frac{\omega_3}{\sigma}.$$

Nach (13) folgt dann für den entsprechenden Streifen auf $\mathfrak{x}^*(p, q)$

$$k_1^* = + k_2, \qquad k_2^* = - k_1, \qquad k_3^* = + k_3. \tag{16}$$

Insbesondere waren durch $k_1 = 0$ die Krümmungslinien, durch $k_2 = 0$ die Schmieglinien erklärt. Somit gilt: *Den Krümmungslinien und Schmieglinien von $\mathfrak{x}(p, q)$ entsprechen auf $\mathfrak{x}^*(p, q)$ die Schmieglinien und Krümmungslinien.*

Aus I, III folgt:

V. *Zu einer beliebigen Lotrichtung entsprechen den Höhenlinien auf $\mathfrak{x}(p, q)$ die Fallinien auf $\mathfrak{x}^*(p, q)$ und umgekehrt.*

Wir hatten nach (12), (10), (8)

$$\mathfrak{x} = \frac{1}{2}(\mathfrak{y} + \mathfrak{z}), \qquad \mathfrak{a} \times d\mathfrak{x} = \frac{1}{2i}(d\mathfrak{y} - d\mathfrak{z}). \tag{17}$$

Daraus folgt

$$\mathfrak{y} = \mathfrak{x} + i \int \mathfrak{a} \times d\mathfrak{x}, \qquad \mathfrak{z} = \mathfrak{x} - i \int \mathfrak{a} \times d\mathfrak{x}. \tag{18}$$

Diese von H. A. Schwarz 1875 hervorgehobenen Formeln ermöglichen in einfachster Art die Behandlung einer Aufgabe, die schon 1844 der Professor E. G. Björling in Upsala gelöst hat. Es handelt sich dabei darum: *Durch einen analytischen Streifen* $\{\mathfrak{x}(\tau), \mathfrak{a}(\tau), \langle \mathfrak{a}, d\mathfrak{x} \rangle = 0; \tau \text{ reell}\}$ *eine Minimalfläche zu legen.* Wir berechnen uns dazu längs des Streifens nach (17) die analytischen Vektorfunktionen $\mathfrak{y}(\tau), \mathfrak{z}(\tau)$. Wäre eine davon fest, so hätten wir $d\mathfrak{x} \pm i(\mathfrak{a} \times d\mathfrak{x}) = 0$ und daraus $\langle d\mathfrak{x}, d\mathfrak{x} \rangle = 0$. Wenn wir also die Trägerlinie $\mathfrak{x}(\tau)$ unseres Streifens als nicht isotrop voraussetzen, so kann das nicht vorkommen. Durch analytische Fortsetzung ins Komplexe können wir dann aus $\mathfrak{y}(\tau), \mathfrak{z}(\tau)$ die Funktionen $\mathfrak{y}(p), \mathfrak{z}(q)$ ermitteln, und dadurch ist unsere Minimalfläche *eindeutig* bestimmt.

Hieraus folgt nach Schwarz (1875):

Enthält eine Minimalfläche eine (nicht isotrope) Gerade $\mathfrak{G}$, so geht sie durch Spiegelung an $\mathfrak{G}$ in sich über. Schneidet eine Minimalfläche eine (nicht isotrope) Ebene $\mathfrak{E}$ rechtwinklig, so geht sie durch Spiegelung an $\mathfrak{E}$ in sich über.

Ebenso nach Study (1909):

Enthält eine Minimalfläche einen konischen Doppelpunkt, so ist er ihr Mittelpunkt.

§ 74. Biegung von Minimalflächen.

Wir wollen nach einem Verfahren von H. A. Schwarz (1875) allgemein *Paare längentreu aufeinander abgebildeter Minimalflächen* ermitteln.

Sind $\mathfrak{x}(p, q), \mathfrak{x}^*(p, q)$ die beiden Minimalflächen (die wir als uneben voraussetzen wollen), so sind ihre Kugelbilder $\mathfrak{a}(p, q), \mathfrak{a}^*(p, q)$ auf die Flächen, also auch untereinander *winkeltreu* abgebildet. Ferner ist die Abbildung von $\mathfrak{a}(p, q)$ auf $\mathfrak{a}^*(p, q)$ nach Gauß *flächentreu*

$$[\omega_1 \omega_2] = [\omega_1^* \omega_2^*]$$

wegen $(\sigma_j = \sigma_j^*)$

$$K = \frac{[\omega_1 \omega_2]}{[\sigma_1 \sigma_2]} = K^* = \frac{[\omega_1^* \omega_2^*]}{[\sigma_1 \sigma_2]}.$$

Die winkel- und flächentreue Abbildung $\mathfrak{a} \to \mathfrak{a}^*$ ist notwendig längentreu, wird also durch eine Bewegung oder Umlegung vermittelt. Üben wir somit auf $\mathfrak{x}^*(p, q)$ eine geeignete Bewegung oder Umlegung aus, so entsteht eine neue Fläche, die wieder $\mathfrak{x}^*(p, q)$ heißen soll und die auf $\mathfrak{x}(p, q)$ *durch parallele Normalen* $\mathfrak{a} = \mathfrak{a}^*$ bezogen ist. Dann sind aber entsprechende isotrope Tangentenrichtungen auf unseren Flächen gleich:

$$d\mathfrak{y}^* = a \, d\mathfrak{y}, \quad d\mathfrak{z}^* = b \, d\mathfrak{z}.$$

Aus der Längentreue

$$ds^2 = \tfrac{1}{2}\langle d\mathfrak{y}, d\mathfrak{z}\rangle = \tfrac{1}{2}\langle d\mathfrak{y}^*, d\mathfrak{z}^*\rangle.$$

folgt aber $ab = 1$. Für eine reelle Minimalfläche sind a, b konjugiert komplex, also $|a| = 1$, somit a als analytische Funktion mit festem Absolutwert fest. Deshalb ist bis auf Schiebungen

$$\mathfrak{y}^* = e^{i\alpha}\mathfrak{y}, \quad \mathfrak{z}^* = e^{-i\alpha}\mathfrak{z}.$$

Diese vom reellen Parameter α abhängige Schar von Minimalflächen

$$\mathfrak{x}(p, q; \alpha) = \tfrac{1}{2}\{e^{+i\alpha}\mathfrak{y}(p) + e^{-i\alpha}\mathfrak{z}(q)\} \tag{1}$$

hat O. Bonnet 1853 *assoziierte Minimalflächen* genannt. Insbesondere sind die Flächen $\alpha = 0, \pi : 2$ wieder „adjungiert" (§ 73).

Merken wir wie für die adjungierten Flächen in § 73 auch hier die Haupteigenschaften an!

I. Aus

$$2 d\mathfrak{x} = e^{+i\alpha} d\mathfrak{y} + e^{-i\alpha} d\mathfrak{z} \tag{2}$$

folgt: Die Schar hat in entsprechenden Punkten (p, q gleich) *parallele Tangentenebenen.*

II. Aus

$$ds^2 = \langle d\mathfrak{x}, d\mathfrak{x}\rangle = f \, dp \, dq \tag{3}$$

folgt: Die Flächen der Schar sind durch gleiche p, q *längentreu* bezogen.

III. Wir haben

$$\left\langle \frac{d\mathfrak{x}(p, q; \alpha_1)}{ds}, \frac{d\mathfrak{x}(p, q; \alpha_2)}{ds} \right\rangle = \cos(\alpha_2 - \alpha_1), \tag{4}$$

d. h. auf den Flächen $\mathfrak{x}(p, q; \alpha_1)$, $\mathfrak{x}(p, q; \alpha_2)$ schließen *entsprechende Tangenten den festen Winkel* $\alpha_2 - \alpha_1 = \beta$ ein.

IV. Für zugehörige begleitende Dreibeine auf diesen Flächen der Schar gilt also

$$\mathfrak{a}_1^* = + \mathfrak{a}_1 \cos\beta + \mathfrak{a}_2 \sin\beta, \quad \mathfrak{a}_2^* = -\mathfrak{a}_1 \sin\beta + \mathfrak{a}_2 \cos\beta, \quad \mathfrak{a}_3^* = \mathfrak{a}_3 \tag{5}$$

und somit für die Differentialinvarianten (73,15)

$$k_1^* = + k_1 \cos\beta + k_2 \sin\beta, \quad k_2^* = - k_1 \sin\beta + k_2 \cos\beta, \quad k_3^* = k_3. \tag{6}$$

V. Den Höhenlinien zu einer beliebigen Lotrichtung auf einer Fläche der Schar entsprechen auf jeder anderen gleichwinklige Querlinien dieser Höhenlinien.

VI. Aus (1) folgt: Die Bahnlinien der Punkte $\mathfrak{x}(p, q; \alpha)$ bei festen p, q und beweglichem α sind Ellipsen um den Ursprung als Mittelpunkt.

Auch diese Ergebnisse lassen sich, wie z. B. L. Bianchi bemerkt hat, in mannigfacher Weise umkehren.

§ 75. Formeln von Riemann und Weierstraß.

Der Zusammenhang zwischen Minimalflächen und Funktionen einer komplexen Veränderlichen wird am deutlichsten hergestellt durch Formeln, die K. Weierstraß 1861, 1866 angegeben hat. Wir gehen aus von den Gleichungen von Monge, nämlich

$$\mathfrak{x} = \tfrac{1}{2}\{\mathfrak{y}(p) + \mathfrak{z}(q)\}; \quad \langle\mathfrak{y}'\mathfrak{y}'\rangle = \langle\mathfrak{z}'\mathfrak{z}'\rangle = 0. \tag{1}$$

Betrachten wir den Stellungsvektor

$$\mathfrak{w} = \mathfrak{y}' \times \mathfrak{y}'' \tag{2}$$

der Schmiegebene der isotropen Linie $\mathfrak{y}(p)$, so folgt aus der Identität (14, 8) von Lagrange wegen $\langle\mathfrak{y}'\mathfrak{y}'\rangle = \langle\mathfrak{y}'\mathfrak{y}''\rangle = 0$

$$\langle\mathfrak{w}\,\mathfrak{w}\rangle = \langle\mathfrak{y}'\mathfrak{y}'\rangle\langle\mathfrak{y}''\mathfrak{y}''\rangle - \langle\mathfrak{y}'\mathfrak{y}''\rangle^2 = 0, \tag{3}$$

d. h. auch $\mathfrak{w}$ ist isotrop. Wir können deshalb die Gleichung der „isotropen‟ Schmiegebene von $\mathfrak{y}(p)$ in der Gestalt ansetzen:

$$(1 - s^2)y_1 + i(1 + s^2)y_2 - 2sy_3 = 2iw(s) \tag{4}$$

und wollen die hierdurch erklärte komplexe Veränderliche s an Stelle von p als Parameter auf unserer isotropen Linie $\mathfrak{y}(p)$ verwenden. Leitet man (4) bei festen y einmal und zweimal nach s ab, so ergibt die Berechnung der y aus den drei linearen Gleichungen (4), (4)', (4)'' die Werte

$$y_1 = i\left(w - sw' - \frac{1-s^2}{2}\,w''\right),$$

$$y_2 = w - sw' + \frac{1+s^2}{2}\,w'', \tag{5}$$

$$y_3 = -i(w' - sw'').$$

Daraus folgt

$$y_1' = \frac{1-s^2}{2i}\,w''', \qquad y_2' = \frac{1+s^2}{2}\,w''', \qquad y_3' = isw'''. \tag{6}$$

Zu jeder krummen isotropen Linie gehört also eine analytische Funktion $w(s)$ derart, daß die Ebenen (4) die Tangentenfläche dieser Linie (5) umhüllen.

Umgekehrt ergibt jede analytische Funktion $w(s)$, deren dritte Ableitung nicht identisch verschwindet, die also kein quadratisches Polynom ist, nach (6) eine isotrope Linie (5). Berechnen wir uns nach (72,1), (72,3), (6) den zugehörigen natürlichen Parameter p_0! Wir finden

$$\mathfrak{y}' \times \mathfrak{y}'' = - w''' \mathfrak{y}', \tag{7}$$

also nach (72,1), (72,3)

$$g(s) = w'''(s),$$
$$p_0 = \int \sqrt{g(s)}\, ds. \tag{8}$$

Führen wir für die andere isotrope Linie $\mathfrak{z}(q)$ als Schmiegebene ein

$$(1 - t^2) z_1 - i(1 + t^2) z_2 - 2t z_3 = - 2i\, k(t), \tag{9}$$

so wird

$$z_1 = -.i\left(k - t k' - \frac{1 - t^2}{2} k'' \right),$$
$$z_2 = k - t k' + \frac{1 + t^2}{2} k'', \tag{10}$$
$$z_3 = + i(k' - t k'')$$

und

$$z_1' = + i\frac{1 - t^2}{2} k''', \quad z_2' = \frac{1 + t^2}{2} k''', \quad z_3' = - it k'''. \tag{11}$$

Für ihren natürlichen Parameter q_0 folgt hieraus

$$h(t) = k'''(t),$$
$$q_0 = \int \sqrt{h(t)}\, dt. \tag{12}$$

Danach ergibt sich für unsere Minimalfläche (1) zunächst die Darstellung

$$2x_1 = + i\left(w - s w' - \frac{1 - s^2}{2} w'' \right) - i\left(k - t k' - \frac{1 - t^2}{2} k'' \right),$$
$$2x_2 = \left(w - s w' + \frac{1 + s^2}{2} w'' \right) + \left(k - t k' + \frac{1 + t^2}{2} k'' \right), \tag{13}$$
$$2x_3 = - i(w' - s w'') + i(k' - t k'')$$

oder

$$2x_1 = \int \frac{1 - s^2}{2i}\, g\, ds + \int \left(- \frac{1 - t^2}{2i} \right) h\, dt,$$
$$2x_2 = \int \frac{1 + s^2}{2}\, g\, ds + \int \frac{1 + t^2}{2}\, h\, dt, \tag{14}$$
$$2x_3 = \int i s g\, ds + \int (- i t)\, h\, dt.$$

Insbesondere im reellen Fall, wenn wieder $\Re$ den Realteil heraushebt, da w und k konjugiert-komplex sind,

$$x_1 = \Re\, i\left(w - t w' - \frac{1 - t^2}{2} w'' \right),$$
$$x_2 = \Re\left(w - t w' + \frac{1 + t^2}{2} w'' \right), \tag{15}$$
$$x_3 = \Re\left\{ - i(w' - t w'') \right\}$$

und

$$x_1 = \Re \int \left(- i \frac{1-s^2}{2} \right) g \, ds,$$

$$x_2 = \Re \int \frac{1+s^2}{2} g \, ds, \tag{16}$$

$$x_3 = \Re \int i s g \, ds.$$

Dabei ist

$$w'''(s) = g(s), \qquad k'''(t) = h(t). \tag{17}$$

Das sind im wesentlichen die Formeln, die Weierstraß 1861 angegeben hat. Gleichwertige zu (16) hatte Riemann schon 1860 gefunden[1].

Zu jeder analytischen Funktion $w(s)$, die kein Polynom zweiten Grades ist, gehört also genau eine reelle Minimalfläche.

Berechnen wir jetzt noch die in (72, 5) erklärte Invariante f, die nach (72, 19) mit dem Krümmungsmaß K durch $K = -1 : f^2$ zusammenhängt! Aus (6), (11) folgt zunächst

$$\langle \mathfrak{y}' \mathfrak{z}' \rangle = \frac{(1+st)^2}{2} \, gh. \tag{18}$$

Nun ist

$$\dot{\mathfrak{y}} = \mathfrak{y}' \frac{ds}{dp_0} = \frac{\mathfrak{y}'}{\sqrt{g}}, \qquad \dot{\mathfrak{z}} = \mathfrak{z}' \frac{dt}{dq_0} = \frac{\mathfrak{z}'}{\sqrt{h}}. \tag{19}$$

Somit folgt

$$f = \frac{(1+st)^2}{4} \sqrt{gh}. \tag{20}$$

Anderseits finden wir für den Einheitsvektor $\mathfrak{a}$ der Flächennormalen aus (72, 6)

$$a_1 = \frac{s+t}{1+st}, \qquad a_2 = \frac{s-t}{i(1+st)}, \qquad a_3 = \frac{1-st}{1+st}. \tag{21}$$

Für reelle Flächennormalen und $s = a + ib$, $t = a - ib$ finden wir also genau die Formeln (71, 4). *s ist also im reellen Fall die komplexe Veränderliche auf der Zahlenkugel Riemanns, aufgefaßt als Kugelbild nach Gauß für unsere Minimalfläche:*

$$s = \frac{a_1 + i a_2}{1 + a_3} = \frac{1 - a_3}{a_1 - i a_2}. \tag{22}$$

Damit ist s gedeutet.

Für die Entfernung der Tangentenebene unserer Minimalfläche vom Ursprung erhält man aus (13), (21)

$$\langle \mathfrak{a} \mathfrak{x} \rangle = i \left\{ \frac{wt - ks}{1 + st} - \frac{w' - k'}{2} \right\}. \tag{23}$$

s, t und $\langle \mathfrak{a} \mathfrak{x} \rangle$ können wir als Ebenenzeiger einer Tangentenebene auffassen. (23) ist also die Gleichung unserer Minimalfläche in Ebenenzeigern.

Die wichtigste Folgerung, die Weierstraß aus seinen Formeln gezogen hat, bezieht sich auf *algebraische Minimalflächen*. Ist die Funktion $w(s)$ algebraisch, besteht also eine Identität $P(s, w) = 0$, worin P ein Polynom bedeutet, so sieht man leicht aus (15), daß auch

---

[1] Die Formeln (15) lassen sich auch leicht aus der Lehre von den Charakteristiken der partiellen Differentialgleichungen 2. Ordnung gewinnen. R. Sauer, Z. angew. Math. 25/27 (1947), S. 151/153

die zugehörige Minimalfläche algebraisch wird, d. h. eine Gleichung $Q(x_1, x_2, x_3) = 0$ befriedigt, worin Q ein Polynom ist. Aber auch umgekehrt!

Ist nämlich $\mathfrak{f}$ eine algebraische Minimalfläche, so sind auf ihr auch die isotropen Linien algebraisch, als Berührungslinien mit $\mathfrak{f}$ umschriebenen isotropen Zylindern. Dabei laufen die geradlinigen Erzeugenden eines solchen Zylinders einem isotropen Vektor parallel. Jede algebraische isotrope Linie gibt aber als Ort ihrer Schmiegebenen Anlaß zu einer Gleichung $P(s, w) = 0$, wie behauptet.

Auf der Kugel (21) sind zwei Punkte $\mathfrak{a}, \mathfrak{a}'$ Spiegelbilder voneinander an dem Kugelmittelpunkt, wenn für die Zeiger s, t; s', t' die Beziehung besteht:

$$st' = ts' = -1. \tag{24}$$

Demnach wird eine *komplexe Drehung* dieser Kugel so dargestellt:

$$s^* = \frac{As + B}{Cs + D}, \qquad t^* = \frac{+Dt - C}{-Bt + A}; \qquad AD - BC = 1. \tag{25}$$

Sie wird insbesondere *reell* für

$$C = -\bar{B}, \qquad D = +\bar{A}, \tag{26}$$

wenn der Querstrich Übergang zur konjugiert komplexen Zahl andeutet. Für eine komplexe Bewegung erhalten wir in den Zeigern s, w einer isotropen Ebene (4)

$$s^* = \frac{As + B}{Cs + D}, \qquad w^* = \frac{w + Es^2 + 2Fs + G}{(Cs + D)^2}; \qquad AD - BC = 1. \tag{27}$$

Darin sind $A, B, C, D; E, F, G$ im übrigen beliebige feste komplexe Zahlen. Aus (27) folgt für das in (8) erklärte g die Transformationsformel

$$g^* = (Cs + D)^4 g, \tag{28}$$

was in Übereinstimmung mit (8) die Invarianz

$$g^* ds^{*2} = g \, ds^2 \tag{29}$$

sichert. Die Bewegung (27) ist insbesondere reell für

$$C = -\bar{B}, \qquad D = +\bar{A}, \qquad G = \bar{E}, \qquad F = -\bar{F}. \tag{30}$$

Nebenbei: Mittels dieser Formeln kann man z. B. folgendes feststellen. Wir unterwerfen eine reelle Minimalfläche $\mathfrak{f}$, die durch die Gl. (16) dargestellt wird, einer Formänderung $\mathfrak{f}^* \to \mathfrak{f}$, die dadurch entsteht, daß man auf ihre isotropen Linien $\mathfrak{h}(s)$ die komplexe Bewegung (27) ausübt. Diese Formänderungen unserer Minimalfläche $\mathfrak{f}$ hängen von 12 reellen Parametern ab (wenn $\mathfrak{f}$ keine solchen Formänderungen in sich zuläßt), umfassen die 6-gliedrige Gruppe ihrer reellen Bewegungen und haben folgende kennzeichnende Eigenschaften:

I. Sie sind winkeltreu.

II. Krümmungslinien gehen in Krümmungslinien über.

9*

III. Die Kugelbilder s, s^* von $\mathfrak{f}, \mathfrak{f}^*$ sind durch eine gleichsinnige Kreisverwandtschaft

$$s^* = \frac{A\,s + B}{C\,s + D}; \qquad AD - BC = 1$$

aufeinander bezogen. Daß unsere Abbildungen die behaupteten Eigenschaften haben, geht aus unseren Formeln ohne weiteres hervor. Den Beweis, daß sie kennzeichnend sind, führt man etwa so, daß man zunächst mittels einer Abbildung aus unserer Schar im Kugelbild die Identität herstellt ($s^* = s$) und dann aus I, II auf $g^* = g$ schließt.

§ 76. Die Minimalflächen von Scherk.

Minimalflächen ergeben die hübschesten Beispiele zur Flächenlehre. Betrachten wir einige von ihnen!

Nehmen wir die eingliedrige Gruppe von Schraubungen

$$\begin{aligned}
x_1^* + i x_2^* &= e^{+i\vartheta}(x_1 + i x_2), \\
x_1^* - i x_2^* &= e^{-i\vartheta}(x_1 - i x_2), \\
x_3^* &= x_3 + c\vartheta,
\end{aligned} \tag{1}$$

die reellen Werten von ϑ entspricht, und suchen wir zunächst eine reelle Minimalfläche auf, die bei diesen Schraubungen in sich übergeht. Unsere Formeln (1) ergeben in den Zeigern s, g nach $(75, 27)$, $(75, 28)$

$$s^* = e^{+i\vartheta}s, \qquad g^* = e^{-2i\vartheta}g, \tag{2}$$

da wir dort

$$A = e^{+i\frac{\vartheta}{2}}, \qquad B = 0, \qquad C = 0, \qquad D = e^{-i\frac{\vartheta}{2}}$$

zu setzen haben. Bei dieser Abbildung (2) kann eine isotrope Linie auf unserer Minimalfläche nur eine Schiebung erfahren. Dabei bleiben aber s, g erhalten. So entsteht für die Funktion $g(s)$ die Bedingung

$$g^*(s) = e^{-2i\vartheta}g(e^{-i\vartheta}s) = g(s). \tag{3}$$

Führen wir darin als neue Unbekannte die analytische Funktion $G(s)$ ein durch

$$s^2 g(s) = G(s), \tag{4}$$

so folgt für G aus (3) die Bedingung

$$G(e^{-i\vartheta}s) = G(s) \tag{5}$$

und daraus, daß G *fest* ist. Wir haben also etwa

$$g(s) = -\frac{a e^{i\alpha}}{s^2}, \qquad a > 0 \tag{6}$$

mit reellem α. Für

$$w'''(s) = g(s) \tag{7}$$

folgt durch Integrieren

$$w'' = \frac{a e^{i\alpha}}{s}, \qquad w' = a e^{i\alpha}\lg s, \qquad w = a e^{i\alpha}(s\lg s - s), \tag{8}$$

wobei andere Festwertwahl nur eine Schiebung ergibt. Mittels der Formeln von Weierstraß (75, 15) finden wir also die Minimalflächen

$$x_1 = a\Re\,\frac{e^{i\alpha}}{2i}\left(s + \frac{1}{s}\right), \quad x_2 = -a\Re\,\frac{e^{i\alpha}}{2}\left(s - \frac{1}{s}\right), \quad x_3 = a\Re\,\frac{e^{i\alpha}}{i}\,(\lg s - 1). \quad (9)$$

Wenn wir im letzten Glied die 1 weglassen, gibt das nur unwesentliche Schiebungen. So folgt, wenn wir $\lg s = \varrho + i\tau$ setzen:

$$\frac{x_1}{a} = +\sin\alpha\cdot\mathrm{ch}\,\varrho\cdot\cos\tau + \cos\alpha\cdot\mathrm{sh}\,\varrho\cdot\sin\tau,$$

$$\frac{x_2}{a} = +\sin\alpha\cdot\mathrm{ch}\,\varrho\cdot\sin\tau - \cos\alpha\cdot\mathrm{sh}\,\varrho\cdot\cos\tau, \qquad (10)$$

$$\frac{x_3}{a} = \sin\alpha\cdot\varrho + \cos\alpha\cdot\tau,$$

$$\frac{x_1 + ix_2}{a} = (\sin\alpha\cdot\mathrm{ch}\,\varrho - i\cos\alpha\cdot\mathrm{sh}\,\varrho)\,e^{i\tau},$$

$$\frac{x_3}{a} = \sin\alpha\cdot\varrho + \cos\alpha\cdot\tau. \qquad (11)$$

Setzt man darin statt τ ein $\tau + \vartheta$, so sieht man, daß diese Flächen die Schraubgruppe (1) gestatten mit

$$c = a\cos\alpha. \qquad (12)$$

Insbesondere folgt aus (10) für $\alpha = 0$

$$x_1 = +a\,\mathrm{sh}\,\varrho\cdot\sin\tau, \quad x_2 = -a\,\mathrm{sh}\,\varrho\cdot\cos\tau, \quad x_3 = a\tau \qquad (13)$$

oder

$$\mathrm{tg}\,\frac{x_3}{a} + \frac{x_1}{x_2} = 0. \qquad (14)$$

Man nennt diese Schraubfläche, die die Geraden ($\tau = $ fest) trägt, *Wendelfläche* (= flachgängige Schraubfläche), da die Stufen einer Wendeltreppe eine solche Fläche annähern (Abb. 54). Daß nach E. Catalan (1814/1894) 1848 die Wendelflächen die einzigen reellen geradlinigen Minimalflächen sind, folgt nach Schwarz aus ihrer Spiegelbarkeit (§ 73) an ihren geradlinigen Erzeugenden.

Für $\alpha = \pi:2$ erhalten wir die zur Wendelfläche adjungierte Minimalfläche

$$x_1 = a\,\mathrm{ch}\,\varrho\cdot\cos\tau,$$
$$x_2 = a\,\mathrm{ch}\,\varrho\cdot\sin\tau, \qquad (15)$$
$$x_3 = a\varrho.$$

Sie entsteht durch Umdrehung der Kettenlinie (Abb. 20 und 55)

$$x_1 = a\,\mathrm{ch}\,\frac{x_3}{a} \qquad (16)$$

um die x_3-Achse und wird deshalb *Kettenfläche* genannt. Daneben kommen auch die Benennungen *Katenoid* und *Alysseid* vor. Daß diese Flächen die einzigen reellen Minimaldrehflächen sind, kann man leicht einsehen, da die Kettenlinien die einzigen Meridiane sind, bei denen die Strecke zwischen Normalenschnittpunkt mit der Drehachse und Krümmungsmittelpunkt vom Meridian halbiert wird (Abb. 20). Die Minimalschraubflächen (10) hat der Bremer Professor H. F. Scherk (1798/1885) 1854 gefunden. Für das Bogenelement dieser Flächen findet man

$$d s^2 = (a \operatorname{ch} \varrho)^2 (d \varrho^2 + d \tau^2).$$ (17)

Sie sind also alle auf die (unendlich oft überdeckte) Kettenfläche so abwickelbar, daß die Schrauben ($\varrho =$ fest) der Schraubflächen in die

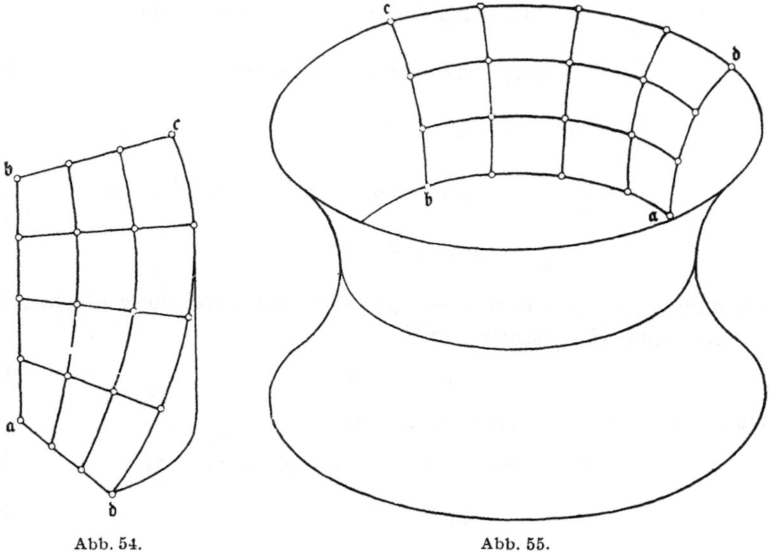

Abb. 54.   Abb. 55.

Parallelkreise der Drehfläche übergehen. In den Abb. 54, 55 sind zwei längentreue Vierecke $\mathfrak{abcb}$ auf Wendelfläche und Kettenfläche dargestellt. Dabei liegen $\mathfrak{a}$, $\mathfrak{b}$ auf der Wendelfläche auf ihrer Schraubachse und auf der Kettenfläche auf ihrem Kehlkreis[1].

§ 77. Die Minimalflächen von Enneper.

In nahem Zusammenhang mit dem Gegenstand im vorhergehenden Abschnitt steht die Aufgabe:

Es sind die reellen Minimalflächen mit lauter ebenen Krümmungslinien zu ermitteln.

Liegt eine Krümmungslinie $\mathfrak{r}$ einer Fläche $\mathfrak{f}$ auch in einer Ebene $\mathfrak{e}$ (wo $\mathfrak{r}$ natürlich wieder Krümmungslinie ist), so schneiden sich $\mathfrak{e}, \mathfrak{f}$ längs $\mathfrak{r}$ unter festem Winkel nach dem Satz von Bonnet (§ 23). Somit ist das Kugelbild von $\mathfrak{r}$ ein Kreis auf der Einheitskugel $\mathfrak{k}$. Demnach bilden die Kugelbilder der Krümmungslinien unserer Fläche ein recht-

---

[1] H. Graf und H. Thomas haben Rückungsfadennetze mit isotroper Spannungsverteilung auf den Flächen von Scherk untersucht; Math. Z. 51 (1948), S. 166/196.

winkliges Netz von Kreisen auf $\mathfrak{k}$. Die Ebenen zweier Kreise auf $\mathfrak{k}$, die
einander rechtwinklig schneiden, sind an $\mathfrak{k}$ konjugiert, d. h. jede geht
durch den Pol der anderen. Somit erhält man die rechtwinkligen Kreis-
netze auf $\mathfrak{k}$ so: Man nimmt zwei Geraden $\mathfrak{G}_1$, $\mathfrak{G}_2$, die an $\mathfrak{k}$ polar sind.
Die Ebenen durch diese beiden Geraden schneiden ein rechtwinkliges
Kreisnetz auf $\mathfrak{k}$ aus, und jedes solche Netz ist auf diese Art erzeugbar.

Betrachten wir erst kurz den „*allgemeinen Fall*", daß $\mathfrak{G}_1$, $\mathfrak{G}_2$ sich
nicht treffen! Dann schneidet etwa $\mathfrak{G}_1$ $\mathfrak{k}$ in reellen verschiedenen Punkten $\mathfrak{a}$, $\mathfrak{b}$ und die zugehörige Kreisschar besteht aus allen Kreisen auf $\mathfrak{k}$
durch $\mathfrak{a}$, $\mathfrak{b}$. Durch eine der am Schluß von § 75 betrachteten Formänderungen können wir erreichen, daß die neuen $\mathfrak{a}$, $\mathfrak{b}$ Endpunkte eines
Kugeldurchmessers werden. Die eine Kreisschar besteht dann aus den
Großkreisen von $\mathfrak{k}$ durch $\mathfrak{a}$, $\mathfrak{b}$. Wir behaupten: Die zugehörigen Krümmungslinien $\mathfrak{r}$ auf $\mathfrak{f}$ werden dann durch die zweite Schar $\mathfrak{r}'$ *kongruent*
aufeinander bezogen und sind Kettenlinien. Sind nämlich $\mathfrak{x}_1$, $\mathfrak{x}_2$ zwei
Punkte der Krümmungslinie $\mathfrak{r}$ von $\mathfrak{f}$ in der Ebene $\mathfrak{e}$ und $d\mathfrak{x}_1$, $d\mathfrak{x}_2$ die
zugehörigen Fortschreitungen längs der Krümmungslinien $\mathfrak{r}_1'$, $\mathfrak{r}_2'$ durch
$\mathfrak{x}_1$, $\mathfrak{x}_2$, so sind $d\mathfrak{x}_1$, $d\mathfrak{x}_2$ rechtwinklig zu $\mathfrak{e}$, also ist $d\overline{\mathfrak{x}_1\,\mathfrak{x}_2} = 0$, wenn $\overline{\mathfrak{x}_1\,\mathfrak{x}_2}$
die Entfernung dieser Punkte bedeutet. Hierin liegt die behauptete
Kongruenz der Linien $\mathfrak{r}$. Zwei „benachbarte" Ebenen $\mathfrak{e}$, $\mathfrak{e} + d\mathfrak{e}$ schneiden sich in einer Geraden $\mathfrak{A}$, und diese trägt eine Schar von Haupt-
krümmungsmittelpunkten von $\mathfrak{f}$ zur Linie $\mathfrak{r}$, während die andere von den
Krümmungsmittelpunkten von $\mathfrak{r}$ in $\mathfrak{e}$ geliefert wird. Somit ist $\mathfrak{r}$ nach
der Schlußweise von Abb. 20 eine Kettenlinie mit $\mathfrak{A}$ als „Achse". Demnach ist $\mathfrak{A}$ mit $\mathfrak{r}$ starr verbunden; also liegt nach einer bekannten Überlegung der Kinematik[1] $\mathfrak{A}$ auch im Raum fest, d. h. $\mathfrak{f}$ ist eine Drehfläche
um $\mathfrak{A}$.

So ist gezeigt: *Im „allgemeinen Fall" geht eine Minimalfläche mit
lauter ebenen Krümmungslinien aus einer Kettenfläche durch unsere Formänderung von § 75 hervor.* Solche Flächen hat schon O. Bonnet 1855
und G. Darboux (Surfaces Bd. 1, Nr. 206) betrachtet.

Es bleibt nur noch der bisher ausgeschlossene anziehendere *Sonderfall*
zu untersuchen, in dem die an der Kugel $\mathfrak{k}$ konjugierten Geraden $\mathfrak{G}_1$, $\mathfrak{G}_2$
sich schneiden. Sie sind dann zwei sich rechtwinklig schneidende Tan-
genten von $\mathfrak{k}$. Wir können dann durch eine Drehung unserer Minimal-

---

[1] Sind $\mathfrak{a}_j$ Zeiger eines Punktes in bezug auf ein von der Zeit t abhängiges Cartesisches Achsenkreuz und $\mathfrak{x}_j$ Zeiger desselben Punktes in bezug auf ein ruhendes
Cartesisches Kreuz, so ist in Matrizen

$$\mathfrak{x} = \mathfrak{M}\mathfrak{a} + \mathfrak{x}_0,$$

wobei die eigentlich orthogonale Matrix $\mathfrak{M}$ von t abhängt. Daraus folgt durch Ableitung nach t

$$\dot{\mathfrak{x}} = (\dot{\mathfrak{M}}\mathfrak{a} + \dot{\mathfrak{x}}_0) + \mathfrak{M}\dot{\mathfrak{a}},$$

was man so ausdrückt: Der Vektor $\mathfrak{V}_a$ der „Absolutgeschwindigkeit" ist die
Summe des Vektors $\mathfrak{V}_f$ der „Führungsgeschwindigkeit" und des Vektors $\mathfrak{V}_b$ der
„Bezugsgeschwindigkeit". Aus $\mathfrak{V}_f = \mathfrak{V}_b = 0$ folgt also $\mathfrak{V}_a = 0$.

fläche $\mathfrak{f}$ erreichen, daß die Krümmungslinien in der Bezeichnung von (71, 4) die Gleichungen $a =$ fest, $b =$ fest bekommen. Dann müssen nach (75, 8) die Funktionen $g(s)$, $h(t)$ gleich $\pm ic$ mit reellem festem c sein. Durch eine reelle Ähnlichkeit können wir etwa $c = 6$ nehmen und finden dann für unsere Minimalflächen

$$x_1 = \Re(3s - s^3), \quad x_2 = \Re i(3s + s^3), \quad x_3 = \Re(-3s^2), \quad (1)$$

oder, wenn wir $s = a + ib$ setzen:

$$\begin{aligned}
x_1 &= + 3a(1 + b^2) - a^3, \\
x_2 &= - 3b(1 + a^2) + b^3, \\
x_3 &= - 3a^2 + 3b^2.
\end{aligned} \quad (2)$$

Unsere Minimalfläche $\mathfrak{f}$ ist eindeutiges (hier sogar winkeltreues) Abbild der a, b-Ebene. Man nennt eine solche Fläche „rational". Einem ebenen Schnitt von $\mathfrak{f}$ entspricht in der projektiven a, b-Ebene eine Linie dritter Ordnung $\mathfrak{C}_3$. Da diese $\mathfrak{C}_3$ keine festen von der Ebenenwahl unabhängigen „Grundpunkte" besitzen, schneidet eine Gerade (bei richtiger Zählung und Mitberücksichtigung imaginärer Schnitte) $\mathfrak{f}$ in 9 Punkten. Unsere Fläche hat also die Ordnung neun[1]. Diese Fläche hat zuerst der Göttinger Mathematiker A. Enneper (1830/1885) 1864 untersucht. Ihre Krümmungslinien $a, b =$ fest sind eben und liegen in Ebenen durch die x_2- und x_3-Achse, denn es folgt aus (2)

$$x_1 - a x_3 = + 3a + 2a^3, \quad x_2 - b x_3 = - 3b - 2b^3. \quad (3)$$

Für die quadratischen Grundformen folgt aus (2) und (71, 4)

$$\begin{aligned}
\langle d\mathfrak{x}, d\mathfrak{x}\rangle &= 9(1 + a^2 + b^2)^2 (da^2 + db^2), \\
\langle d\mathfrak{x}, d\mathfrak{a}_3\rangle &= 6(da^2 - db^2), \\
\langle d\mathfrak{a}_3, d\mathfrak{a}_3\rangle &= 4\,\frac{da^2 + db^2}{(1 + a^2 + b^2)^2}.
\end{aligned} \quad (4)$$

Daraus folgt für das Krümmungsmaß

$$K = - \frac{4}{9(1 + a^2 + b^2)^4}. \quad (5)$$

Hält man in der ersten Gl. (4) etwa b fest, so sieht man: Die Bogenlänge einer Krümmungslinie, auf der a veränderlich ist, drückt sich durch a rational aus:

$$\text{Bogenlänge} = 3a(1 + b^2) + a^3. \quad (6)$$

Die Schmieglinien $a \pm b =$ fest sind kubische Raumlinien, auf denen sich ebenfalls die Bogenlänge rational ermitteln läßt.

---

[1] Setzen wir

$$x^{(j)} = \sum_{p+q+r=3} a_{pqr}^{(j)}\, t_1^p t_2^q t_3^r; \quad j = 1, 2, \ldots, 10; \quad p, q, r = 0, 1, 2, 3,$$

worin rechts linear unabhängige kubische Formen stehen, so ist unsere Minimalfläche ein „Riß" dieser „Fläche von Veronese" (1854/1917) im projektiven $\Re_9$.

Für die Tangentenebenen an $\mathfrak{f}$ folgt aus (71,4), (2)

$$2\,a\,x_1 + 2\,b\,x_2 + (1 - a^2 - b^2)\,x_3 = 3\,(a^2 - b^2) + (a^4 - b^4). \qquad (7)$$

Bezeichnet man die Beiwerte dieser Ebenengleichung mit u_j, so erhält man in den vier homogenen Ebenenzeigern u_j eine homogene Gleichung sechsten Grades. Unsere Fläche hat also die Klasse sechs, d. h. schickt durch jede Gerade bei richtiger Zählung 6 Tangentenebenen.

(7) gestattet, wie G. Darboux bemerkt hat, eine anschauliche Deutung. Die Gleichung

$$2\langle \mathfrak{p} - \mathfrak{q},\, \mathfrak{x} \rangle = \langle \mathfrak{p}\,\mathfrak{p} \rangle - \langle \mathfrak{q}\,\mathfrak{q} \rangle \qquad (8)$$

stellt die Ebene dar, an der die Punkte $\mathfrak{p}$, $\mathfrak{q}$ Spiegelbilder voneinander sind. (8) geht aber in die Form (7) über, wenn wir setzen

$$\begin{aligned}
p_1 &= + 4\,a, & p_2 &= 0, & p_3 &= -2\,a^2 + 1; \\
q_1 &= 0, & q_2 &= -4\,b, & q_3 &= +2\,b^2 - 1.
\end{aligned} \qquad (9)$$

Die Linien $\mathfrak{p}(a)$, $\mathfrak{q}(b)$ sind zwei Parabeln in den rechtwinkligen Ebenen $x_2 = 0$, $x_1 = 0$, die so liegen, daß der Scheitel jeder von beiden gleichzeitig Brennpunkt der andern ist (Abb. 56). Man spricht von *Fokalparabeln*. Somit finden wir die Erzeugung von G. Darboux (Surfaces Bd. 1, Nr. 207):

Durchlaufen die Punkte $\mathfrak{p}$, $\mathfrak{q}$ unabhängig zwei Fokalparabeln, so umhüllt ihre Spiegelebene eine Minimalfläche von Enneper.

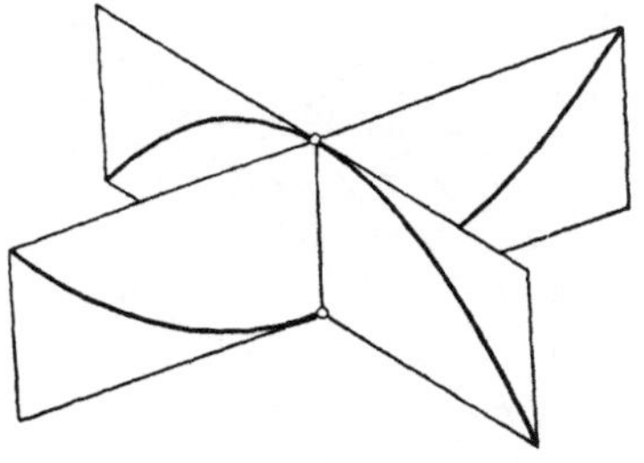

Abb. 56.

Die Flächen Ennepers, der Sonderfall unserer Aufgabe, von der wir in diesem Abschnitt ausgegangen sind, lassen sich auch durch Grenzübergang aus dem allgemeinen Fall herleiten, indem man die Basispunkte des rechtwinkligen Kreisnetzes auf der Kugel zusammenrücken läßt.

§ 78. Ausblick auf Plateaus Aufgabe.

Die Aufgabe Plateaus wollen wir jetzt so fassen: *Durch eine geschlossene Linie $\mathfrak{r}$ eine glatte Minimalfläche $\mathfrak{f}$ zu legen, die $\mathfrak{r}$ zum Rand hat.* Riemann und Weierstraß haben zuerst bemerkt, daß diese Aufgabe verhältnismäßig einfach behandelt werden kann, wenn $\mathfrak{r}$ ein Vieleck aus geradlinigen Strecken ist. Nehmen wir an, das sphärische Bild $\mathfrak{f}^*$ von $\mathfrak{f}$ sei „schlicht" (d. h. ohne mehrfache Punkte auf der Einheitskugelfläche $\mathfrak{k}$). Dann ist $\mathfrak{f}^*$ wieder ein Vieleck auf $\mathfrak{k}$, dessen Seiten Großkreisbogen von $\mathfrak{k}$ sind, deren Ebenen rechtwinklig zu den geradlinigen Seiten von $\mathfrak{r}$ liegen. Durch die analytische Funktion

$$p_0 = \int \sqrt{g(t)}\; dt \qquad (1)$$

wird nun $\mathfrak{f}^*$ auf $\mathfrak{k}$ (als **Riemanns** Zahlenkugel für t) *winkeltreu* abgebildet auf ein Gebiet $\mathfrak{f}^{**}$ der komplexen p_0-Ebene. Dieses Gebiet ist aber wieder ein geradliniges Vieleck. Denn die geradlinigen Seiten von $\mathfrak{r}$ sind Schmieglinien von $\mathfrak{f}$, ihre Bilder in der p_c-Ebene sind also nach § 72 geradlinig ($u =$ fest) oder ($v =$ fest) für $p_0 = u + iv$. Kennt man aber umgekehrt eine winkeltreue Abbildung $p_0 = p_0(t)$ des Vielecks $\mathfrak{f}^{**}$ der p_0-Ebene auf das Vieleck $\mathfrak{f}^*$ der t-Kugel $\mathfrak{k}$, so ist aus (1) die Funktion $g(t)$ und damit nach (75, 16) unsere Minimalfläche $\mathfrak{f}$ ermittelbar. Damit ist in diesem Fall **Plateaus** Aufgabe in der Hauptsache zurückgeführt auf die Aufgabe der winkeltreuen Abbildung eines sphärischen Vielecks $\mathfrak{f}^*$ auf ein ebenes Vieleck $\mathfrak{f}^{**}$.

Dieser Gedanke wurde in einem Sonderfall ins einzelne durchgeführt von . **H. A. Schwarz** in einer Preisschrift von 1867. Sind nämlich

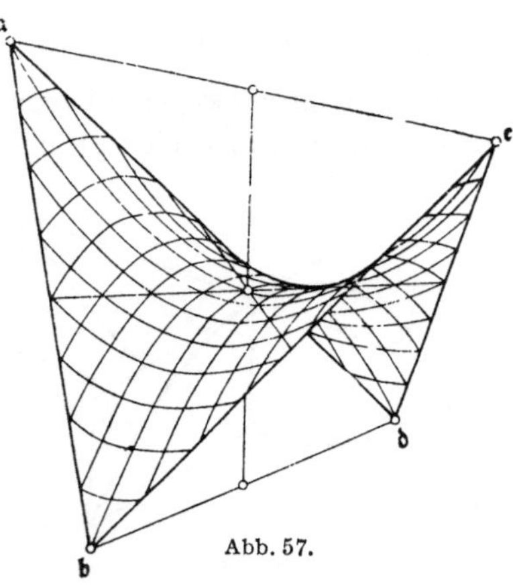

Abb. 57.

$\mathfrak{a}, \mathfrak{b}, \mathfrak{c}, \mathfrak{d}$ die vier Ecken eines regelmäßigen Vierflachs, so bilden seine vier Kanten $\mathfrak{a}\mathfrak{b}$, $\mathfrak{b}\mathfrak{c}$, $\mathfrak{c}\mathfrak{d}$, $\mathfrak{d}\mathfrak{a}$ ein „windschiefes Viereck" $\mathfrak{r}$. Für dieses Viereck läßt sich nach **Schwarz** die Aufgabe **Plateaus** völlig lösen (Abb. 57) und die entstehende Minimalfläche durch „elliptische Funktionen" darstellen. Bei den Spiegelungen an den vier Kanten von $\mathfrak{r}$ geht $\mathfrak{f}$ nach § 73 in „analytische Fortsetzungen" von $\mathfrak{f}$ über. Diese vier Spiegelungen erzeugen eine Bewegungsgruppe $\mathfrak{G}$, und diese läßt aus $\mathfrak{f}$ eine Minimalfläche $\mathfrak{F}$ entstehen, die durch $\mathfrak{G}$ in sich übergeführt wird. Eine besonders durchsichtige Darstellung dieser Untersuchung von **Schwarz**, die mit der Arbeit von **F. Klein** (1884) über das regelmäßige Zwanzigflach zusammenhängt, findet man in **L. Bianchis** Lehrbuch (1922).

Die Frage nach dem Vorhandensein von Lösungen von **Plateaus** Aufgabe bei geeigneten Annahmen über·den Rand $\mathfrak{r}$ ist in den letzten Jahrzehnten insbesondere von jüdischen Mathematikern, wie **S. Bernstein, A. Haar, J. Douglas, T. Radò, R. Courant,** behandelt worden. Ich will kurz auf den Grundgedanken von **Douglas** hinweisen.

Wir nehmen die Randlinie $\mathfrak{r}$ als Abbild des Einheitskreises $u^2 + v^2 = 1$ in der u, v-Ebene

$$x_j = x_j(\vartheta), \quad u = \cos\vartheta, \quad v = \sin\vartheta. \tag{2}$$

Sind dann u, v rechtwinklige Zeiger auf einer Fläche $\mathfrak{f}$, die von $\mathfrak{r}$ berandet wird, hat also ihr Bogenelement die Gestalt

$$ds^2 = E\,du^2 + G\,dv^2; \quad E, G > 0, \tag{3}$$

so ist das Flächenmaß von $\mathfrak{f}$

$$A = \iint\limits_{u^2+v^2<1} \sqrt{EG}\; du\, dv \geqq \tfrac{1}{2} \iint\limits_{u^2+v^2<1} (E+G)\, du\, dv = B. \tag{4}$$

Wir kommen so auf den Ausdruck

$$B = \tfrac{1}{2}\,(D_1 + D_2 + D_3),$$
$$D_j = \iint\limits_{u^2+v^2<1} \left\{ \left(\frac{\partial x_j}{\partial u}\right)^2 + \left(\frac{\partial x_j}{\partial v}\right)^2 \right\} du\, dv. \tag{5}$$

Darin sind D die in § 55 betrachteten Integrale von Dirichlet. Ist nun insbesondere $\mathfrak{f}$ eine Minimalfläche und sind auf ihr u, v isotherme Zeiger, so wird $E = G$ und somit $A = B$. Man kann deshalb die Kleinstforderung auch so stellen, daß bei gegebenem Rand $\mathfrak{r}$ nicht A, sondern B seinen kleinsten Wert erhalten soll. Das aus den Dirichlet-Integralen zusammengesetzte B ist aber leichter zu handhaben. Sind die $x_j(u, v)$ harmonisch, so kann man mittels des sogenannten Integrals von Poisson (1781/1840) B so umformen:

$$B = \frac{1}{4\pi} \int\limits_{-\pi}^{+\pi} \int\limits_{-\pi}^{+\pi} \frac{\sum\limits_{j=1}^{3}\{x_j(\vartheta) - x_j(\varphi)\}^2}{4\sin^2\dfrac{\vartheta-\varphi}{2}}\; d\vartheta \cdot d\varphi. \tag{6}$$

Dabei folgt aus (5), daß B nicht von der Verteilung der ϑ-Werte auf $\mathfrak{r}$ abhängt. Für diese Gestalt (6) von B gelingt der Beweis für das Vorhandensein des Kleinstwertes unter geringen Einschränkungen für den Rand $\mathfrak{r}$. Damit ist dann gleichzeitig auch der Abbildungssatz Riemanns neu bewiesen, daß jedes ebene, einfach zusammenhängende Gebiet winkeltreu auf eine Kreisscheibe abgebildet werden kann.

§ 79. Aufgaben, Lehrsätze.

1. Minimalflächen von Bour. Für die reellen Minimalflächen, die zu einer Drehfläche längentreu sind, ist in (75,16) zu setzen

$$g = c\, s^m \tag{1}$$

mit festen c, m. Dies hat in einer Preisschrift von 1862 der Professor der Mechanik J. E. E. Bour (1832/1866) an der École Polytechnique in Paris gefunden. Vgl. etwa das treffliche Lehrbuch V. und K. Kommerell (*1871), Theorie der Raumkurven und krummen Flächen, 2 Bände, 4. Auflage, Berlin und Leipzig 1931, Bd. 2, § 13.

2. Zweite Variation des Flächenmaßes. Wir betrachten enger als in § 68 eine Flächenschar $\mathfrak{f}_w$ mit

$$\mathfrak{x}(u, v; w) = \mathfrak{x}_0(u, v) + r(u, v; w)\,\mathfrak{a}_0(u, v), \tag{2}$$

worin $\mathfrak{a}_0$ den Einheitsvektor der Flächennormalen der Ausgangsfläche $\mathfrak{f}_0$ mit $\mathfrak{x}_0(u, v)$ bedeutet und $r(u, v; 0) = 0$ ist. Deuten wir durch einen Punkt die Teilableitung nach w für $w = 0$ an, so findet sich für die „zweite Variation" des Flächenmaßes

$$\ddot{A} = \int\limits_{\mathfrak{f}_0} (2\dot{r}^2 + \nabla \dot{r})\, [\sigma_1 \sigma_2]. \tag{3}$$

Darin ist $[\sigma_1 \sigma_2]$ das Flächenelement von $\mathfrak{f}_0$ und ∇ Beltramis erster Differentiator bezüglich σ_1, σ_2 von $\mathfrak{f}_0$. Ist insbesondere $\mathfrak{f}_0$ eine Minimalfläche, so findet man nach H. A. Schwarz 1872

$$\ddot{A} = \int_{\mathfrak{f}} (2\dot{r}^2 - \nabla'\dot{r})\,[\omega_1 \omega_2]. \tag{4}$$

Darin bedeutet ∇' den Differentiator im Kugelbild von $\mathfrak{f}_0$ und $[\omega_1 \omega_2]$ das Flächenelement dieses Kugelbildes. Somit hängt in diesem Fall (2) nur vom Kugelbild ab. Daraus folgt für Jacobis Bedingung nach Schwarz: Für einen Kleinstwert in der Aufgabe von Plateau ist notwendig, daß die Differentialgleichung

$$2\lambda h + \Delta' h = 0 \tag{5}$$

mit $h = 0$ auf dem Rande $\mathfrak{r}(\mathfrak{f}_0)$ nur „Eigenwerte“ $\lambda \geqq 1$ hat, und hinreichend $\lambda > 1$ in genügend enger Nachbarschaft. Darin ist Δ' Beltramis zweiter Differentiator im Kugelbild. Daraus kann man unschwer Beispiele angeben von berandeten Minimalflächen, die bei festgehaltenem Rand keinen Kleinstwert des Flächenmaßes ergeben.

3. Ein Satz von Steiner. Sind $x_3 = f_1(x_1, x_2)$, $x_3 = f_2(x_1, x_2)$ zwei Minimalflächen mit gemeinsamem Rand $\mathfrak{r}$ und gleichem Flächenmaß, dann hat die dritte Fläche $2x_3 = f_1 + f_2$ kleineres Flächenmaß als die anderen. J. Steiner 1842.

4. Lies nicht richtbare Minimalflächen. Für die Umkehrung der Normalenrichtung ist in der Bezeichnung von § 75

$$s' = -\frac{1}{t}, \qquad t' = -\frac{1}{s}, $$
$$g' = -t^4 h, \qquad h' = -s^4 g. \tag{6}$$

Daraus kann man die Bedingung dafür ermitteln, daß eine Minimalfläche „nicht richtbar“ ist, daß sich also auf geeigneten Wegen die Normalenrichtung umkehrt; S. Lie 1878. Bei Lie heißen diese Flächen „Minimaldoppelflächen“.

5. Lies imaginäre Minimalflächen dritter Ordnung. Die Sehnenmittenfläche einer isotropen Raumlinie dritter Ordnung ist eine algebraische geradlinige Minimalfläche dritter Ordnung. Wie Study gefunden hat, sind alle solchen Flächen untereinander kongruent und können bei geeigneter Wahl der Cartesischen Zeiger x_j so dargestellt werden:

$$2(x_1 - i x_2)^3 - 6i(x_1 - i x_2)x_3 - 3(x_1 + i x_2) = 0. \tag{7}$$

Man untersuche die Gruppe der Ähnlichkeiten dieser Fläche in sich. Lie 1879, Study 1911.

6. Geisers imaginäre Minimalfläche der Ordnung vier. Die Minimalfläche

$$(x_1 - i x_2)^4 + 3(x_1^2 + x_2^2 + x_3^2) = 0 \tag{8}$$

läßt sich als Drehfläche um die isotrope Achse $x_1 - i x_2 = 0$, $x_3 = 0$ auffassen. Study 1911.

7. Formänderung von Minimalflächen. Für eine isotrope Linie ist in der Bezeichnung von § 72

$$\frac{d^4\mathfrak{y}}{dp_0^4} = \frac{1}{2}\frac{dJ}{dp_0}\frac{d\mathfrak{y}}{dp_0} + J\frac{d^2\mathfrak{y}}{dp_0^2}. \tag{9}$$

Darin ist J die niedrigste Differentialinvariante gegen (komplexe) Bewegungen. Durch die in (75,4) eingeführte Funktion $w(s)$ drückt sich J so aus:

$$J = \left(\frac{d^3\mathfrak{y}}{dp_0^3}\right)^2 = \frac{4w_3 w_5 - 5w_4^2}{4w_3^3}, \tag{10}$$

worin z. B. w_3 die dritte Ableitung von w nach s bedeutet (E. Study 1909). Man untersuche die geometrische Bedeutung von J an der reellen Minimalfläche, die zu $\mathfrak{y}(p)$ gehört. J ist dann invariant gegenüber den in § 75 betrachteten Formänderungen reeller Minimalflächen. Eine noch umfassendere Gesamtheit solcher Formänderungen erhält man, wenn man die isotrope Linie $\mathfrak{y}(p)$ einer beliebigen komplexen winkeltreuen Abbildung des Euklidischen Raumes unterwirft.

Schrifttum.

Es sollen hier einige Angaben über eigene und fremde Lehrbücher folgen, die mit dem Vorgetragenen in Zusammenhang stehen. Über die älteren Schriften bis etwa 1920 findet man ausführliche Angaben in der Enzyklopädie der mathematischen Wissenschaften III, 3; Leipzig 1902/1927 in Beiträgen von H. v. Mangoldt, R. v. Lilienthal, G. Scheffers, A. Voß, H. Liebmann, E. Salkowski, R. Weitzenböck und L. Berwald.

Bieberbach, L.: Differentialgeometrie. Leipzig und Berlin 1932. 140 S.

Blaschke, W : Kreis und Kugel. Leipzig 1916. 159 S.

— Vorlesungen über Differentialgeometrie. I. Elementare Differentialgeometrie. 1. Aufl. Berlin 1921, 230 S.; 4. Aufl. 1945, 312 S. Davon eine Übersetzung in USSR und ein Nachdruck in USA.

— und K. Reidemeister: Vorlesungen über Differentialgeometrie. II. Affine Differentialgeometrie. Berlin 1923. 259 S.

— und G. Thomsen: Vorlesungen über Differentialgeometrie. III. Differentialgeometrie der Kreise und Kugeln. Berlin 1929. 474 S.

— und G. Bol: Geometrie der Gewebe, topologische Fragen der Differentialgeometrie. Berlin 1938. 339 S.

— Vorlesungen über Integralgeometrie. I. Leipzig und Berlin 1935. 48 S.; 2. Aufl. 1936, 59 S.

— Vorlesungen über Integralgeometrie. II. Leipzig und Berlin 1937. 127 S.

— Ebene Kinematik. Leipzig und Berlin 1938. 56 S.

— Nicht-Euklidische Geometrie und Mechanik. I. II. III. Leipzig und Berlin 1942. 82 S. Neudruck 1949.

— Projektive Geometrie. Wolfenbüttel 1947. 2. Aufl. 1948. 160 S.

— Analytische Geometrie. Wolfenbüttel 1948. 152 S.

Cartan, E.: Les systèmes différentiels extérieurs et leurs applications géométriques. Paris 1945. 214 S.

— Lecons sur la géométrie des espaces de Riemann. Paris 1928, 270 S.; 2. Aufl. 1946, 378 S.

Duschek, A., und W. Mayer: Lehrbuch der Differentialgeometrie. I. II. Leipzig und Berlin 1930.

Eddington, A. S.: The mathematical theory of relativity. Cambridge 1923. 247 S.

Eisenhart, L. P.: An introduction to differential geometry with use of the tensor calculus. Princeton 1947. 304 S.

Haack, W.: Differentialgeometrie. I. 2. Aufl. Wolfenbüttel 1949. 136 S.

— Differentialgeometrie. II. Wolfenbüttel 1948. 131 S.

Hamilton, W. R.: Abhandlungen zur Strahlenoptik. Übersetzt und mit Anmerkungen herausgegeben von G. Prange. Leipzig 1933. 429 u. 117 S.

Hlabaty, V.: Differentialgeometrie der Kurven und Flächen und Tensorrechnung. Übersetzt von M. Pinl. Groningen 1939. 569 S.

— Differentielle Liniengeometrie. Übersetzt von M. Pinl. Groningen 1945. 568 S.

Kähler, E.: Einführung in die Theorie der Systeme von Differentialgleichungen. Leipzig und Berlin 1934. 79 S. Neudruck 1949.

Klein, F.: Vorlesungen über höhere Geometrie. 3. Aufl. Bearbeitet von W. Blaschke. Berlin 1926.

Levi-Civita, T.: Lezioni di calcolo differenziale assoluto. Rom 1925. Auch in Übersetzungen.

Sauer, R.: Projektive Liniengeometrie. Berlin 1937. 194 S.

Schouten, I. A., und D. J. Struik: Einführung in die neueren Methoden der Differentialgeometrie. I. II. 2. Aufl. Groningen 1938.

— und W. v. d. Kulk: Pfaffs problem and its generalisations. Oxford 1949. 542 S.

Veblen, O., and J. H. C. Whitehead: The foundations of differential geometry. Cambridge Tracts 29, 1932.

Weyl, H.: Raum, Zeit, Materie. 3. Aufl. Berlin 1920.

Namen- und Sachweiser.

Satz: Leipziger Druckhaus, Leipzig (M 115)